JN440516

건축의 구조 디자인

Structure Design in Architecture

송 호 산

기문당

머리말

건축 디자인된 작품은 어떠한 경우라도 구조에 관한 지식과 기술에 의하여 안전성이 확보되어야 하며, 건물의 규모나 용도에 따라서는 힘의 원리가 직·간접적으로 표현된 구조형태로 건축의 디자인이 결정되어 독특하고 아름다운 조형미가 상승되는 경우를 많이 볼 수 있으므로 건축학도들이 구조분야에 관심과 이해를 가져야 함은 당연하다고 할 수 있다.

그러나 건축구조분야란 구조전문가를 지향하는 학생에게만 필요하다는 학생들의 잘못된 인식, 공학분야에 대한 학생들의 일반적인 학습저하 현실, 구조를 담당하는 교육자들의 실무능력 부족과 그 영향에 따른 구태의연한 구조에 대한 지도, 핵심을 벗어난 구조교육 시스템과 실험 기자재 부족 등의 이유로 건축을 배우는 학생들에게 구조에 대한 무관심과 이해력 부족현상이 갈수록 심화되는 것은 실로 안타까운 일이다.

건물의 안전성을 확인받기 위해서는 구조전문가의 도움이 절대적으로 필요하지만, 구조를 포함한 건축디자인은 설계를 전공으로 하는 전문가의 초기 구상에 의하여 결정되는 경우도 많으므로, 보다 좋은 건축디자인을 창조하기 위해서는 전문적인 지식이 아닐지라도 구조에 관한 기본적인 개념과 지식 정도는 모든 건축인에게 필수적이라고 할 수 있다.

지금까지의 건축구조분야에 대한 교육은 주로 수학적 기호를 사용하여 구조형태의 안전성을 수식적 이론으로 정리하는 방식으로 진행되어 왔다고 할 수 있다. 구조를 전공으로 하려는 학생들에겐 이러한 교육방법이 적합할 수도 있지만, 논리적 이론전개만으로는 지속적인 흥미유발이 어렵기 때문에 구조 이외의 분야에 진출하려는 많은 학생들에게 "구조는 무조건 어려운 분야"라는 막연한 인식을 심어주므로, 건축인으로서 일반적으로 알아야 하는 기본적인 구조상식에 대한 이해도 쉽게 포기하는 실정이었다.

건축에서의 구조란 건물에 작용되는 하중에 따라 각 부재(보, 기둥, 슬래브, 벽, 기초 등)에 발생하는 응력상태를 파악하여 안전을 목적으로 적절하게 대응하는 작업이므로, 하중에 따른 힘의 전달과정을 충분히 직감적으로 이해할 수 있는 능력배양이 우선적으로 중요할 것이다. 따라서 수식과 함께 구조계산이 정식화되기 전인 18세기 이전의 고대나 중세의 기술자들이 가지고 있던 능력, 즉 건축구조를 이해하기 위하여 수학과 이론의 증명보다는 구조적 발상을 할 수 있는 직관과 감성능력을 배양시켜 주는 구조 교육이 구조에 흥미를 잃거나 구조를 전공으로 하지 않을 학생들에게는 보다 쉽게 구조에 접근할 수 있는 방법이 될 수도 있다고 생각된다.

이러한 필요성에 따라 다양한 구조형태나 구조시스템이 갖는 하중전달의 특성에 대해 수학적 기호를 최소화하여 설명하면서, 보다 좋은 건축디자인을 창조할 수 있는 구조적 능력의 함양과 구조형태에 관한 기본적인 이해를 돕기 위한 목적으로 2001년(2003년 개정)에 집필한 『구조 디자인의 세계』란 책이 독자들로부터 많은 사랑과 관심을 받고 있었으나, 출판된 지 10년이 지났고 건축의 다양성과 시대성을 고려한다면 전반적인 내용의 수정과 보완이 필요한 시기가 이미 지났다고도 생각된다.

이 책은 이런 점을 고려하여 『구조 디자인의 세계』의 내용을 기본으로 하여 대폭적인 수정과 보완작업으로 총 15장으로 구성하면서 책의 제목도 변경하였다. 건축구조의 역사나 재료의 발달사, 구조를 이해하기 위한 기본적인 사항 등을 1장에서 3장까지 정리하였으며, 구조시스템의 분류에 대해서는 4장에 별도로 정리하였다. 건축구조물 중 다양한 구조형식에 대한 상세설명은 5장부터 15장까지 기술되어 있으며, 각 장의 구조양식의 변천과 발달과정을 구조물의 힘의 흐름을 중심으로 설명하려고 노력하였고 이해력을 돕기 위해 관련된 작품들을 되도록 많이 수록하였다.

건축에 관심 있는 학도들에게 건축구조를 좀 더 쉽게 이해시키고 싶은 욕심에서 최선의 노력을 다했다고 하지만, 경험과 지식의 빈곤으로 오히려 건축계에 누가 되지 않을까 하는 우려가 앞섭니다. 독자 여러분의 아낌없는 성원과 선후배 동료 교수님의 기탄없는 지도편달을 바라는 바입니다.

2013년 6월

송 호 산

출판 이후, 건축구조에 대한 제반 법규의 변화와 신축된 고층건물, 다리, 탑 등의 다양한 구조물의 변천을 고려하여 개정판을 내게 되었다. 이 개정판이 나오기까지 번거로운 수정작업을 도와준 ㈜청우구조안전기술의 김태우 군과 기문당 편집부 여러분께 감사를 드립니다.

2020년 1월

저 자

차 례

제8장 아치 및 볼트 Arches and Vaults 구조

제9장 돔과 셸 Domes and Shells 구조

제10장 입체 Space Frames 구조

제11장 막 Membrances구조

제12장 케이블 Cables구조

제13장 고층건물 Multi-Story Building

건축과 구조 Architecture and Structures

1-1 건축의 기원

인간이 수백만 년 전 나무에서 내려와 바로 서기를 시작하는 인류생활의 역사가 시작되면서부터, 스스로 도구를 만들어 자연의 위협에서 자신들의 생활을 보호하기 위한 셀터*Shelter〈그림 1-1〉*가 건축공간 구축의 시작이라고 볼 수 있으며, 그 후 문화의 발달과 더불어 건축 발전의 역사도 본격적으로 이루어져 왔다고 할 수 있다.

그러나 자연적인 것보다는 인문적인 환경에 대처하고 적응하기 위한 공간구성은, 유랑생활이 농경사회로 전환됨에 따라 인간의 활동이 가족생활을 영위하기 위하여 일정한 지역에 계속적인 거주를 시작한 약 1만 년 전인 농업혁명 이후부터가 최초의 건축형태가 나타난 건축의 기원으로 알려져 있다. 역사상 가장 오래된 건축물의 흔적이

그림 1-1 선사시대의 셀터

그림 1-2 우르의 지구라트

B.C.7000~8000년 무렵에 형성된 도시, 예리코*Jericho*(現 요르단)의 유적들에서 발굴됨으로써 이러한 건축 기원에 대한 시대적 가정도 뒷받침되고 있다.

즉, 구석기시대의 동굴주거인 프랑스의 퐁드콤*Font de Gaume*과 콩바로*Le Combareaus*, 스페인의 알타미라*Altamira*와 카스틸로*Castillo* 등은 자연적인 환경에 대처하기 위한 단순한 셸터 기능에 국한되었으나, 약 8000~9000년 전에 형성된 티그리스-유프라테스 강에 꽃피운 메소포타미아 문명권에서는 이 지역에 풍부한 진흙과 금속을 이용하여 제방을 위한 토목공사와 종교 건물인 지구라트*Ziggurat*〈그림 1-2〉 건설을 이룩한 흔적이 발견되고 있는 점을 고찰한다면, 생활감각과 습관이나 정치, 종교, 사회 및 산업력에 바탕을 둔 인문적 환경에 대응하기 위해 목적의식을 갖춘 건축행위가 나타난 이후부터를 공간 구축을 위한 본격적인 건축의 시작이라고 가정해도 무리가 없을 것으로 이해된다.

그러나 목적의식을 가진 건축물들의 출현이 한 시대의 건축적 특성을 이루게 하는 조건임은 틀림없지만, 1만 년 전의 유랑생활에서도 셸터의 기능을 발휘한 텐트*Tent*가 재료와 가구법의 발달에 힘입어 현대의 아름다운 막이나 텐트구조〈그림 1-3〉의 모체가 되었음을 생각한다면, 단순히 주거환경의 변화나 공간구성의 목적의식 여부에 따라 건축의 기원을 명확히 구분한다는 것도 건축물 양식에 따라서는 모순이 될 수 있으므로 건축의 기원은 인간생활의 시작과 함께 성장하였다는 원초적 배경론이 더욱 적합할 것이다.

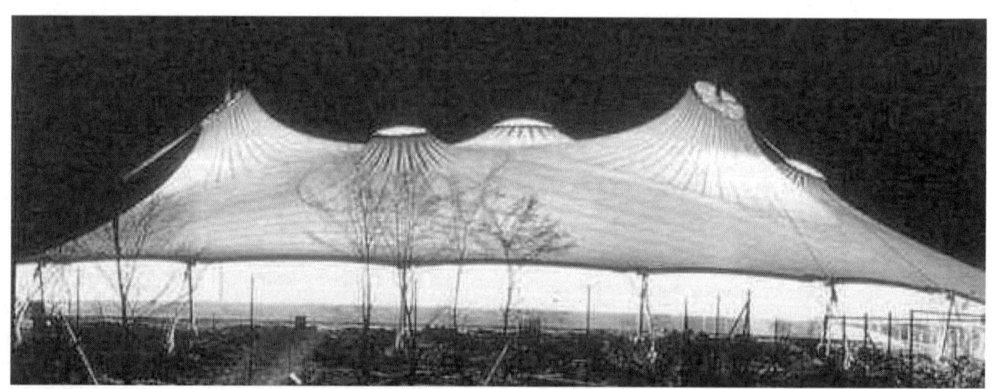

그림 1-3 스케이트장*Ice-Skating Rink* 건물 전경(사진: Jörg Schlaich)

1-2 구조이론의 발달사

구조이론을 공학적인 관점에서 관찰한다면 자연에 대해 본격적인 사색이 시작된 약 2600년 전 그리스 초기의 자연철학부터라고도 할 수 있다.

그리스 초기의 자연철학은 지식 자체를 위한 지식축적에 목적을 둔 탈레스*Thales*(B.C. 7세기) 이후, 수(數)를 우주의 근본실재로 인식한 피타고라스*Pythagoras*(B.C. 6세기)와 이론적 과학 건설을 위하여 우주를 수학적으로 표현하는 데 성공한 플라톤*Platon*(B.C. 429~347년), 운동에 관한 접촉물리학을 주장한 아리스토텔레스*Aristoteles*(B.C.384~322년) 등이, 17세기 근대 과학이 성립되기까지 서구 과학을 약 2000년간 지배하고 있었던 사람들로 인식되고 있다.

건축구조공학의 본격적인 기원은 자연철학을 배경으로 한 실증적 방법에 의해 역학이 학문적인 체계를 갖춰 나가는 17세기 중엽, 근대과학의 시초라고 부르는 갈릴레오 *Galileo Galilei*(1564~1642년)*〈그림 1-4〉*의 재료에 관한 보다 깊은 이해*〈그림 1-5〉*와 진자의 주기성과 낙체의 가속도 측정 등과 같은 실험을 통한 운동법칙의 연구로부터 기인되었다고 할 수 있다.

이후, 생명체 없는 고체가 어떻게 기계적인 외력에 저항하면서 자기 자신의 무게를 받을 수 있을까 하는 의문을 근거로, 운동법칙과 미분법을 발명한 근대 징밀자연과학의 시조인 뉴턴*Isaac Newton*(1642~1727년)과 고체에 있어서 힘과 변형의 거시적인 관계가

그림 1-4 갈릴레오

그림 1-5 갈릴레오의 휨을 받는 캔틸레버 실험

어떤 것인지를 알아내기 위하여 실험을 통해 연구한 훅*Robert Hooke*(1635~1703년) 등은 구조공학 발달의 근대화를 이룬 선구자라고 할 수 있다.

뉴턴과 훅 이후, 과학자들은 자신의 연구가 공업이나 상업 등의 잡다한 문제를 초월한 고대 그리스시대의 철학자라는 인식의 영향으로 한동안 난제 극복을 위한 과학적인 방법의 연구가 미미하였다고 볼 수 있다. 그러나 탄성계수 개념을 도입하면서 구조물의 변위관계를 정성적이 아닌 정량적 계산으로 평가할 수 있게 한 영*Thomas Young*(1773~1829년)과 같은 실용적인 과학자, 비록 추상적이지만 재료역학에 대한 깊은 이해를 시작한 프랑스인, 이론보다는 경험을 중시한 영국의 실증주의의 영향으로 구조물에 대한 새로운 이해가 다시 시작되어 현대의 구조공학 이론 정립의 학문적 기초의 밑거름을 제공하게 된다. 이들의 이론 연구부분을 간단히 정리하면 다음과 같다.

- Jacob Bernoulli(스위스, 1654~1705년) : 보 탄성계수곡선 연구
- Daniel Bernoulli(스위스, 1700~1782년) : 가상일법 원리 발견
- Leonhard Eüler(스위스, 1707~1783년) : 장주의 좌굴이론
- Edme Mariotte(프랑스, 1620~1684년) : 휨응력을 받는 보단면의 강도특성에 관한 가설
- Charles A. de Coulomb(프랑스, 1736~1806년) : 1776년 휨모멘트를 받는 장방형 보의 응력분포 분석 연구, 마찰 연구, 퍼텐셜론이라는 수학적 이론 발전
- Louis Marie Henri Navier(프랑스, 1785~1836년) : 탄성이론의 기초방정식 도출
- James Clerk Maxwell(영국, 1831~1879년) : 트러스 해석을 위한 도해법 연구
- Karl Culmann(독일, 1821~1881년), Enrico Betti(이탈리아, 1823~1892년) : 트러스 절점을 힌지로 가정하여 인장과 압축으로만 부재력 해석
- Benoit Paul Emile Clayperon(프랑스, 1799~1864년) : 1857년, 3연 모멘트방정식 해석법 발표
- James Clerk Maxwell(영국, 1831~1879년) : 1864년, 변위일치법 발표
- Charles E. Greene(미국, 1842~1903년) : 모멘트면적법 개발
- G. A Maney(미국) : 1915년, 처짐각법 발표
- Hardy Cross(미국, 1885~1959년) : 1932년, 모멘트분배법 발표

나폴레옹 1세가 1794년 설립한 에콜 폴리 테크닉*Ecole Poly Technique*공과대학의 영향으로 프랑스를 중심으로 공학부분에 관한 이론 연구를 활발하게 하는 계기가 되었으나, 이들의 초기 연구는 추상적인 범위를 벗어나지 못하였기 때문에 실무에 직접 응용하기에는 거리가 있는 상태였다.

도시화에 따라 장스팬과 고층건물을 필요로 하는 환경적 요소의 발전과 더불어 이론보다는 경험을 중시한 스코틀랜드의 토머스 텔포드*Thomas Telford*(1757~1834년)에 의한 수많은 다리 건설에 따른 기술축적, 재료의 발달과 더불어 영·미의 엔지니어에 의한 새로운 해석법 도입과 실험 등의 영향은 서구 과학 발전의 중심을 프랑스에서 미국이나 영국으로 자연스럽게 이동시키는 계기를 만들게 된다. 또한 도시의 집중화에 따른 고층건물들의 건립은 수학적으로 증명할 수 있는 구조안전 확인이 요구됨에 따라 안전계수를 갖는 정식화된 구조계산서 작성에 대한 본격적인 연구도 이 시대부터 시작된다.

그림 1-6 토머스 텔포드의 메나이교 현판

제2자 세계대전 전후인 1950년대에 발명된 컴퓨터는 구조이론에 대한 해석 및 설계에 가장 큰 영향을 가져왔다고 할 수 있다. 트러스 골조에 관한 유한요소법*Finite Element Method*의 기본 틀은 이미 미국의 Maney와 덴마크 Ostenfeld가 1920년경에 연구한 부분이었지만 컴퓨터의 발달로 그 정당성이 입증되었고, 1950년대부터는 Cayley의 Matrix 이론을 컴퓨터 계산 이론에 도입하여 각 구조물을 해석할 수 있는 광범위한 이론 연구가 Turner, Clough, Heyman, Hadley, Ritz, Zienkiewicz, Grafton, Strome 등에 의해 이루어져 왔다.

컴퓨터를 활용하기 시작한 초기에는 주로 NASA에서 사용하는 범용프로그램인 Nastran을 모체로 하여 부분적으로 필요한 부분을 발취하거나 개인이 직접 Fotran 등의 언어로 작성하여 구조해석에 사용하였다.

그러나 현재에는 컴퓨터의 연산속도, 주기억장치, 기억용량 등에 관한 하드웨어의 급속한 발전(제5세대 집접회로시대 ULSI)과 더불어 구조해석에 관한 다양한 소프트웨어가 개발되면서, 과거에는 실험과 약산으로 유추하였던 구조물의 거동을 이제는 그

정도를 높이면서 해석할 수 있게 하는 컴퓨터시대에 살고 있으므로, 건축구조에 대한 경제성과 안전성을 보다 확보하는 방법으로써 컴퓨터가 가장 중추적인 역할을 담당하고 있다고 할 수 있다.

널리 사용되고 있는 구조해석 프로그램으로는 ABAQUS, ANSYS, ADINA, RISA, GT STRUDL, MIDAS, SAP, SAFE, ETABS, Edushake, MONLIN, UC Fyber, PERFORM-3D 등이 있으며, 그중 MIDAS Family는 우리나라 기업인 포스코 계열 회사에서 직접 개발한 구조해석용 프로그램으로, 국내에서는 실무적으로 그 활용도가 가장 높은 것으로 알려져 있다.

2 구조물의 안전성 Structural Safety

구축된 구조물의 예상된 수명기간 동안 최대하중(외력)에 대하여 저항하는 능력인 내력이 충분하여 각 부재가 항복하거나 좌굴, 피로, 취성파괴 등의 현상이 생기지 않으면서 회전, 미끄럼, 침하 등에 저항하는 성능을 나타낼 때 그 구조물은 구조안전성이 확보되어 있다고 한다.

모든 구조물이 갖춰야 할 필수조건인 구조안전성의 확인을 위해서는 유효적절한 구조계획의 수립과 더불어, 구조체를 받치는 지점과 각 부재들 간을 연결(접합)하는 절점설계방법, 외력으로 작용되는 다양한 하중상태, 하중을 받아 나타나는 부재 내부의 응력상태 등에 관한 충분한 이해로부터 그 검토가 시작될 수 있다.

삼풍백화점 붕괴, 1995년

성수대교 붕괴, 1994년

2-1 지점Supports 및 절점Joint

구조물이 하중을 받아 지반에 전달시키는 점을 지지점 혹은 지점이라고 하며, 건축구조에서는 이동단*Roller Supports*〈그림 2-1〉, 회전단 *Hinge, Pin Supports*〈그림 2-2〉, 고정단 *Fixed Supports*〈그림 2-3〉으로 구분되고 있다.

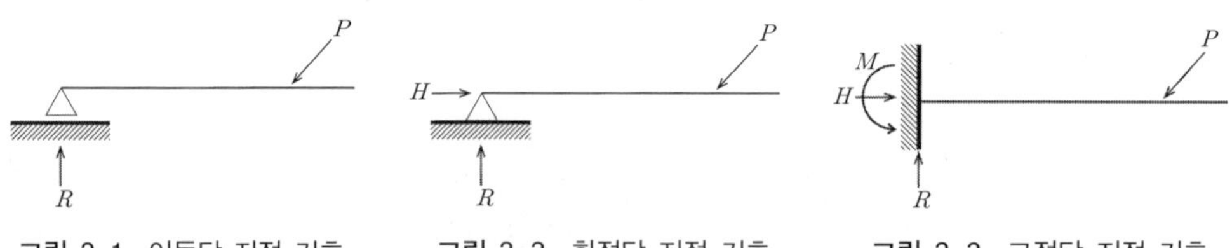

그림 2-1 이동단 지점 기호 **그림 2-2** 회전단 지점 기호 **그림 2-3** 고정단 지점 기호

이동단은 지지면에 직교하는 방향으로의 이동을 억제하나 지면(수평)방향으로는 이동할 수 있도록 하여, 반력이 지점의 직교(수직)방향으로만 발생하도록 하는 지지점으로서 롤러가 달린 책걸상 등은 이동단이라고 할 수 있다.

회전단은 시이소오*Seesaw*의 지지점처럼 어떤 방향으로도 이동은 되지 않으나 회전이 자유로운 구조로서 지점에서는 수직과 수평반력이 발생한다.

고정단은 부재가 지점에서 강하게 연결되어 있어서 어떤 방향으로도 이동과 회전이 불가능하게 한 구조이며 수평과 수직 및 모멘트 3개의 반력이 발생한다.

골조를 구성하는 부재 사이의 접합점을 절점이라 하며 절점상태는 활절점*Pin, Hinge Joint(회전절점)*〈그림 2-4〉과 강절점*Rigid Joint*〈그림 2-5〉으로 크게 구별되나, 한 절점에 회전과 강절점이 복합되는 복합절점*Combined Joint*〈그림 2-6〉으로도 구성될 수 있다.

그림 2-4 활절점 상태　　그림 2-5 강절점 상태　　그림 2-6 복합절점 상태

2-2 구조물의 하중 Structural Actions

구조물은 어떠한 목적을 위하여 세워지므로 단순히 구조물을 위한 구조체 형성은 무의미하다고 할 수 있다. 특히 건축구조물은 특정한 기능을 충족하기 위하여 하나의 공간을 둘러쌓아 한정시키고 있으므로, 다양한 목적과 건물 유용성에 따라 주어진 공간 내에 여러 가지 구조형태가 요구되기도 하지만, 구조물 자체에 작용되는 하중에 대하여 안전하게 대항해야만 건물의 존재가치를 인정받을 수 있다는 점은 모든 구조물의 공통사항이라 할 수 있다.

따라서 구조물의 설계에 있어서는 시공 또는 완성 후 구조물에 작용하는 활하중, 고정하중, 풍하중, 지진하중, 적설하중, 토압과 유체압, 프리스트레스 힘, 크레인 하중, 진동, 충격, 건조수축, 크리프와 온도변화 및 탄성수축, 부동침하 등의 각종 하중 및 외적 작용의 영향이 고려되어야 한다.

그러나 구조물에 작용하는 하중은 건물디자인, 사용재료, 구조물의 위치, 지반조건, 용도 등에 따라 근본적인 차이가 있어 작용하중의 종류와 그 값을 정량적으로 추정하기에는 어려운 문제이지만, 구조안전성 확보를 위해 건축구조물에서 검토가 기본적으로 필요한 하중의 형태를 기술하면 다음과 같다.

2-2-1 장기하중

건물의 완성으로부터 시작하여 수명을 다할 때까지 장기간에 걸쳐 작용이 계속되는 하중을 장기하중이라 하며 일반적으로 고정하중과 활하중으로 구분한다.

1) 고정하중(Dead Load)

구조물을 구성하는 각 부재의 자체무게와 구조물에 항구적으로 실리는 하중의 무게를 고정하중이라 하며 기둥, 보, 슬래브, 아치, 돔, 벽 등으로 구성되어 있다. 평면의 변경에 따라 이동이 가능한 칸막이벽이나 외벽의 마감재, 설비하중, 창호 등도 설계자에 따라서는 고정하중에 포함시키는 경우가 있다.

골조중량은 각 사용부재의 재료와 단면에 따라 달라지므로, 구조설계자는 경험에 따라 먼저 단면형상과 치수를 가정하여 구조해석을 진행시키고, 계산결과에 따라 단면 가정치의 적절성을 검토하고 수정하면서 최종적인 단면결정과 중량을 계산한다.

건축에서 많이 사용되는 재료에 대한 단위체적중량은 표 2-1과 같다.

표 2-1 단위체적중량

재료 구분	단위체적중량 (kN/m^3)	비고
철근콘크리트	24	
무근콘크리트	23	
철골철근콘크리트	25	
철골	78.5	
알루미늄	27	
유리	22	
모르타르	20	
목재	3~8	평균 5kN/m^3

2) 활하중(Live Load : 적재하중)

건물의 용도에 따라 이동이 가능한 인간, 가구 및 비품, 기계, 칸막이 등의 하중을 활하중이라 한다. 활하중은 본질적으로 불확실한 성질과 함께 변화하는 하중이므로, 모든 상황을 예측하여 가정하거나 그 모두를 하나하나 측정하여 계산한다는 것은 문제의 복잡성만 가져올 뿐이다. 따라서 하중형태를 대표적인 용도에 따라 대별한 후 통계적인 방법을 도입하여 등가의 분포하중으로 가정하는 방법으로 활하중을 결정하는 경우가 일반적이다.

대한건축학회에서 제정한 구조계산 규준에서는 활하중을 직접 계산하지 않더라도 국토해양부의 고시에 따라 구조물의 용도별로 활하중값을 가정하여 사용할 수 있다고 규정되어 있다.

따라서 계산자가 별도의 정밀한 통계조사를 수행하지 않는 한, 이 규준에 따라 활하중을 선택하여 구조설계를 하는 것이 적절할 것이다. 활하중은 등분포 활하중과 집중 활하중으로 분류되며, 등분포 활하중에 대한 최소값을 제시한 규준의 내용만을 나타내면 표 2-2와 같다.

표 2-2 건축물의 종류별 각 부분의 활하중

용 도	건축물의 부분	활하중	
		kN/m^2	kgf/m^2
(1) 주 택	가. 주거용 건축물의 거실, 공용실, 복도	2.0	200
	나. 공동주택의 공용실	5.0	500
(2) 병 원	가. 병실과 해당 복도	2.0	200
	나. 수술실, 실험실, 공용실과 해당 복도	3.0	300
	다. 1층 외의 모든 층 복도	4.0	400
(3) 숙박시설	가. 객실과 해당 복도	2.0	200
	나. 공용실과 해당 복도	5.0	500
(4) 사 무 실	가. 일반 사무실과 해당 복도	2.5	250
	나. 1층 외의 모든 층 복도	4.0	400
	다. 특수용도 사무실과 해당 복도	5.0	500
	라. 문서보관실	5.0	500
(5) 학 교	가. 교실과 해당 복도	3.0	300
	나. 1층 외의 모든 층 복도	4.0	400
	다. 일반 실험실	3.0	300
	라. 중량물 실험실	5.0	500
(6) 판 매 장	가. 상점, 백화점 (1층 부분)	5.0	500
	나. 상점, 백화점 (2층 이상 부분)	4.0	400
	다. 창고형 매장	6.0	600
(7) 집회 및 유흥장	가. 로비, 복도	5.0	500
	나. 무대	7.0	700
	다. 식당	5.0	500
	라. 주방 (영업용)	7.0	700
	마. 극장 및 집회장 (고정식)	4.0	400
	바. 집회장 (이동식)	5.0	500
	사. 연회장, 무도장	5.0	500
(8) 체육시설	가. 체육관 바닥, 옥외경기장	5.0	500
	나. 스탠드 (고정식)	4.0	400
	다. 스탠드 (이동식)	5.0	500

표 2-2 건축물의 종류별 각 부분의 활하중(계속)

용 도	건축물의 부분	활하중	
		kN/m^2	kgf/m^2
(9) 도 서 관	가. 열람실과 해당 복도	3.0	300
	나. 서고	7.5	750
	다. 1층 외의 모든 층 복도	4.0	400
(10) 주차장 및 옥외차도	가. 총중량 30kN 이하의 차량(옥내)	3.0	300
	나. 총중량 30kN 이하의 차량(옥외)	5.0	500
	다. 총중량 30kN 초과 90kN 이하의 차량	6.0	600
	라. 총중량 90kN 초과 180kN 이하의 차량	12.0	1,200
	마. 옥외차도와 차도 양측의 보도	12.0	1,200
(11) 창 고	가. 경량품 저장창고	6.0	600
	나. 중량품 저장창고	12.0	1,200
(12) 공 장	가. 경공업 공장	6.0	600
	나. 중공업 공장	12.0	1,200
(13) 지 붕	가. 점유·사용하지 않는 지붕(지붕활하중), 출입이 제한된 조경구역	1.0	100
	나. 산책로 용도	3.0	300
	다. 정원 및 집회 용도	5.0	500
	라. 헬리콥터 정착장	5.0	500
(14) 기 계 실	공조실, 전기실, 기계실 등	5.0	500
(15) 광 장	옥외광장	12.0	1,200

2-2-2 단기하중

구조체에 비교적 짧은 시간 내에 작용하는 하중을 단기하중이라 하며, 강풍에 의한 풍하중과 지진하중 및 적설하중 등이 있다. 넓은 의미에서 단기하중은 모두 활하중의 일종으로 볼 수 있다.

1) 적설하중(Snow Load)

건물이 세워질 지역의 기후환경에 따라 눈이 많이 오는 다설지역에서는 적설하중을 장기하중에 포함시킬 수 있으나, 우리나라의 경우는 대부분 지역에서 적설하중을 단기하중으로 가정하고 있다.

국내의 구조규준에서는 지붕에 작용하는 적설하중의 영향이 지붕면의 최소 적재하중보다도 클 때에는 적설하중을 설계하중으로 가정하도록 규정되어 있다.

설계용 평지붕 적설하중(S_f)은 지상 적설하중의 기본값(S_g)을 기준으로 하여, 기본 지붕 적설하중계수(C_b), 노출계수(C_e), 온도계수(C_t), 중요도계수(I_s) 및 지붕의 형상계수와 기타 재하분포 상태 등을 고려하여 다음 식과 같이 산정한다.

$$S_f = C_b \cdot C_e \cdot C_t \cdot I_s \cdot S_g \ (\mathrm{kN/m^2})$$

지상 적설하중의 기본값은 재현주기 100년에 대한 수직 최심 적설깊이를 기준으로 가정하며, 주요 지역별로 정리하면 다음 표 2-3과 같다.

표 2-3 주요 지역별 지상 적설하중 (S_g)

지 역	지상 적설하중($\mathrm{kN/m^2}$)
서울, 부산, 인천, 대구, 청주, 광주, 제주, 경상남도 전부를 포함한 남부지역 대부분	0.5
강원지역은 지점별로 차이가 큼	0.5~5.0
정 읍	0.65
목 포	0.7
속 초	3.0
울 릉 도	10.0

기본 적설하중계수(C_b)는 일반적으로 0.7을 사용하도록 하였으며, 온도계수(C_t)는 난방구조물과 비난방구조물로 구분하여 1.0과 1.2를 사용하도록 되어 있다.

노출계수(C_e)와 중요도계수(I_s)는 표 2-4, 표 2-5와 같다.

표 2-4 노출계수 (C_e)

	주변 환경	C_e
A	• 지형, 높은 구조물, 나무 등 주변 환경에 의해 모든 면이 바람막이가 없이 노출된 지붕이 있는 거센 바람이 부는 지역	0.8
B	• 약간의 바람막이가 있는 거센 바람이 부는 지역	0.9
C	• 바람에 의한 눈의 제거가 지형, 높은 구조물 또는 근처의 몇몇 나무들 때문에 지붕하중의 감소를 기대할 수 없는 위치	1.0
D	• 바람의 영향이 많지 않은 지역 및 지형과 높은 구조물 또는 몇몇 나무들에 의하여 지붕에 바람막이가 있는 지역	1.1
E	• 바람의 영향이 거의 없는 조밀한 숲 지역으로서, 촘촘한 침엽수 사이에 위치한 지붕	1.2

표 2-5 중요도계수 (I_s)

중요도	건축물의 용도 및 규모	중요도 계수(I_s)
초고층 건축물	• 50층 이상 또는 200m 이상의 건축물	1.05
(특)	• 연면적 1,000m^2 이상인 위험물 저장 및 처리시설 • 연면적 1,000m^2 이상인 국가 또는 지방자치단체의 청사·외국공관·소방서·발전소·방송국·전신전화국 • 종합병원·수술시설이나 응급시설이 있는 병원	1.0
(1)	• 면적 1,000m^2 미만인 위험물 저장 및 처리시설 • 연면적 1,000m^2 미만인 국가 또는 지방자치단체의 청사·외국공관·소방서·발전소·방송국·전신전화국 • 연면적 5,000m^2 이상인 공연장·집회장·관람장·전시장·운동시설·판매시설·운수시설(화물터미널과 집배송시설은 제외함) • 아동관련시설·노인복지시설·사회복지시설·근로복지시설 • 5층 이상인 숙박시설·오피스텔·기숙사·아파트 • 학교 • 수술시설과 응급시설이 모두 없는 병원, 기타 연면적 1,000m^2 이상인 외료시설로서 중요도(특)에 해당하지 않는 건축물	1.0
(2)	• 중요도 (특), (1) 및 (3)에 해당하지 않은 건축물	0.95
(3)	• 농업시설물, 소규모 창고, 가설구조물	0.90

경사지붕의 계수는 평지붕 적설하중(S_f)에 지붕경사도 계수(C_s)를 곱하여 적설하중을 구하며, 지붕경사도 계수는 다음의 그림 2-7로 구분한다.

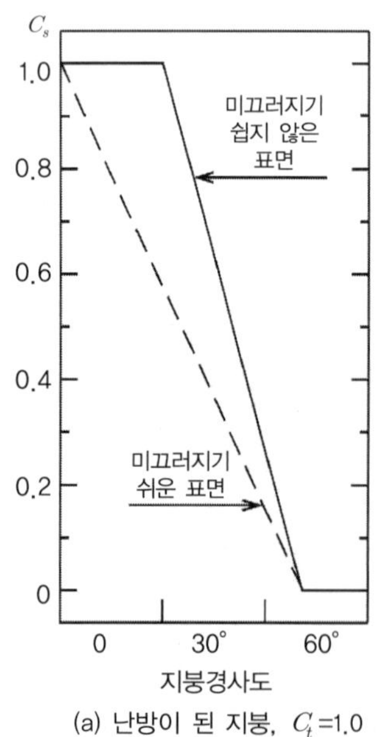

(a) 난방이 된 지붕, C_t=1.0

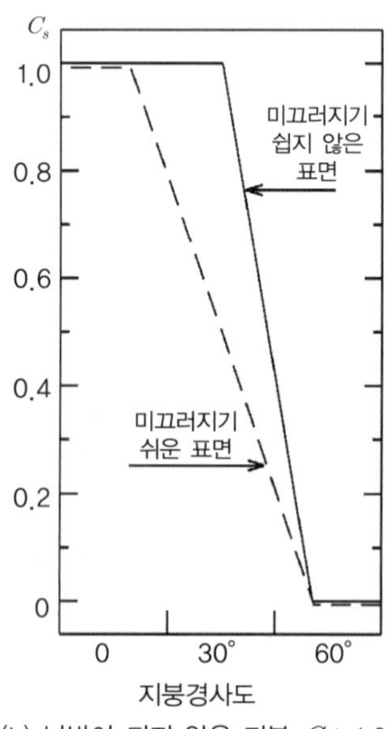

(b) 난방이 되지 않은 지붕 C_t >1.0

그림 2-7 지붕경사도 계수(C_s)

2) 풍하중(Wind Load)

건물에 작용하는 풍하중은 건물의 모양, 지리적 위치, 구조물 표면상태, 건물높이 등에 따라 달라지며, 건물배치 및 형태에 따라 바람의 흐름을 박리류, 하강풍, 역류, 골짜기풍, 개구부풍, 가로풍, 소용돌이, 상승풍 등과 같이 나눌 수 있다. 그러나 방향과 속도가 순간적으로 변할 수 있는 바람의 특성 때문에 구조물에 작용될 수 있는 풍하중량을 정확하게 예측한다는 것은 불가능할 것이다.

따라서 시간에 따라 변하는 바람의 불규칙성을 고려하여 고층건물이나 대중이 이용하는 장스팬구조 및 요철이 많은 구조체 등의 중요 건물에는 풍환경 평가의 중요한 몫을 적절한 풍동실험에 따른 결과로 예측하는 것이 구조안전에 유익할 것이다.

실제 우리나라 규준에서는 바람의 난류와 후류부의 변동에 의한 건축물의 풍직각 방향 진동, 비틀림 진동, 와류 진동 및 공기력 불안정 진동 등의 자료가 필요한 대스팬 현수, 사장, 공기막 지붕 같은 구조물의 경우에는 풍동실험이나 동적 영향을 고려한 해석에 의한 설계가 이루어지도록 규정하고 있다.

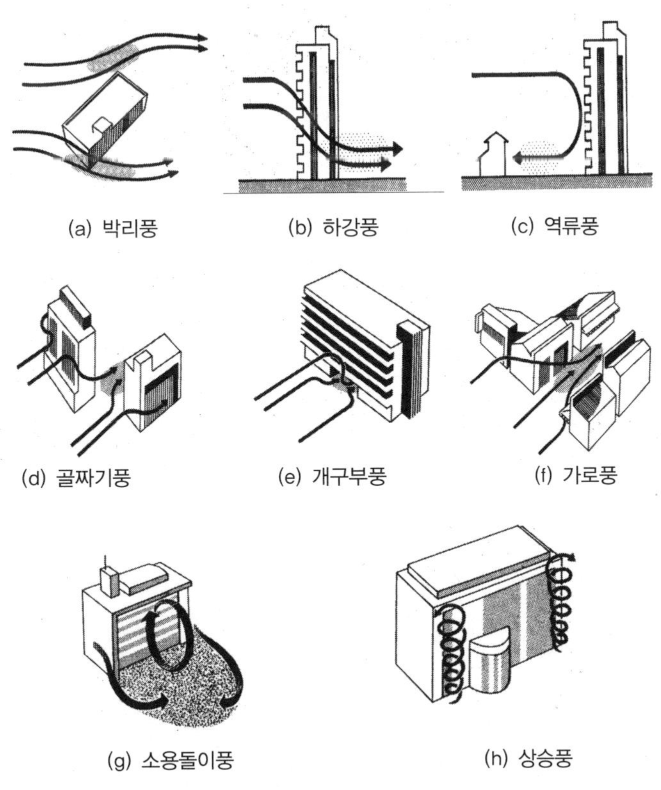

그림 2-8 건물에 작용하는 바람의 종류

바람은 수평력으로 작용하는 경우가 대부분이므로 라멘구조를 갖는 구조물에서는 건물 측면에 가해진 풍하중을 계산의 편의를 위하여 각 절점에 작용된 절점하중으로 치환하며 계산한다.

그림 2-9 가새로 보강된 21 센추리 타워*Century Tower*

풍하중값은 주골조설계용 수평풍하중(W_f), 지붕풍하중(W_r) 및 외장재설계용 풍하중(W_c)으로 구분하고, 각각의 설계풍압(P_f, P_r, P_c)에 유효수압면적(A)을 곱하여 그 하중값을 산정한다.

설계풍압은 건물 위치의 지역과 형상에 따라 규준에서 정하는 가스트 영향계수, 외압과 내압계수, 설계속도압 등에 따라 결정된다. 설계속도압은 각 지역에 대한 기존의 기상관측 자료를 근거로 한 기본풍속(V_o)값에 풍속의 고도분포계수(K_{zr}), 지형에 따른 할증계수(K_{zt}), 중요도계수(I_w) 등을 고려하여 계산하도록 되어 있고 지형과 위치 선정에 따라 계산값의 차이가 많으므로 세심한 주의가 필요하다고 할 수 있다.

설계풍력을 구하는 기본값이 되는 각 지역별 기본풍속(V_o)을 나타내면 다음의 표 2-6과 같다.

표 2-6 각 지역별 기본풍속

지 역		V_o(m/sec)
서울특별시 인천광역시 경기도	인천, 강화, 안산, 시흥, 평택	28
	서울, 김포, 구리, 수원, 군포, 오산, 화성, 의왕, 부천, 안양, 과천, 광명, 의정부, 동두천, 파주, 남양주, 가평, 하남, 성남, 광주, 양평, 용인, 포천	26
	안성, 연천, 여주, 이천	24
강원도	속초, 양양, 강릉, 고성	34
	동해, 삼척, 홍천, 정선, 인제	30
	양구	26
	철원, 화천, 춘천, 횡성, 원주, 평창, 영월, 태백	24
대전광역시 충청남북도	서상, 태안	34
	서천, 보령, 홍성, 청주, 청원	30
	예산, 세종, 대전, 공주, 부여	28
	천안, 증평, 청양, 논산, 금산, 음성, 충주, 제천, 단양, 괴산, 보은, 옥천	24

표 2-6 각 지역별 기본풍속(계속)

지 역		V_o(m/sec)
부산광역시 대구광역시 울산광역시 경상남북도	울릉(독도)	40
	부산	38
	포항, 경주, 기장, 통영, 거제	36
	양산, 김해, 남해, 울산, 울주	34
	울진, 창원, 사천, 영천	30
	청송, 대구, 경산, 청도, 밀양, 하동	28
	봉화, 영천, 문경, 추풍령, 안동, 의성, 구미, 거창, 산청, 합천, 함양	24
광주광역시 전라남북도	완도, 해남	36
	진도, 여수, 고흥, 신안, 무안, 장흥	34
	군산, 목포, 부안, 영암, 강진	32
	광주, 보성, 완주, 전주, 장성	26
	무주, 진안, 장수, 임실, 정읍, 순창, 남원, 담양, 곡성, 구례	24
제주도	서귀포, 제주	44

3) 지진하중(Seismic Load)

인간이 지언재해로부터 자유로울 수 없었던 태고 저부터 지진의 위험성은 감지하고 있었으나, 현대의 지진법규가 지진지식을 기초로 하여 개정된 것은 1세기가 채 되지 않았으며, 본격적으로 내진구조물을 설계할 수 있는 기틀을 마련한 것은 1940년 5월 18일의 El Centro 지진기록〈*그림 2-10*〉 이후라고 할 수 있다.

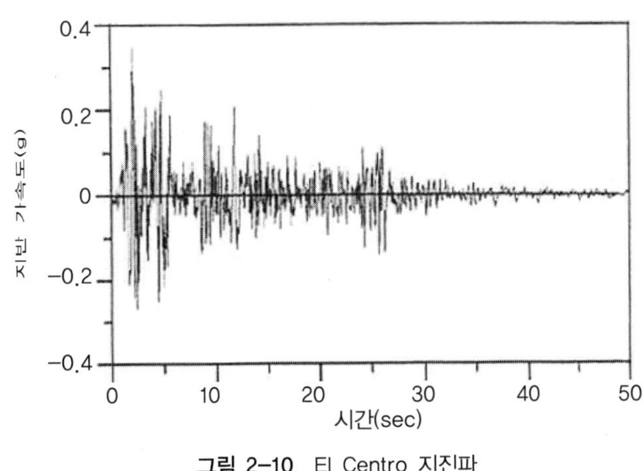

그림 2-10 El Centro 지진파

지진의 원인에 대해서는 아직 명확히 밝혀지지 않았지만, 용암이라는 점착성 내부 암장*Magma* 위에 위치한 지구 표면의 지각판들이 서로 이동하면서 다른 판에 접촉하여 생기는 마찰력에 의한 에너지 축적으로 지진이 발생한다는 판형구조*Plate Tectonics* 이론이 가장 설득력 있게 받아들여지고 있다.

판의 이동은 서로 간에 수직 *Thrust : 추력*, 수평 *Strike Slip* 또는 상하판의 움직임 *Subduction / Thrust* 등으로 활동*(그림 2-11)*하고 있다고 알려져 있다.

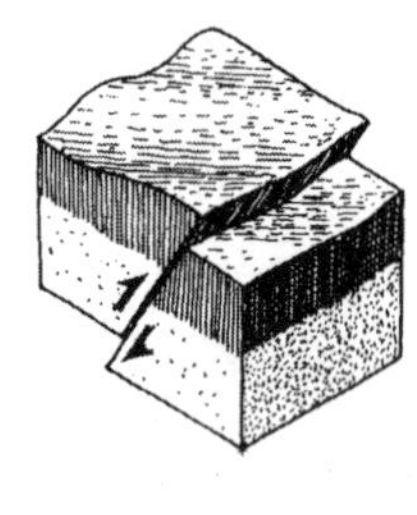
(a) Thrust

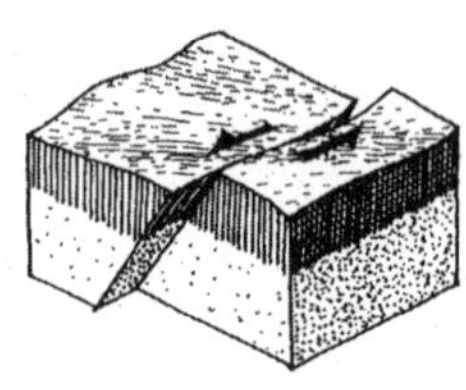
(b) Strike Slip

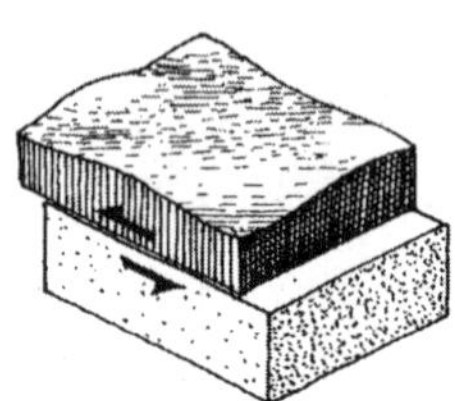
(c) Subduction / Thrust

그림 2-11 판의 움직임

1970년대의 홍성지진 이후, 국내에서도 지진에 대한 안전성 연구가 시작되어 1986년 고층건물에 대한 내진설계지침이 작성되었고, 1988년의 개정된 건축구조기준 법규에서는 그 범위를 확대하여 6층 이상의 모든 건축물에 내진설계 안전성을 검토하도록 규정하였으며, 2009년부터는 3층 이상, 경주 포항지진 이후인 2017년부터는 2층 이상의 모든 건축물과 1층이라도 200㎡ 이상인 건물 또는 모든 신축주택으로 확대하여 내진설계를 의무화하도록 개정함으로써 구조내력에 대한 안전 확인이 더욱 강화되었다.

지진은 불규칙한 주기를 갖는 지반의 진동현상이므로 같은 지진이라도 흔들리는 모양은 지반종별과 구조물의 형태에 따라 다르게 나타난다. 국내 규준에 의한 지진해석은 규준에서 제시한 지진구역 및 지역계수(S)와 지반의 분류표를 근거로 구조물이 가질 수 있는 단주기나 주기 1초에서의 설계스펙트럼 가속도(S_{DS}, S_{D1})를 구한 후, 내진등급과 중요도 계수(I_E)표에 따라 지진해석방법을 우선적으로 결정하도록 되어 있으며, 지진하중값은 지진발생에 대한 구조물의 반응수정계수(R)와 건물의 구조형식에 따른 근사적 고유주기(T_a)를 건물의 유효중량(W)에 대입시키는 방법으로 구할 수 있다.

비선형을 이용한 비탄성해석법도 있지만, 일반적으로 구조물의 지진설계에 사용되는 구조해석법은 지진하중을 등가인 정적하중으로 변환시켜 계산하는 등가정적해석 *Static Equivalent Force Analysis*과 시간에 따라 변하는 하중으로 구조물의 응답을 구하는 동적해석*Dynamic Analysis*으로 대별한다.

기술적인 어려움과 시간적 제약 때문에 동적해석방법은 주로 설계응답스펙트럼을 사용하는 모드해석법으로 수행하고 있다.

지진이 발생하였을 경우에나 알 수 있을 지반의 동적 특성을 기존 정보에 의존하면서 설계할 구조물의 특정 지역에 대한 지진정보를 예측해야 하므로 충분한 자료가 없을 경우에는 정확한 지진해석이 현실적으로는 어렵고, 지진이란 시간에 따라 변하는 동역학의 일종이어서 해석 정도를 높이기 위해서는 계산량이 대단히 많아질 수 있기 때문에 지진에 의한 정확한 구조설계는 매우 어려운 분야라는 선입견이 있었으나, 컴퓨터 성능과 구조해석에 대한 기술력 향상으로 인해 요즘은 충분히 예측 가능한 분야로 인식되고 있다.

그림 2-12 동일본 대지진 시 피해모습, 2011년

그림 2-13 동일본 대지진 시 붕괴된 철도교

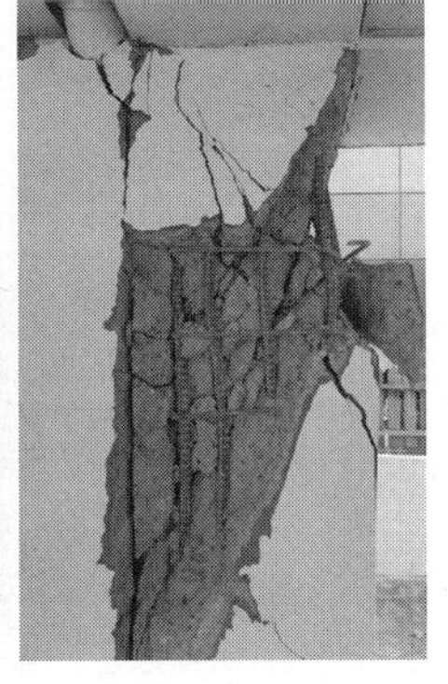

그림 2-14 지진으로 파괴된 기둥(포항지진, 2017)

그림 2-15 인천 국제공항 관제탑 제진장치

참고로, 지진해석에서는 표 2-5에 명기한 건물의 중요도용도에 따른 계수값은 다음의 표 2-7과 같이 정하고 있다.

표 2-7 지진해석에서의 중요도계수(I_E)

건물의 중요도	내진등급	중요도계수(I_E)
중요도(특)	특	1.5
중요도(1)	I	1.2
중요도(2), (3)	II	1.0

2-2-3 기타 하중

고정하중, 활하중, 적설하중, 풍하중, 지진하중 외에도 건축구조물 설계에 자주 적용되는 설계하중은 지하수압·토압, 온도하중, 유체압, 충격하중 등의 기타 하중들이 있다.

연약지반이나 지하층이 깊은 지하구조물에 대한 구조설계에서는 수압과 토압에 따른 영향에 적절하게 대응하지 못하여 구조체에 구조적 변형이 발생하는 경우가 나타날 수 있다. 특히, 지하층의 가구형태가 정지압 상태가 될 수 없는 비대칭인 경우나 사면을 절토하여 지하층 깊이가 다르게 설계된 구조물에서는 국부적으로 일부 구조체에 과도한 응력이 발생할 수 있는 점을 주의해야 한다.

모든 구조물은 온도변화에 민감하다. 구조물은 온도변화에 따라 수축과 팽창을 반복하므로 그 양이 미소할지라도, 구조부재에는 그 영향으로 구조적 변형을 피할 수 없으므로 장스팬 및 단면이 비교적 큰 구조체는 열하중에 대한 구조적 고려도 필요하다.

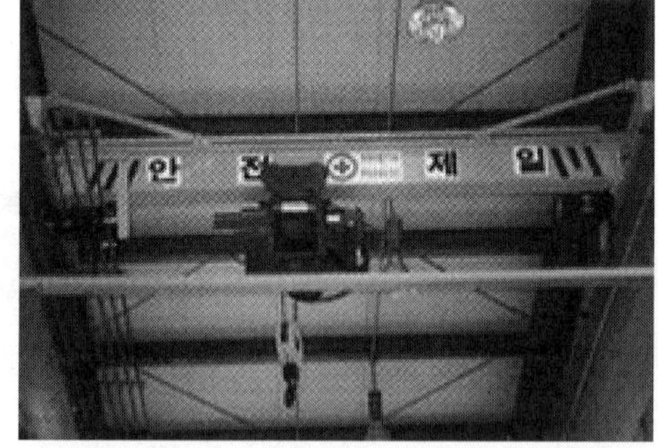

그림 2-16 크레인의 상세도

공장구조물의 경우는 천장에 매달린 크레인 등이 재하하중 외에도 상당한 충격력을 발생시키므로, 구조안전을 위해서는 크레인 움직임에 따른 구조부재의 응력변화의 관찰이 중요하다. 에스컬레이터나 엘리베이터 등의 설치에서도 충격력에 따른 하중할증을 고려해야 한다.

2-3 응력

구조물에 작용하는 하중인 외력*External Force*으로 인하여 구조부재 내부에 발생하는 힘(응력)을 부재력*Member Force* 또는 내력*Internal Force*이라 한다. 외력과 평형상태를 유지하는 부재 내부의 저항응력인 내응력의 패턴은 매우 복잡하지만 일반적인 상식의 범위에서는 인장과 압축거동을 하는 수직응력과 전단응력으로 구분되는 응력들이 부재변형을 유도하게 된다. 실무에서는 인장, 압축, 전단 등이 휨을 수반하여 나타나므로 휨거동을 고려하지 않은 상태임을 구별하기 위하여 각 용어 앞에 '순수'나 '단순' 등을 표기하지만, 편의상 본장의 설명에서는 순수나 단순이란 단어를 생략하면서, 구조체에 하중작용으로 나타나는 각 응력들의 기계적이고 물리적인 성질을 간단히 정리하도록 한다.

2-3-1 인장

인장*Tension*은 재료의 분자가 서로 끌어당기면서 분리되려는 응력상태로서, 당김력을 받고 있는 엘리베이터의 강철케이블에서 그 상태를 쉽게 찾아낼 수 있다. 재료가 탄성범위 이내의 응력을 받는다면 부재의 단위면적당 지지되는 인장응력*Tensile Stress*은 단면에 따라 균일하다고 가정하여 작용된 하중을 단면적으로 나누어 쉽게 구할 수 있고 *〈그림 2-17〉*, 인장을 받아 늘어난 길이를 원래의 길이로 나누면 인장에 따른 변형률을 구할 수 있다*〈그림 2-18〉*. 또한 재료의 특성인 탄성계수*〈그림 2-19〉*를 알고 있을 때에는 인장응력을 탄성계수*Modulus of Elasticity*로 나누어 단위길이당 늘어나는 인장변형률을 구할 수도 있다.

인장을 받은 부재들이 재축방향으로 길이가 늘어난다면 단면적은 당연히 감소할 것이다.

이 변화는 19세기 초의 프랑스 물리학자 푸아송*Poisson*에 의하여 처음 발견되었으며, 길이방향의 변형에 대한 가로방향의 변형의 비를 푸아송비*Poisson Ratio〈그림 2-20〉*라고 부르고 있다. 보통콘크리트의 푸아송비는 0.167 정도이며 강재는 0.3 정도의 값을 갖고 있다.

탄성계수는 초기접선 탄성계수(E_{ci})*Initial Tangent Modulus of Elasticity*를 사용하였으나, 콘크리트의 경우는 할선탄성계수(E_c)*Secant Modulus of Elasticity*를 사용하도록 2007년 규준이 변경된 이후, 그 값은 2012년 규준부터는 $E_{ci} = 1.18E_c$ 정도의 값을 가지면서, 보통골재를 사용한 경우 $E_c = 8{,}500\sqrt[3]{f_{ck} + \Delta f}$MPa 값을 갖도록 규정하고 있다. 여기서 Δf는 f_{ck}가 40MPa 이하면 4MPa, 60MPa 이상이면 6MPa이며, 그 사이는 직선보간으로 구한다. 철의 경우는 $E_s = 2 \times 10^5$MPa 정도이다.

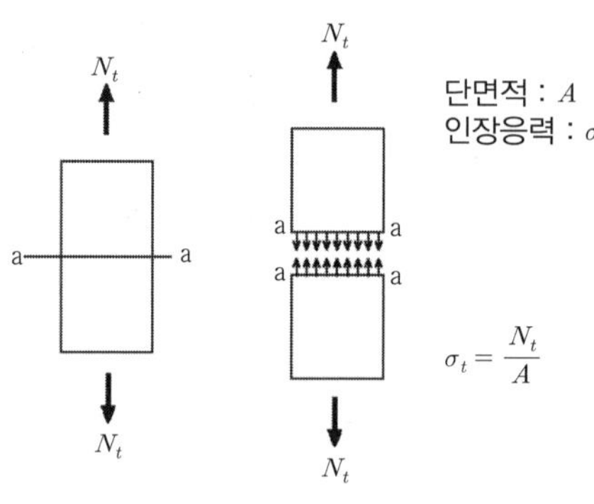

그림 2-17 인장응력(σ_t) 상태

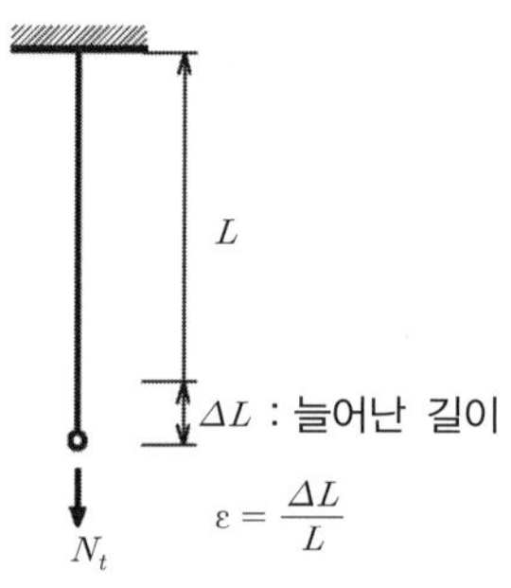

그림 2-18 인장변형률(ε)

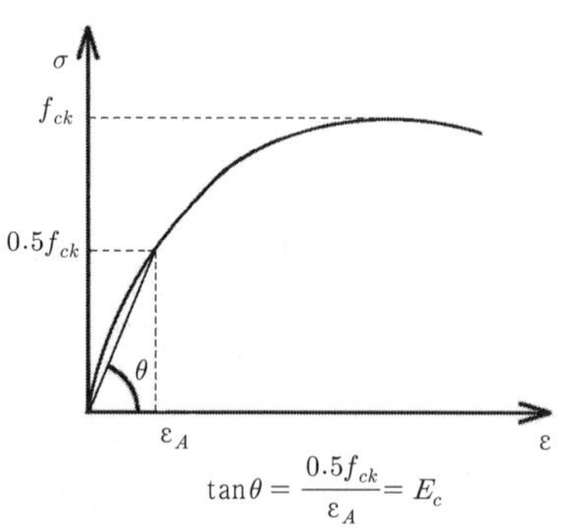

그림 2-19 탄성계수(E)

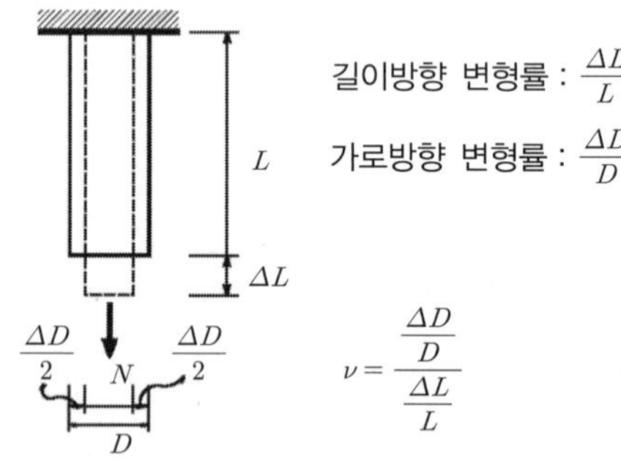

그림 2-20 푸아송비(ν)

2-3-2 압축

압축*Compression*은 외력으로 인하여 사용재료의 분자가 서로 밀리고 있는 상태로, 작용된 압축하중의 영향으로 재료의 길이가 짧아지기 때문에 내응력의 물리적 성질은 인장의 경우와 반대가 된다고도 할 수 있다. 건축 구조물에서는 기둥부재 등에서 압축상태의 응력거동을 쉽게 찾을 수 있다.

압축은 인장에 대한 상대성이 있으므로 압축응력*Compressive Stress*과 압축변형률 등은 인장과 같은 방법으로 구할 수 있다*〈그림 2-21〉*.

고층건물은 층수가 많아짐에 따라 중량이 늘어나므로 저층부의 기둥은 보다 많은 압축력을 받게 된다. 이 경우 과도한 압축력 때문에 미소하나마 기둥길이가 짧아질 수 있으므로 압축력의 영향으로 기둥들 간에 부등축소가 나타날 경우에는 구조적 안정에 영향을 미칠 수도 있다. 그 예로서, 건물높이가 약 450m인 말레이시아 KLCC 건물은 탄성기둥 축소*Column Shortening*량이 약 90mm 정도로 계산되어 나타났으므로, 사전에 이러한 영향을 고려하여 구조계산 및 설계가 수행되었다고 한다.

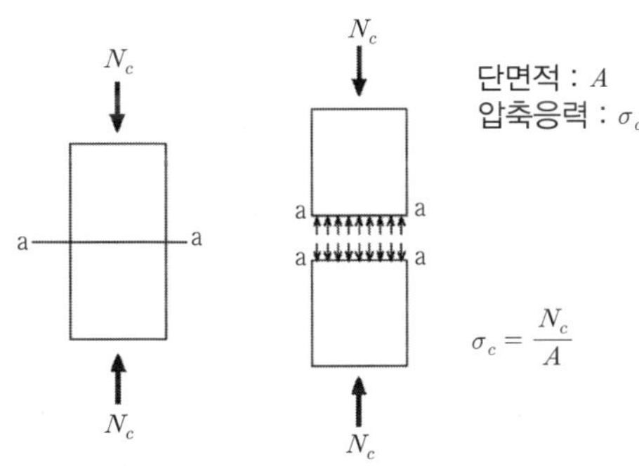

그림 2-21 압축응력(σ_c) 상태

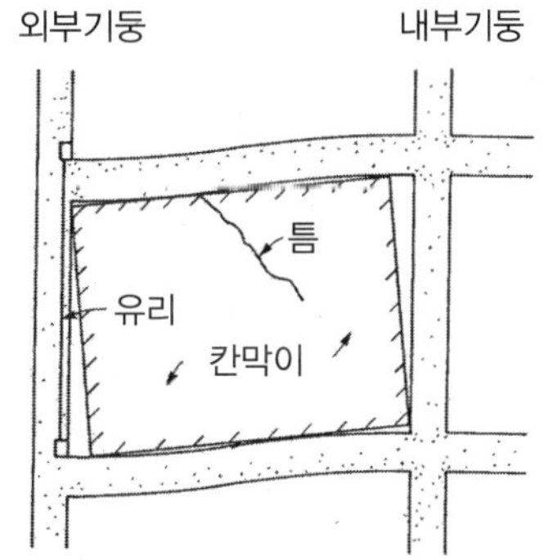

그림 2-22 기둥 부등축소에 의한 영향

기둥 축소량의 발생은 탄성과 비탄성(크리프, 건조수축) 축소로 나눌 수 있으며, 탄성 축소량에는 하중, 탄성계수, 변환단면적 등이 영향을 미치는 요인으로 작용되며 비탄성 축소량은 특정 크리프계수, 하중, 하중작용 시점 및 시간, 체적과 표면적비, 상대습도, 철근비, 극한건조수축 변형도 등이 요인으로 작용된다. 콘크리트 기둥과 벽체의 경우는 탄성 축소량은 전체 축소량의 약 40~50%, 비탄성 축소량은 약 50~60% 정도라고 알려져 있다.

또한 기둥과 같이 세장한 부재는 압축하중이 증가됨에 따라 어느 상태부터는 부재가 축소되지 못하고 좌굴하여 휘어지는 성향을 가지고 있다. 압축력 증가에 의해 좌굴이 처음 시작되는 하중을 좌굴하중*(그림 2-23)*이라 하며, 이 값은 구조부재의 좌굴길이 l_k *(그림 2-24)*가 큰 영향으로 작용된다. 좌굴이란 하중이 가장 쉬운 경로로 이동 전달되는 물리적 현상으로 인하여 비교적 큰 하중작용이 작용할 경우 부재가 축소되기보다는 휘기가 쉽다는 자연법칙의 영향 때문에 나타난다고 알려져 있다.

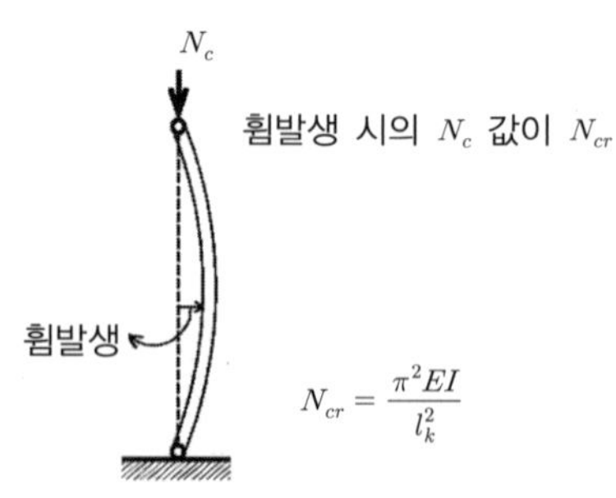

그림 2-23 압축부재의 좌굴하중(N_{cr})

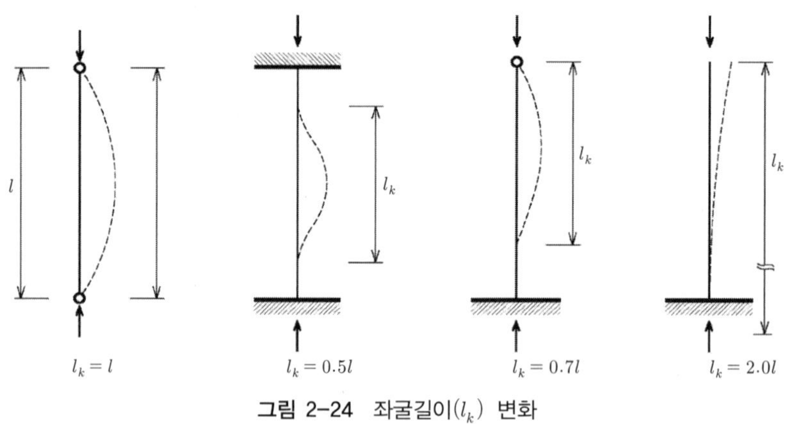

그림 2-24 좌굴길이(l_k) 변화

모든 구조적인 작용은 1차적으로는 인장과 압축력으로 이루어지기 때문에 구조안정을 확보하기 위해서는 사용하는 구조재가 최소 한 가지 혹은 두 가지 모두에 강해야 하는 필요성을 갖게 된다. 석재, 벽돌, 콘크리트 등은 인장력에는 적절히 대응하지 못하지만 압축에는 상대적으로 강한 면을 갖고 있는 재료들이라고 할 수 있고, 강재는 인장뿐 아니라 압축에도 모두 강한 성질을 갖고 있다고 할 수 있다.

2-3-3 전단

인장과 압축은 축*Axial*에 평행하게 작용되는 응력상태이나 전단은 재료의 분자가 서로 미끄러지면서 발생하는 응력상태이다. 따라서 전단*Shear*이란 물체의 일부가 부재의 한 부분에 대해 상대적으로 미끄럼을 발생시키는 현상이라고 할 수 있다.

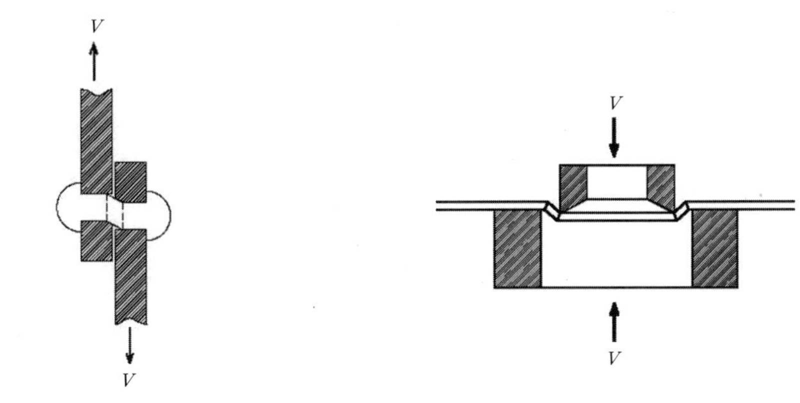

그림 2-25 리벳에서의 전단작용 **그림 2-26** 전단펀칭 상태

철골에 자주 사용됐던 리벳*Rivet* 접합*〈그림 2-25〉*이나 캔틸레버*Cantilever*보가 단부에서 분리하려고 하는 작용도 전단의 경향이며, 종이를 뚫는 Punchingless도 구멍을 뚫을 때는 전단력을 이용한 것이다*〈그림 2-26〉*.

응력이 크지 않은 범위 내에서는 대부분의 고체가 전단에 대해서도 축방향 응력 상태와 같이 훅의 법칙을 따르므로 그림 2-27과 같이 작용된 전단력을 전단을 받는 단면적으로 나누어서 쉽게 전단응력($v = V/A$)을 구할 수 있고, 전단응력*Shearing Stress*과 진단 변형률*〈그림 2-28〉*을 이용하여 전단탄성계수($G = v/\gamma$)*Modulus of Rigidity*도 구할 수 있다.

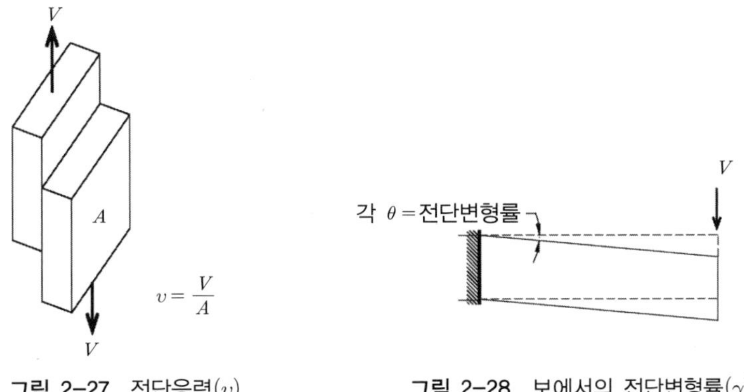

그림 2-27 전단응력(v) **그림 2-28** 보에서의 전단변형률(γ)

전단의 본질적인 특성의 하나는 한 면에서 뿐 아니라 서로 직각되는 두 개의 면에서도 미끄럼이 일어난다는 것이다. 캔틸레버 보의 고정단 근방에서 정방형 요소를 분

리하여 응력상태를 고찰한다면, 보 중량에 의해 수직전단력(그림 2-29)이 발생하나 회전에 대한 평행을 유지하기 위해서는 크기가 같고 방향이 반대인 두 힘이 각 요소단면에 수평방향으로 작용되어야 할 것이다.

이러한 힘의 작용으로 인하여 임의 요소는 그림 2-30과 같이 전단변형하면서 한쪽 대각선에서는 늘어나고 다른 방향에서는 축소되는 현상이 생기게 되므로, 그림 2-31과

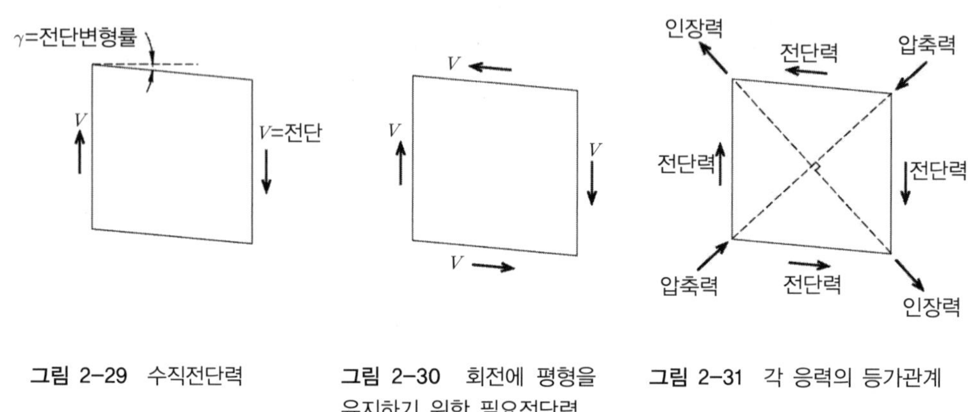

그림 2-29 수직전단력

그림 2-30 회전에 평형을 유지하기 위한 필요전단력

그림 2-31 각 응력의 등가관계

같이 각 대각선방향으로 인장력과 압축력을 가함으로써 얻어지는 형상과 유사하게 되어 전단은 인장과 압축의 합성이라고도 할 수 있다.

또한 부재단면의 각 요소들의 재료항복은 그 위치에 따라 수직응력 또는 전단응력으로 각각 나타날 수 있다. 그림 2-32의 (a)와 같은 A단면적을 갖는 막대에 부재 중심축방향으로 인장외력 N_t를 작용할 경우에 나타나는 응력상태를 살펴보면, θ각을 갖는 임의의 단면 aoa에서의 인장응력 s는 xox축과 aoa축 단면적 차이에 의하여 $N_t = s\ \dfrac{A}{\cos\theta}$관계식에 의해 $S = \dfrac{N_t}{A}\cos\theta = \sigma_t \cdot \cos\theta$가 성립된다. 이 경우 이것을 θ각으로 나타난 aoa축 경사면에 접하는 방향의 분력이 전단응력 v_θ와 면에 직각방향 분력인 인장응력 σ_θ값은 s값에 $\sin\theta$, $\cos\theta$를 곱하여 분해할 수 있다. 전단응력 v_θ만을 나타내보면 s값을 $\sin\theta$하면 되므로, $v_\theta = \sigma_t \cdot \cos\theta \cdot \sin\theta = \dfrac{\sigma_t \cdot \sin 2\theta}{2}$관계식을 수학적으로 얻을 수 있다. 여기서 전단응력 v_θ가 최대가 되려면 $\sin 2\theta/2$가 최대가 되어야 하므로 $\theta = \pi/4 = 45°$경우가 그 값이 1/2이 되면서 v_θ가 최대값이 된다. 즉 최대전단응력은 재축과 45° 단면상에서 일어나고 그때의 최대전단응력은 평균인장응력인 σ_t

의 약 50%값임을 알 수 있다. 즉 인장강도가 낮은 구조부재인 경우의 재료항복은 최대전단응력을 나타내는 45° 방향으로 인장보다 전단에 의해 나타날 수 있음을 의미한다.

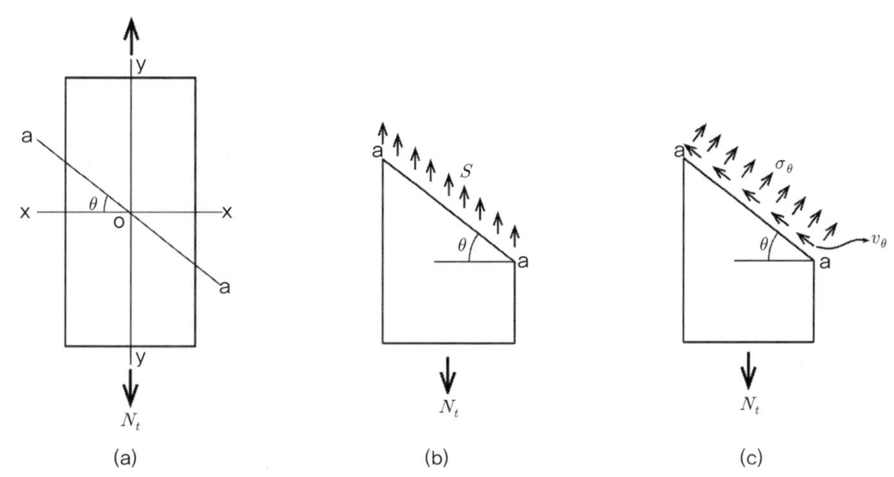

그림 2-32 인장력 N_t를 받는 부재 내부의 응력

부재 내의 재료분자가 미끄러지면서 발생하는 거동이 전단이므로 하중에 의해 비틀어지는 부재에서도 전단거동이 나타난다. 그림 2-33에서 (a)와 같이 둥근 부재의 외면을 격자모양으로 표시한 후, 양단을 반대방향으로 비틀림을 주면 (b)와 같이 격자모양의 장방형 형태의 표면이 평형사변형으로 변하면서 내응력의 거동은 그림 2-30과 같아지므로 비틀림은 그 부재를 전단변형시키고 있음을 알 수 있다. 따라서 평형을 유지하기 위해서는 각 방향의 면들에도 전단응력이 나타나야 함을 쉽게 알 수 있고, 이러한 응력상태를 구조분야에서는 비틀림이라고 부르고 있다. 옷가지의 물을 짜내기 위해 양방향이 반대되게 짜는 고전적 지혜도 비틀림으로 생기는 압축을 이용한 전단특성의 이해로부터 그 원리를 찾을 수 있다. 따라서 구조형태가 비틀림을 받고 있다면 사용재료는 부분적이라도 비틀림에 강한 부재를 선택해야 할 것이다.

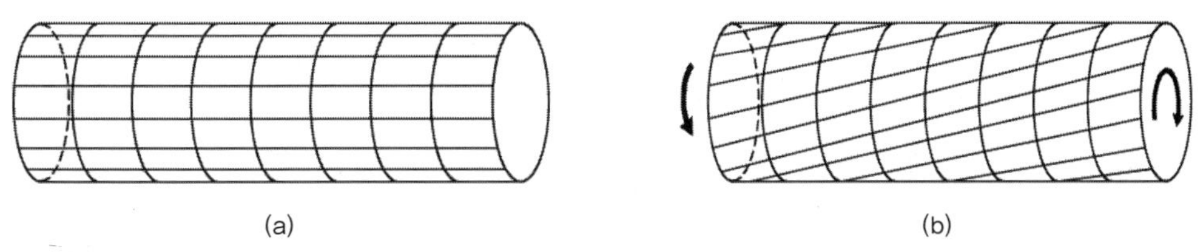

그림 2-33 비틀림에 의한 전단

2-3-4 휨

기본 응력상태는 인장, 압축, 전단으로 구별하고 있지만 대부분의 구조부재는 각 응력이 합성된 상태로 나타나므로, 기본응력상태의 변화에 따라 발생하는 휨*Bending*도 구조방식에서 중요한 기본적인 역할을 담당하고 있다.

하중을 받고 있는 단순보*〈그림 2-34〉*의 중앙부를 예를 들면, 단면 하부는 늘어남으로써 인장응력을 받고 상부는 줄어드는 압축응력을 받고 있으나, 단면의 중앙에서는 본래의 길이를 유지하고 있음을 알 수 있다.

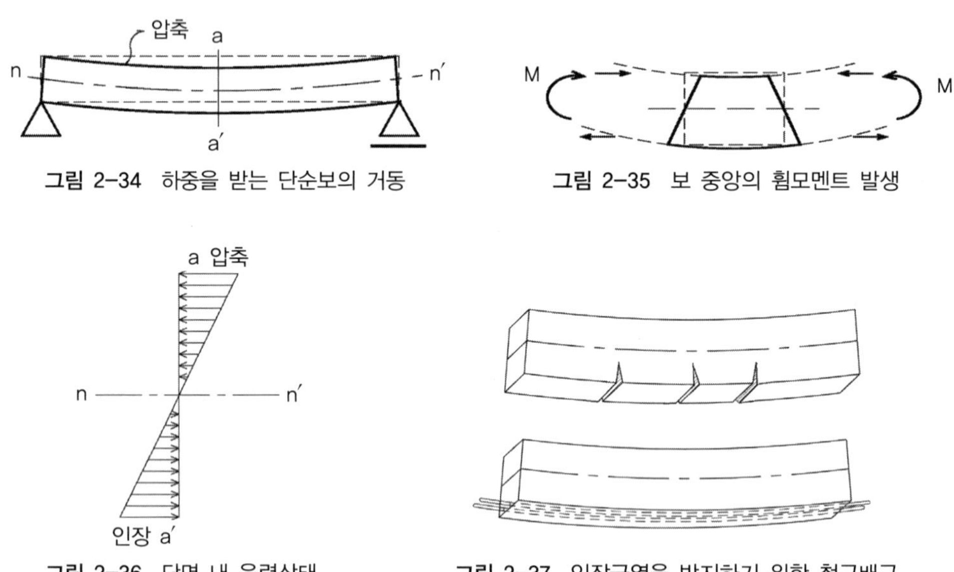

그림 2-34 하중을 받는 단순보의 거동

그림 2-35 보 중앙의 휨모멘트 발생

그림 2-36 단면 내 응력상태

그림 2-37 인장균열을 방지하기 위한 철근배근

이러한 n-n′ 위치를 중립면*Neutral Surface*이라 하며, 중립축을 중심으로 상하부에 압축과 인장응력이 나타나며 그 값은 탄성학에서는 중립축에서의 길이에 따라 비례하므로 부재 상·하 연단부에서 각 경우의 최대값을 갖는다고 할 수 있다*〈그림 2-36〉*. 이러한 현상, 즉 부재가 갖는 탄성학적 거동은 중세의 학자들로부터 시작되었으나 19세기 프랑스 물리학자 나비에*Navier*가 이론적으로 정리하였다고 한다.

최대압축에서 최대인장까지의 직선적 응력변화상태를 구조에서는 단순휨*Pure Bending*이라고 한다*〈그림 2-36〉*. 또한 휨이란 수직하중을 수평방향으로 전달하여 양지지점에 도달시키는 구조적 메커니즘을 가지고 있으므로 모든 구조적 문제의 근본이라고도 할 수 있다. 따라서 휨거동은 구조기구 중에서도 가장 중요한 역할을 담당한다고 볼 수 있다.

연성이 적고 습식인 콘크리트 부재에 인장력의 영향으로 휨이 발생할 경우 재료가 갖는 특성 때문에 구조적 균열을 피할 수가 없으므로, 휨모멘트가 큰 부분에 그림 2-37과 같은 보강방법이 고려되는 것은 당연하다고 할 수 있다.

2-4 구조물의 안전성

2-4-1 구조의 안전성

구조물이 안전하다는 것은 구조체에 외력이나 주변조건의 변화에 대하여 단기적으로나 장기적으로 충분한 저항력을 지니고 있는 경우를 의미한다. 주로 하중을 받는 구조체가 그 전과 비교하여 형태나 지점의 변화가 있었는지에 관한 안정*Stable*문제 검토와 각 부재에 나타난 부재력과 부재가 받을 수 있는 최대내력과의 비교 정도를 나타내는 해석적 평가의 수행으로 안전성 여부를 판단한다.

2-4-2 구조의 안정

구조물에 외력이 작용할 때 구조물의 형태와 지점의 위치가 변하지 않는 것을 안전구조물이라 하며, 그 형태가 쉽게 변하거나 지점이 이동하는 것은 불안전구조물이라고 한다. 또한 구조물이 안전성을 확보하기 위해서는 우선적으로 어떤 하중상태에서도 정지상태를 유지할 수 있는 구조적 안정상태가 요구된다. 따라서 하중을 받는 구조체가 항상 힘의 평형(비김)상태를 유지한다면 그런 상태를 안정*Stable*이라 부르고, 그렇지 않은 경우는 구조체가 불안정*Unstable*하다고 할 수 있다. 안정과 불안정은 하중작용으로 나타날 수 있는 형태의 변형여부와 지점이동의 여부에 따라 다시 내적*Internally*과 외적*Externally*의 안정과 불안정으로 구분될 수 있다.

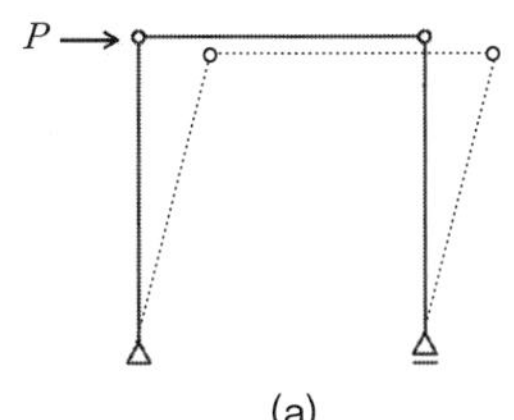

(a)

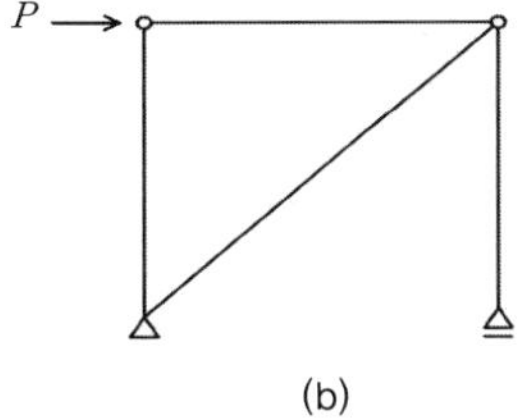

(b)

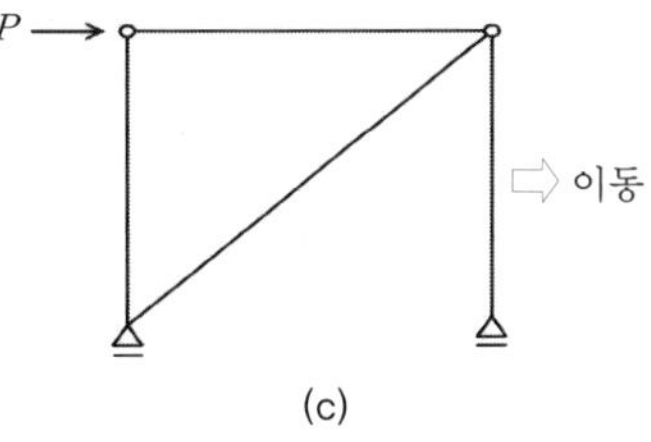

(c)

그림 2-38 구조물의 안전성 판단 모델

예로서, 그림 2-38의 (a)와 같은 구조물에 수평력 P를 작용시키면 부재의 각 절점은 활절점(핀접합)이어서 점선과 같이 골조의 형태가 변하므로 이 구조물은 불안정함을 알 수 있다. 그러나 그림 2-38의 (b)와 같이 대각선으로 브레이싱*Bracing*으로 보강을 한다면 이 골조는 수평력에 저항할 수 있는 안정된 구조가 됨을 알 수 있다.

또한 하중에 따른 형태의 변화 여부이므로 각 경우는 내적불안정*Internally Unstable*, 내적안정*Internally Stable*이라고도 표현한다. 이러한 안정과 불안정은 외력작용에 대하여 구조물 전체가 위치이동을 하지 않는다면 외적안정*Externally Stable*, 이동하면 외적불안정*Externally Unstable*으로 구분한다. 그림 2-38의 (c)를 (b)와 비교하면, 형태상으로는 모두 안정하지만 2개의 지점이 이동단*Roller*이므로 하중 P가 작용된다면 (c)구조물은 전체적으로 이동하게 되므로 외적불안정이라고 할 수 있는 경우이다.

구조안전성 확보를 위해서는 내적이든 외적이든 모두 안정해야 하며, 안정성에 관한 확인 작업은 구조시스템의 주 골조가 안정한 구조가 되도록 구조계획의 수립 시에 사전에 검토하는 것이 순서이다.

2-4-3 부재내력 검토

구조물이 하중을 받을 경우, 골조해석이라는 과정을 통하여 구조체를 형성하는 각 부재들에 발생할 수 있는 응력(부재력)을 구할 수 있으며, 구조안전성의 확보를 위해서는 이러한 부재력(member force : 주로 축방향력, 휨모멘트, 전단력, 비틀림 등)을 지지할 수 있는 적절한 단면설계 여부의 확인이 필요하다.

더불어 안전성의 검증은 구조모델에 대한 구조역학적 수단으로 얻어지지만 구조물에 작용하는 외력의 대다수는 통계적 확률의 불확실성을 나타낼 수 있고, 시공된 구조재료의 성능을 완벽히 파악하는 것이 불가능하다는 점들을 고려하여 안전율*Safety Factor*을 갖는 여유로운 설계검토가 요구된다. 예로서, 극한강설계법에서는 철근콘크리트구조물의 설계식인 $\phi R_n \geq U$(설계강도 ≥ 소요강도)에서 설계강도에는 강도감소계수 ϕ를, 소요강도에는 하중계수를 사용하여 안전율을 확보하고 있으며, 허용응력설계법에서는 구조재료가 가질 수 있는 최대응력값을 하향으로 조절하는 방법으로 필요한 안전율을 확보한다.

3 구조재료 Structural Materials

3-1 재료의 특성

3-1-1 목재(Timber)

인류의 역사 속에서 건축이 시작된 초기에 사용된 최초의 구조재료는 목재라고 할 수 있다. 목재는 다른 재류와 달리 적응성이 뛰어나고 가공과 감촉이 좋으며 무게가 가볍고 경쾌한 이점이 있으나, 가연성 재료이므로 내화적이지 못하고 부식과 비틀어져 쪼개지는 성질 등으로 인해 내구성이 낮다고 할 수 있다. 이러한 장단점 때문에 목재를 구조재료로 사용할 경우에는 목재의 이방성에 따른 각 방향에서의 강도와 물리적 성질 차이 및 건조·습윤상태에 따른 목재 함수율의 변화에 대한 분석이 필요하다.

그림 3-1 금산사의 미륵전
(국내 유일하게 보존된 3층 목조건물)

그림 3-2 금산사 미륵전 가구도

목재는 식물학적으로는 세분할 수 있으나 건축 구조재료로는 침엽수와 활엽수로 대별되며, 인장과 휨에 대한 강도가 압축강도보다 큰 특징을 갖고 있다. 침엽수재는 송백과에 속하는 육송, 삼송, 낙엽송, 적송, 흑송, 솔송, 미송 등의 연목으로서 구조재나 장식재로 많이 사용되며, 활엽수재는 밤나무, 느티나무, 떡갈나무, 나왕, 물참나무 등의 경재가 많으며 성질도 일정하지 않으므로 주로 장식재에 많이 사용된다.

목재의 나뭇결 방향에 대한 허용응력도는 침엽수의 경우 인장이 6~9MPa(60~90kg/cm^2), 압축은 5~8MPa 정도이고, 활엽수는 인장이 9~12.5MPa, 압축은 7~9MPa 정도의 값을 갖고 있다. 목재가 갖는 생태학적 요인에 따른 재료 자체 저항력의 적절한 응용과 물리적 거동을 개선시키는 접합부의 형상에 따라 구조재료로서의 목재의 기능은 보다 더 향상될 것이다.

3-1-2 석재(Stone)

고대부터 석재는 건축·토목의 구조 및 의장재료로서 중요한 부분을 차지하고 있었다. 기원 6세기의 스페인 타라고나의 거석벽을 비롯하여 현재까지 남아 있는 이집트의 피라미드*The Great Pyramid*〈그림 3-3〉, 그리스의 파르테논*Parthenon* 신전〈그림 3-4〉, 로마 포럼*Forum*〈그림 3-5〉의 건물 등도 모두 석재로 구성된 구조체이다. 본격적으로 콘크리트와 철재가 구조재료로 사용된 근세 이후 석재를 구조체로 사용하는 용도는 급격히 감소되었으나, 재료가 갖는 특성 때문에 일부 토목과 장식(마감)재에서는 아직까지 유용하게 사용되고 있다.

석재는 지열과 지압에 의해 용암이 냉각, 응고되면서 덩어리가 된 결정체로서 화성

그림 3-3 이집트의 피라미드

그림 3-4 그리스의 파르테논 신전

암, 수성암, 변성암 등으로 대별되고 있다.

건축용 석재로 사용되는 화강암, 안산암, 화산암 등은 용융상태에 있던 물질이 냉각, 고결되어 만들어진 화성암의 일종으로서, 압축강도는 100~200MPa 정도의 값을 갖고 있고 콘크리트용 골재로도 자주 사용된다.

그림 3-5 로마시대의 포럼

사암, 이판암, 응회암 등의 수성암은 기존 암석이 풍화작용과 침식작용을 받아 퇴적됨으로써 만들어지며, 압축강도는 화성암보다 낮은 10~40MPa의 값을 갖고 있으므로 건축구조용 석재보다는 경량골재로 자주 사용된다.

대리석과 사문암과 같은 변성암은 화성암과 수성암이 지하에서 열과 압력을 받아 변질 생성된 것으로 압축강도는 100~180MPa 정도이고 실내마감재로 자주 사용된다.

석재의 종류에 따라 다르지만, 대체적으로 압축강도가 인장강도의 10~30배의 큰 값을 가지므로 압축력을 받는 구조재에 적합하다고 할 수 있다. 휨강도는 인장강도의 약 2~3배 값을 갖고 있으나 석재에 따라 그 값들은 큰 차이를 나타낸다.

석재는 매스의 현실감과 실재감을 비교적 잘 표현할 뿐 아니라 재료를 구하기가 쉽기 때문에 예부터 기념비적 건축물의 외부장식에 많이 사용되어 왔으며, 궁전, 종교 집회건물, 관공서 등의 고건축 문화유산 구조물의 기둥, 아치, 볼트, 교각과 같은 구조체에 석재를 이용한 것을 쉽게 찾을 수 있다*(그림 3-6, 7)*. 현대에서는 압축력만 받는 구조물에서 가끔 사용되고는 있으나, 구조 내력상 인장을 받게 되는 구조체에서 그 가치의 효율성과 경제성이 대단히 낮기 때문에 건축구조물에서는 석재가 건물의 외장재료나 콘크리트용 골재(자갈) 등으로 그 사용범위가 한정되고 있는 실정이다.

그림 3-6 첨성대

그림 3-7 불국사의 청운교, 백운교

3-1-3 벽돌(Brick)

그림 3-8 우남사탑

그림 3-9 만리장성

그림 3-10
안동 동부동 5층전탑

B.C.7000~8000년에 발생한 메소포타미아 문명권(중동지역)에서 발굴된 유적에서 많은 벽돌구조체가 발견되고 있는 것으로 보아, 벽돌 제조의 기원은 나무나 석재가 건

축재료에 사용된 만큼 그 역사가 매우 오래된 것으로 볼 수 있다. 자료나 유적에 의할 경우, 고대 이집트 피라미드나 바빌로니아*Babilonia*의 탑 등에서도 진흙벽돌이 많이 사용되었고, 그리스·로마시대에는 소성벽돌로 아치, 볼트, 돔 등에 이용하였으며, 중국에서는 흙색 소성벽돌로 궁전, 불각, 탑, 성 등에 사용되었음을 알 수 있다*〈그림 3-8, 9〉*. 분황사탑과 안동의 전탑*〈그림 3-10〉* 및 백제의 송산리 고분 등의 유적에서 그 흔적을 쉽게 찾아볼 수 있듯이, 우리나라도 고대부터 벽돌구조를 많이 사용하였음을 알 수 있다.

벽돌은 흙, 공기, 물, 불의 네 개 요소를 이용하여 인간이 처음으로 만들어낸 본격적인 구조재료라 할 수 있다. 기존의 나무와 석재에 의한 구조재료와는 완전히 다른 성질과 조직을 나타내는 벽돌의 탄생으로 인해 한 단계 높은 예술적 건축미를 추구하는 계기와 새로운 재료를 직접 만드는 인간 지혜의 승리를 가져왔다고 할 수 있다.

벽돌에 의한 조적구조물은 내화·내구적이고 압축력에 대하여 비교적 강하면서 건축계획상의 다양성을 충족시킬 수 있는 이점이 있으나, 인장력에 약하며 풍압과 지진 등의 횡력에 취약한 성질이 있으므로 대규모 구조물에 사용할 경우에는 주로 압축력만을 받도록 구조계획*〈그림 3-11〉*된다. 요즘에는 주택이나 2~3층 이내의 저층 건물의

그림 3-11 플라잉 버트레스에 의한 벽돌의 하중전달

그림 3-12 콜로세움 내부

그림 3-13 콜로세움 외부모습

구조부재나 외장재 또는 비내력벽의 구조체로 이용되고 있다.

벽돌구조는 구조체의 구조적인 역할에 따라 내력벽*Bearing Wall*, 장막벽*Curtain Wall*, 중공벽*Void Wall* 등으로 분류할 수도 있다. 벽돌의 종류는 구성재질에 따라 흙벽돌, 붉은벽돌, 회색벽돌, 시멘트벽돌, 경량벽돌, 내화벽돌, 이형벽돌 등으로 나누기도 한다.

3-1-4 콘크리트(Concrete)

콘크리트란 시멘트, 모래, 자갈, 물을 적당한 배합으로 섞어 만든 구조재료로서, 주로 시멘트와 물의 수화작용에 의해 견고한 구조물을 구축할 수 있는 성질이 있다. 시멘트는 재료 발달의 단계에 따라 천연시멘트와 인공시멘트로 구분할 수 있다.

천연시멘트는 B.C.7000년경, 중국에서 석재 접합부 조정*Fix up*에 석고 모르타르를 사용한 기록이나, B.C.3000년경, 황화강유역의 비옥한 석회질 토양을 이용하여 원시적 콘크리트로 구축된 주거단지의 바닥 발견, 고대 이집트의 피라미드 건설에서 불에 구운석고와 모래 및 물을 혼합한 석고 모르타르나 점토 모르타르를 이용한 흔적 등으로, 그 역사는 지금부터 약 1만 년 전의 신석기시대부터라고 할 수 있다. 특히 로마시대에는 품질이 낮은 석회나 점토모르타르 대신 화산재인 포졸란*Pozzolan*에 석회를 혼합하여 수경성과 강도, 내구성, 내수성이 보다 우수한 천연시멘트*Pozzolana Cement*를 만들었고, 이 재료에 모래, 자갈을 혼합한 콘크리트*〈그림 3-14〉*로 구축된 구조물(판테온, 콜로세움, 항만과 도로정비 등)이 지금까지 남아 있는 것으로 볼 때, 구조체를 일체화 시키는 콘크리트는 우리의 생각보다는 훨씬 오래된 고전적인 재료라고도 할 수 있다.

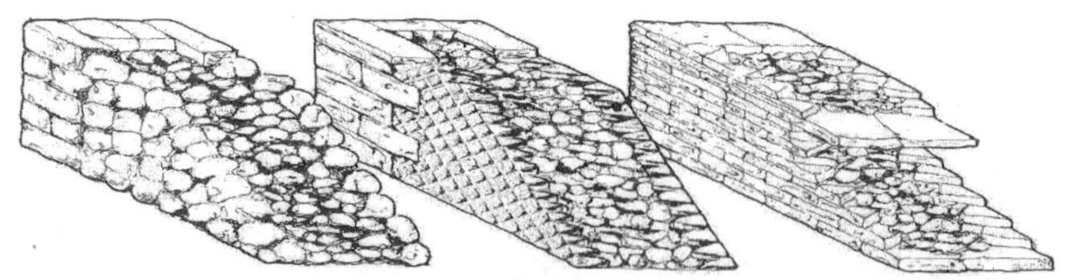

그림 3-14 로마시대에 사용된 콘크리트

그러나 18세기 후반부터 영국의 기술자(J. Smith, J Parker, LJ Vicat 등)의 노력으로 신석기시대나 로마시대에 사용된 고전적 구조재료인 천연시멘트를 대신하여 다양한 인공시멘트가 연구되고 사용됨으로써 구조재료의 전환기를 맞게 된다.

현대의 건축구조에서 널리 사용되고 있는 인공시멘트는 1824년 영국의 벽돌공인 조셉 애습딘*Josepe Aspdin*이 경질 석회석을 구워서 얻은 생석회를 가루로 만들고 거기에 점토를 혼합하여 재소성시킨 시멘트 제품을 특허 제출함으로써 탄생한 근대적 건축재료로서, 굳어진 모양이 포틀랜드*Portland*섬에서 산출되는 건축용 석회석과 유사하다고 하여 포틀랜드 시멘트*Portland Cement*로 명명하게 되었다.

콘크리트는 인장강도가 압축강도에 비하여 대단히 낮기 때문에 보강 없이 그 자체만으로 구조체로 사용하기에는 무리가 있다. 토목공사에서 구조체나 기초보강을 위한 중력식 구조체로 무근콘크리트가 가끔 이용되고는 있으나, 무근콘크리트만 사용할 경우 부재의 크기나 중량을 과대하게 증가시키게 되어 구조안전성에 위해한 요소로 작용되는 경우가 많으므로 그 사용범위가 한정될 수밖에 없을 것이다. 그러나 목재나 석재를 이용하여 구조물을 축조하는 경우와 비교한다면 내화, 내수, 내구적이며 거푸집의 활용으로 자유자재한 구조미를 형성할 수 있는 장점 때문에 콘크리트의 탄생은 건축구조의 획기적인 발전으로 볼 수 있다.

일반적으로 건축구조물에서는 콘크리트 4주 압축강도(f_{ck})가 24~30MPa(240~ 300kg/㎠) 정도 사용되나, 재료분야 연구에 힘입어 f_{ck} = 50~120MPa 이상의 강도를 갖는 고강도 콘크리트도 현장에서 자주 사용되고 있다. 공사현장의 기술적인 여러 가지 제약조건 때문에 아직 실용화되지는 않았지만 재료실험으로써는 f_{ck} = 200MPa 이상의 강도를 갖는 고강도 콘크리트의 개발은 이미 오래된 일이다.

3-1-5 철근콘크리트 (Reinforced Concrete)

인장력이 약한 콘크리트구조체를 철물로 보강하려는 노력은 19세기 중반 이후부터 나타났으며, 이 분야에 가장 적극적인 기술자들은 주로 프랑스인이었다. 1850년, 람보트*Joseph L. Lambot*는 철망을 넣은 콘크리트 보트를 제1회 파리박람회에 출품하였으며, 박람회에 출품된 이 보트가 철근콘크리트구조물로서는 세계 최초의 작품으로 알려져 있다. 그러나 본격적인 RC구조의 활용은

그림 3-15 인갈스 빌딩*Ingalls Building*, 1903년

1867년의 모니에*J. Monier* 이후부터라고 할 수 있다. 그는 제2회 파리박람회에 격자철망을 모르타르에 고정시킨 RC구조의 식목관*(상자 ; Box)*을 출품하기도 하였지만, 더불어 RC슬래브나 아치구조의 배근법에 관한 다양한 특허를 취득하여 재료가 갖는 특성을 충분히 이해하면서 그 이론을 직접 구조설계에 활용하였다고 알려져 있다. 이후, RC에 대한 다양한 재료실험과 역학적 특성을 고려한 이론해석들의 정립으로 19세기 말부터는 콘크리트 기술의 새로운 국면을 맞이하게 된다. 또한 그동안 콘크리트의 보강재로 사용되었던 철물들 대신에 규격화된 철근을 사용함으로써 현대적 의미의 철근콘크리트구조의 발전기를 맞이하기도 한다.

철근콘크리트는 구성재료인 콘크리트나 철근과는 근본적으로 다른 성질을 갖는 새로운 재료라고 볼 수 있다. 즉 구조체의 인장응력 발생 위치에 철근을 조립하고 콘크리트를 부어 일체식으로 구성하여 콘크리트가 취약한 인장력을 보강할 수 있도록 함으로써 구조적으로는 상호 보완적이며 이상적인 합성재료라고 할 수 있다.

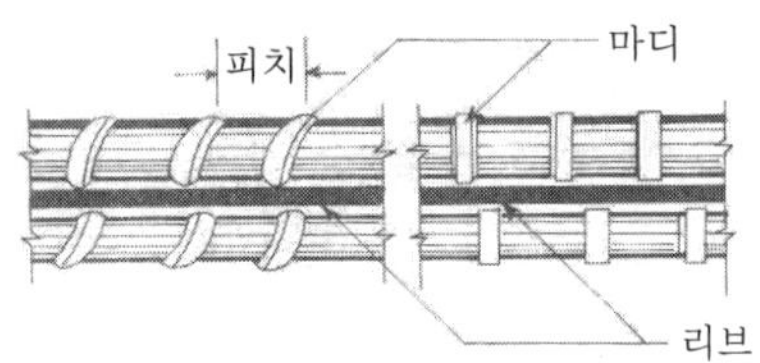

그림 3-16 이형철근의 형태

철근콘크리트구조는 콘크리트 내의 철근은 방청성이 있고 각 재료의 선팽창계수가 거의 같으며, 철근과 콘크리트의 부착강도가 좋다는 구조적 거동의 일체성과 더불어 재료 구입이 용이하고 단면형상을 자유롭게 할 수 있으며 유지관리비가 적게 든다는 장점 등이 있는 반면, 중량이 많고 균일한 시공이나 재료 재사용, 구축된 구조물 파괴의 어려움, 균열발생이 쉬운 단점도 있다.

그러나 철근콘크리트가 갖고 있는 여러 단점들과 더불어 아직까지도 콘크리트와 철근의 구조적 상호작용이 명확하게 규명되지 않은 부분이 많지만, 경제성과 설계자의 의도에 충실하게 따르게 하는 구조체 구성이 용이하면서 재료강도가 높은 장점들 때문에 그 어떤 재료보다도 가장 확고한 자리를 확보하고 있다.

콘크리트 내에 사용되는 철물은 주로 이형철근*Deformed Bar〈그림 3-16〉*이 사용되나 필요에 따라서는 피아노선, 용접철망, 원형철근*Round Bar* 등도 이용되고 있다. 일반철근의 항복점 강도는 약 300MPa(3t/cm^2) 정도이나 요즘은 400~600MPa 이상을 갖는 고강도 이형철근*High Tension Bar*의 사용도 급격히 증대되면서 일반화되고 있다. 또한 철의 압축강도는 인장강도와 유사한 값을 갖고 있으므로 콘크리트 내의 철근의 이음은 인장부의 보강뿐만 아니라 압축부재의 보강으로도 사용될 수 있다.

3-1-6 철(Steel & Iron)

그림 3-17 영국의 콜브룩데일*Coalbrookdale* 철교

구리와 주석을 이용한 청동기시대*Bronze Age*에도 메소포타미아 문명권과 이집트, 소아시아 등에서는 철을 생활용품에 일부 이용했다는 자료가 있으나 기원전 15~6세기경, 철기로 무기를 비롯한 도구를 만드는 제철기술에 가장 먼저 눈을 떠서 고대 바빌로니아를 멸망시키고 이집트까지 위협할 정도의 강력한 제국을 건설한 소아시아의 히타이드 왕국이 최초의 철기문화를 가진 민족으로 알려져 있다. 더불어 기원전 10세기경에는 인도와 이집트까지도 본격적으로 철을 제조하며 사용하였다는 기록들을 볼 수 있다. 그러나 이들이 사용한 철은 섭씨 400~800도의 낮은 온도에서 만들어지므로 철광석이 반쯤 용해된 상태에서 두드려 철 이외의 불순물을 제거하는 단철일 것으로 유추되고 있다.

14~15세기경부터는 독일 지역을 중심으로 목탄(숯)을 원료로 하여 섭씨 1,200도의 고온을 얻을 수 있는 고로를 개발하게 되면서 비교적 탄소함유량이 높은(1.7% 이상) 선철*Pig Iron,무쇠*을 만들기 시작하였다. 따라서 근대적 재료인 철강의 시대는 선철의 사용부터 본격적으로 시작됐다고 할 수 있다. 그러나 탄소의 양이 많은 선철로는 단조제조에 어려움이 많았기 때문에, 이러한 점을 극복하기 위해서 주로 영국을 중심으로 석탄을 코크스*Cokes*화하여 철광석을 용해하는 탈탄제철법의 연구와 활용의 전성기를 맞게 된다.

다양한 제련법에 대한 특허와 함께 철강생산량은 비약적으로 발전하는 전성기였지만, 기술적 제약으로 극복할 수 없는 탄소함유량과 재료의 물리적 성능 개선의 미흡성 때문에 요구조건이 각각 다른 구조물 구축을 위한 압연가공상태의 시공은 대단히 어려운 실정이었다. 이러한 점을 고려하여 압연가공이 용이하도록 선철을 주물로 한 주철*Cast Iron*제품을 생산하게 되었다. 용융상태에서 주형에 부어 주물인 상태로 제품이 생산되는 주철은 기원전 600년경부터 중국에서 만들어 사용하였다는 기록도 있으나, 성능이 개선된 근대적 주철이 구조물에 최초로 사용된 것은 1779년 영국의 콜브룩데일 세븐*Coalbrookdale Severn* 강에 설치한 철교*Iron Bridge*〈*그림 3-17*〉로 알려져 있다.

1784년, 영국의 콜브룩데일 제철소 직원인 헨리코트가 목탄 대신 석탄연료를 사용하고 끓는 쇳물을 휘젓는 퍼들법을 개발하여 그때까지 사용해온 선철이나 주철보다 품질이 뛰어난 연철*Wrought Iron*을 만들게 된다. 연철은 탄소가 거의 함유되지 않아 연성이 풍부하므로 반용융상태에서 단련시켜 구조용 강재로 만들기가 쉬웠기에 19세기 말에 강철이 나오기 전까지 건축구조물에서의 철은 주로 연철을 사용하게 된다.

건축적으로 본다면 주철이나 연철과 같은 철재료의 발달은 19세기에 급성장한 영국과 미국의 철도산업의 영향, 구조재료에 대한 다양한 실험 및 이론의 연구성과와 산업화에 따라 수정궁*London Crystal Palace*〈그림 3-18〉과 에펠탑*Eiffel Tower*〈그림 3-19〉과 같은 많은 대형구조물들과 철재 레일 및 역사 건물 등이 필요했던 시대적 요인이 자리 잡고 있었다.

더불어 1846~1879년 사이의 획기적인 제강법의 발명으로 철재의 탄소함유량을 약 0.2% 이하로 낮추어 가단성을 높일 수 있는 열처리가 가능하게 되었고, 그 영향으로 강도나 인성이 대폭 증가되는 강*Steel*이 본격적으로 생산되면서 구조물의 철재료는 강철시대로 넘어가게 되었다.

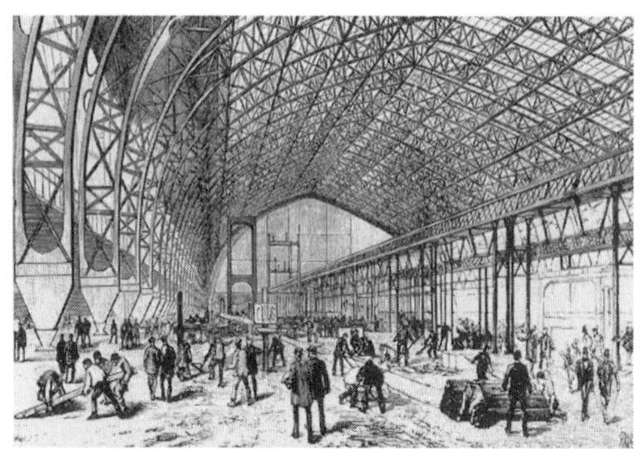

그림 3-18 수정궁 철구조물 내부(1851년)

그림 3-19 에펠탑 내부 철구조물(1889년)

철은 강도와 비중이 높기 때문에 고층건물이나 대스팬 구조에 적합하며, 부분적으로 재료가 항복응력에 도달하더라도 파괴되지 않는 소성변형응력 때문에 보다 큰 하중을 지지시킬 수 있다. 철은 철근콘크리트에 비해 반복하중에 의한 열화가 적은 점과 연성의 증대로 내진성이 크고 공기가 단축되며 구조해체 및 재사용이 가능하다는 여러 장점이 있으나, 관리비가 높고 내화성이 낮으며 좌굴의 위험성과 반복응력에 따른 강도저하가 심하고 접합의 어려움 등의 단점도 갖고 있다.

일반적으로 탄소함유량이 0.12~0.25% 정도의 보통 강을 연강*Mild Steel* 또는 저탄소강이라고 하며, 철골강재로는 인장강도 400MPa급 이하의 강이 이에 해당된다. 인장강도가 500MPa 이상이 되는 강을 고장력강*High Strength Steel*이라 부르고 있다.

3-2 재료의 발달

소규모 건물과 특수한 목적을 위하여 종이*〈그림 3-20〉*, 나무, 석재, 조적재료를 구조체로 사용하고 있으나, 현대 건축물의 대부분은 건축가가 의도한 형태*〈그림 3-21, 22, 23〉*를 자연스럽게 표현할 수 있는 재료로는 다른 건축재료보다 일체성과 강도가 월등히 우수하고 경제적이라는 이유 등으로 철근콘크리트와 철이 사용재료의 주류를 차지하고 있다.

그림 3-20 페이퍼 하우스*Paper House*, 1995년

그림 3-21 크레디료네 타워*Credit Lyonnais Tower*, 1995년

그림 3-22 키아스마 현대미술관*Kiasma Museum of Contemporary Art* 건물 내부 계단실, 1998년

철근콘크리트는 중량 때문에 고층건물에서는 사용재료로서의 한계성을 갖고 있으며, 구조체의 파괴에 따른 재사용이 어려워 환경파괴를 유발시킨다는 문제점 등을 개선하기 위하여 최근에는 폐콘크리트를 재사용하기 위한 연구와 콘크리트 강도 증가를 위한 탄소섬유 이용 등에 관한 연구개발 등이 활발하게 진행되고 있다.

그림 3-23 리차드 B 피셔 센터*Richard B. Fisher Center* (Bard College), 뉴욕 (Annandale-on-Hudson, New York), Frank Gehry, 2003년

현재 사용 중인 건축재료에 대한 성능발달 연구도 많은 진척을 이루고 있다. 콘크리트의 강도는 앞에서 언급한 바와 같이 일반적으로 사용하고 있는 24~30MPa보다 훨씬 높은 50~120MPa의 압축강도를 갖는 재료가 실용화되고 있으며, 고강도철근도 인장에 의한 항복점강도가 400~600MPa 정도는 이미 보편적으로 현재 널리 사용되고 있는 실정이다.

구조물의 발전과 건축디자인에 따른 효율성을 충분히 확보하기 위해서는 새로운 이론적 지식을 기초로 하여, 현재 사용되는 재료 이상의 경제성과 사용성을 갖고 있으면서도 보다 높은 강도증가를 가져올 수 있는 새로운 재료의 개발은 우리가 당면한 문제라고 할 수 있다.

4 구조시스템 Structural Systems

4-1 건축과 구조시스템

건축이란 일단은 물리적으로 지반에 정착되어 있으면서 그 상부를 기둥, 보, 벽, 지붕, 바닥과 같은 각 구조부재들의 요소를 서로 결합하여 구축하는 작업이라고도 할 수 있다.

이 경우 건축에 요구되는 자연적이고 인위적인 환경 설정에 충분히 적응하면서 가장 안전하고 보다 경제성과 건축미가 뛰어난 구조물을 구축하려는 행위는 건축가에게는 당연한 욕구일 것이다. 또한 건축이란 과정이 어떻든 간에 그 행위가 끝난 후 종국적으로는 완성된 작품이 안정성을 유지해야 한다는 필수성 때문에 건축에서 요구되는 이러한 욕구들의 충족은 건축뼈대를 구성하는 구조형태의 결정, 즉 구조시스템의 선정이 일차적인 출발점이 될 수 있다.

425 Park Avenue

구조시스템의 선정은 단순히 선택적 사항만으로 결정할 수 없는 경우도 있다. 건축가의 작품에 대한 디자인적 의지와 더불어 구축될 구조물의 용도나 규모뿐만 아니라 구조공학적인 해석의 결과 등을 고려하여 선정하기 때문이다. 여기서 구조공학적 해석이란, 구축될 구조물에 대한 수학과 역학에 기초를 둔 구조역학, 재료역학, 응용역학과 각국이 지향하는 구조설계에 관한 법규(규준)를 근거로 구조시스템의 안전성을 확인하는 내용일 것이다.

따라서 적절한 구조시스템을 선정하기 위해서는 다양한 구조형태에 대한 충분한 인식이 우선적으로 필요할 것이다.

4-2 구조시스템의 발달

구조시스템은 구조재료나 가구형식에 좌우될 수 있으므로 구조시스템의 발달은 건축재료와 공학기술의 발달에 따라 그 내용이 변천되면서 구분될 것이다.

먼저, 선사시대부터 산업혁명 이전까지를 고전적 구조재료의 시대라고 할 수 있다. 그 시대의 건축재료는 주로 흙, 나무, 돌, 풀과 같은 천연재료와 인류가 최초로 만든 인공 건축재료인 벽돌에 국한되었음을 알 수 있다. B.C.8000년경에 구축된 예리코 *Jericho*의 원형주거나 B.C.6000년경 만들어진 키프로스*Cyprus*의 히로키티아*Khirokitia* 원형주거의 흔적*〈그림 4-1, 2〉*을 고찰해보면, 하부는 흙을 접착제로 이용하여 돌을 쌓고 그

그림 4-1 히로키티아 원형주거 모형도

그림 4-2 히로키티아 원형주거의 기초

그림 4-3 폼페이의 신비의 별장 내부

그림 4-4 폼페이 비너스의 집 회랑구조

위는 흙이나 벽돌 등으로 벽과 돔 형태의 지붕을 구축함으로써 필요한 공간을 획득하는 공사기법을 주로 사용했음을 알 수 있다. 즉 단순한 중력(매스)식 구조시스템이 그 당시에는 가장 보편적으로 널리 사용되었음을 알 수 있다.

대규모 건축물이 필요했던 로마시대부터는 주로 벽돌과 석재 및 로마식 콘크리트를 이용하여 압축력과 전단력으로 저항하는 아치나 볼트 및 고전적 돔구조 형태가 많이 사용되면서 그 기술이 비약적으로 발전하게 된다. 2000년 전에 소멸된 이태리의 폼페이 도시의 유적에서는 단순히 압축재뿐만 아니라 목재를 건축재료로 적절히 이용한 단순가구형식의 발전된 구조형태*(그림 4-3, 4)*를 많이 찾을 수 있으며, 이러한 구조형식은 중세유럽의 전통적 건축가구 양식과 거의 유사함을 알 수 있다. 더불어 나무가 많은 동남아시아 지역에서는 주로 목조를 이용하여 주 골격을 완성한 후, 벽과 지붕마감에 흙이나 벽돌을 사용하는 가구식 구조시스템이 오래전부터 전통적으로 사용되었으며, 이러한 구조시스템은 아직도 사찰이나 탑, 다리구조에서 쉽게 찾을 수 있다. 따라서 새로운 건축재료가 나타나는 산업혁명 이전까지의 구조시스템은 단순가구식이거나 압축부재에 의한 중량으로 저항하는 구조형태가 일반적이었다고 할 수 있다.

물론, 트러스나 케이블구조 및 텐트구조와 같이 부재내력을 줄일 수 있는 형태이면서 축방향력과 장력을 받는 구조형식도 발견되었지만, 주로 소규모이거나 구조물을 지탱하는 주재(1차 부재)의 부수적인 구조재료로서 국한되어 이용되었음을 알 수 있다. 중세까지는 건축에 사용되는 재료 자체가 한정된 시대였으므로 구조형태를 결정하는 구조시스템도 단순화 할 수밖에 없었을 것으로 유추할 수 있다.

산업혁명 이후부터 현재까지를 근대적 구조재료의 시대라고 부르며, 그 대표적인 건축재료로는 포틀랜드시멘트와 기술혁신으로 우수한 제품으로 생산된 철을 들 수 있다.

그림 4-5 런던박람회의 상징인 수정궁

그림 4-6 파리박람회 전경

산업혁명 이후는 유럽과 미국을 중심으로 국가나 단체가 경제력과 기술력을 나타내기 위해 보다 크고 높으면서 거대한 구조물을 구축하려는 움직임이 대단히 강한 시기였기에, 각국에서는 경쟁적으로 박람회*(그림 4-5, 6)*를 개최하거나 상징성이 강한 구조물을 건립하게 되었다. 이러한 욕구와 사회적 경향 때문에 공학적 기술과 이론을 바탕으로 근대적 구조재료 중 주로 철근콘크리트와 철을 사용한 다양한 구조형태가 고안되고 개량되면서 구조시스템이 발전하게 된 계기를 마련하게 된다. 따라서 한정된 재료를 사용한 산업혁명 이전보다는 다양한 재료를 사용한 산업혁명 이후부터가 본격적인 구조시스템의 발달단계라고 할 수 있다.

4-3 구조시스템의 분류

건축구조형태를 사용재료나 시공방법 등으로 구분하면, 구체재료에 의한 분류로는 나무구조, 벽돌구조, 블록구조, 철근콘크리트구조, 철골구조, 철근철골콘크리트구조, PS 콘크리트구조 등으로 나눌 수 있으며, 시공과정에 의한 분류는 건식구조, 습식구조, 현장구조, 조립식구조 등으로, 접합방법에 의한 분류로는 강접합구조, 활절구조, 복합절점구조 등으로 분류할 수 있다.

그러나 선사시대부터 자연조건과 사회조건의 변화에 적응하면서 구조물이 갖는 기능과 규모에 따라 여러 형상으로 고안되고 개량된 구조형태는 주로 골조를 형상화하는 구성형식의 변화이므로, 구조시스템의 분류도 골조의 구성형식에 따라 분류하는 것이 적절할 것 같다.

구조시스템을 골조의 구성형식으로 분류하는 방법은 구성된 골조의 형태분석으로부터 가능하다. 예로서, 그림 4-7과 같은 불연속된 단면(혹은 지형)에 거리가 L인 A－B점을 연결하여 내부공간을 구축한다면, 그림 4-8과 같이 수평부재(보)를 설치하는 것이 가장 간단한 방법이 될 수 있다. 만약 그림 4-9와 같이 A－B점 간 거리가 2L이라면, A－B점을 연결하는 수평부재의 응력은 거리 L에 사용됐던 부재에 비해 휨모멘트는 4배, 처짐은 약 16배 증가하게 되므로 사용될 부재의 강도는 훨씬 커야만 그 안전성이 확보될 수 있을 것이다.

그러나 사용성을 무시하고 그림 4-10과 같이 2L인 A－B점을 변형(처짐과 휨)을 나타내는 역방향으로 볼록하게 아치나 돔 같이 형태를 변화시킨 부재를 배치한다면, 그림

4-9의 수평부재와 비교하여 그 응력(휨모멘트 기준)은 약 50% 이상(h/2L＝0.3 이상 경우) 감소되어, 보다 작은 부재로도 구조안전성을 확보할 수 있으므로 경제성 있는 구조계획이 될 수도 있다.

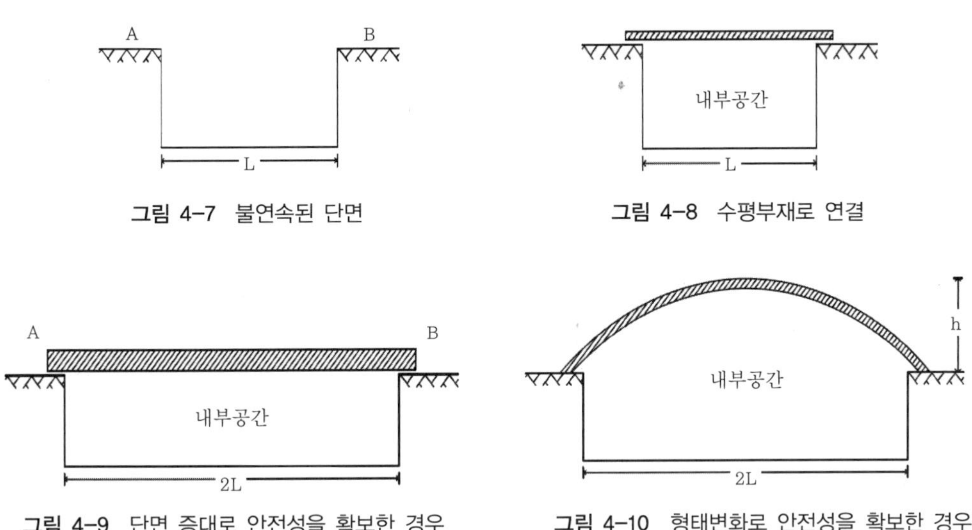

그림 4-7 불연속된 단면

그림 4-8 수평부재로 연결

그림 4-9 단면 증대로 안전성을 확보한 경우

그림 4-10 형태변화로 안전성을 확보한 경우

즉 작용된 하중과 스팬(형상)의 변화에 따른 안전성을 확보하기 위해서는 부재량을 변화시키거나 형태를 변화시키는 방법을 선택함으로써 해결할 수 있음을 알 수 있다. 따라서 부재의 크기를 키워서 재료강도를 증가시키는 구조형태를 매스*Mass, Volume, Solid*저항 구조시스템, 부재형태를 변화시켜서 강도를 증가시키는 구조를 형태저항 구조시스템*Form Resistant System*이라고 하여 구조시스템을 분류해도 큰 무리는 없다고 할 수 있다. 이러한 구조시스템들의 상호 메커니즘을 하중작용 종류에 따라 정리하면 다음의 표 4-1과 같다.

표 4-1 각 구조시스템의 메커니즘

구분 힘	매스저항 구조시스템	형태저항 구조시스템
외 력	구조물의 재료강도나 부재단면의 크기를 가감하는 방법으로 외력에 저항시키는 구조	구조물이 역학적으로 강한 형을 갖추는 것으로 외력에 저항시키는 구조
내 력	주로 휨모멘트, 전단력, 압축력으로 저항하는 구조	주로 압축력과 인장력으로 저항하는 구조
반 력	연직하중에 의해 지점에 연직반력은 생기나 수평반력은 생기지 않는 구조	연직하중에 의해 지점에 연직반력과 수평반력이 생기는 구조

구조물의 안전성 확보는 구조체가 갖는 내력의 처리문제라고도 할 수 있다. 구조체에 작용된 외력의 영향으로 나타나는 내력의 종류는 구조의 구성형식에 따라 달라질 수 있으므로 각 구조시스템은 발생될 내력의 메커니즘에 따라 매스저항구조는 주로 압축+전단 저항형태와 휨저항형태로, 형태저항구조는 주로 축력저항계와 압축저항계 및 장력저항계 등으로 좀 더 세분할 수 있고, 이 분류에 따라 각각의 구성(구조)형태를 시스템별로 정리하면 다음의 표 4-2와 같다. 또한 구조물을 시스템별로 그 구성의 예를 나타내면 다음의 그림 4-11, 그림 4-12와 같다.

표 4-2 구조시스템의 구성

시스템	내력 메커니즘	구성형태
매스저항구조	압축과 전단저항구조시스템	전단벽구조, 옹벽구조, 블록구조, 고전적 재료인 돌과 벽돌구조(기둥, 타워, 교각, 피라미드 같이 중량을 갖는 매스구조)
	휨저항구조시스템	판구조, 보구조, 강절점구조, 활절점구조, 튜브구조
형태저항구조	축력저항구조시스템	평면트러스구조, 입체트러스구조
	압축저항구조시스템	조적에 의한 아치, 볼트, 돔구조, 아치구조, 셸구조, 절판구조
	장력(인장)저항구조시스템	케이블구조(suspended cable, cable-stayed system), 텐트구조, 막구조, 공기막구조

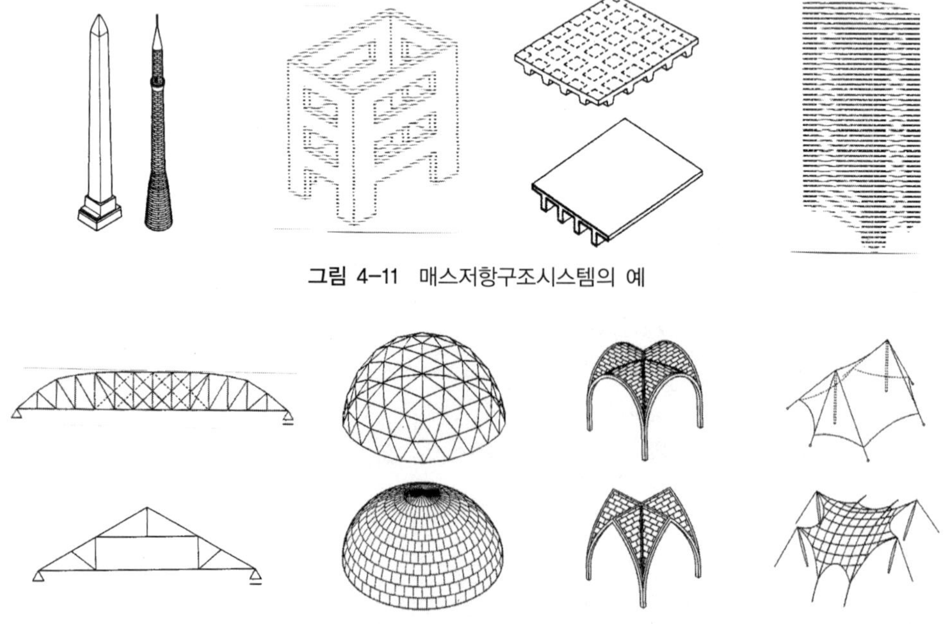

그림 4-11 매스저항구조시스템의 예

그림 4-12 형태저항구조시스템의 예

구조시스템은 구조골격을 관찰하는 방법에 따라 다양하게 분류할 수 있을 것이다. 참고로 『구조시스템*Structure Systems*』이란 저서로 유명한 하이노 엥겔*Heino Engel*은 매스나 저항 구조시스템을 각 부재들이 갖는 응력상태나 형식에 따라 그 형태를 다양하게 세분화하면서 분류하였다. 그 내용을 재정리하면 다음과 같다.

① Form-active Structure System ; 주로 물리적인 형태에 의한 구조형태로, 단일 응력상태에 의한 구조시스템이라 할 수 있다. 케이블구조, 텐트구조, 공기막구조, 아치구조 등과 같은 구조가 이에 속한다.

② Vector-active Structure System ; 주로 압축부재와 인장부재의 구성에 의한 구조로서 인장력과 압축력이 부재 간에 상호 작용하는 시스템으로, 대표적으로는 트러스구조가 있다.

③ Section(Bulk)-active Structure System ; 주로 물리적인 연속성에 의한 구조형식으로, 휨구조시스템이라고도 불린다. 보구조, 강절점(라멘)구조, 슬래브구조 등이 이에 속한다.

④ Surface-active Structure System ; 주로 부재 표면의 연속성에 의한 구조로서, 면내 응력을 갖는 구조 혹은 면구조시스템이라고도 불린다. 판구조, 절판구조, 셸구조 등이 있다.

⑤ Height-active Structure System ; 주로 고층건물에서 바람과 지진에 의한 수평력과 층수 증가에 따른 연직하중을 적절하게 기초에 전달시키기 위한 구조시스템으로써 수평력에 따른 변위제어를 목적으로 사용재료나 구조형태를 변화시킨 경우이다. 중층 혹은 고층건물의 구조시스템이라고도 불린다. 단순히 보와 기둥의 강성을 증가시켜 수평변위를 제어하기보다는 부재 내에 전단벽이나 트러스, 가새, 아웃리거 등을 설치하거나 기둥배치나 간격 등을 변화시켜서 변위를 억제시키는 방법을 이용한다. 구조체 내에 설치되는 주 구조부재의 종류나 형태에 따라 구조형식을 분류한다.

⑥ Hybrid-structure System ; 상기에 언급한 (1)~(5)의 구조시스템을 혼합하여 사용한 구조양식이다.

구조체의 골조구성이 구조물의 내부에 존재할 경우에는 외관상 나타나는 형태의 관찰만으로는 구조시스템을 구분하기 어려울 수도 있다. 다음의 그림 4-13의 형태는 단순히 외관상 형태저항구조인 셸구조물 같이 보이나, 하이노 엥겔의 분류방법으로 관찰하면 (a)는 케이블넷*Cable Net*방식이므로 Form-active형태이고, (b)는 라멜라 래티스*Lamella lattice*에 의한 입체트러스구조이므로 Vector-active시스템이며, (c)는 보*Beam* 배치로 이루어진 휨구조시스템, (d)가 면구조시스템인 셸구조시스템으로 분류될 수 있다. 즉 구조체가 갖는 구조형태가 너무 다양하고 서로 간에 혼합된 경우가 많을 경우에는 구조시스템을 명확히 분류하기에는 한계가 있음을 알 수 있다. 따라서 구조시스템의 분류보다는 그 구조체가 외력작용에 대하여 각 부재들(구조형태)이 어떤 거동을 할 수 있는가에 대한 직관적 관찰을 통한 분석으로 구조안전성을 확보하는 것이 보다 중요할 수도 있다.

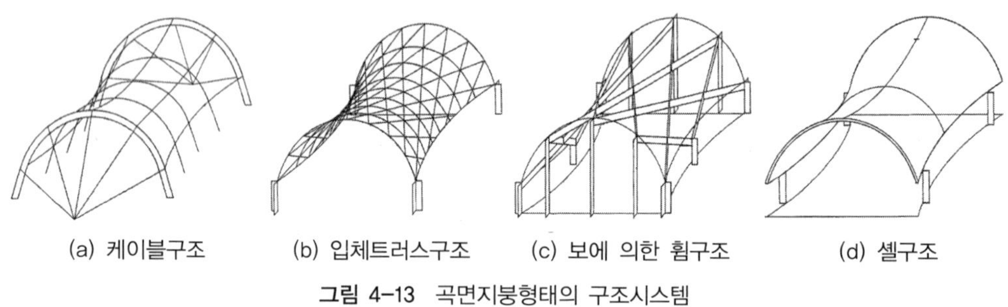

(a) 케이블구조 (b) 입체트러스구조 (c) 보에 의한 휨구조 (d) 셸구조

그림 4-13 곡면지붕형태의 구조시스템

구조계획의 경우, 모든 건축전문가는 가장 적절한 구조시스템을 요구받게 될 것이다. 매스나 형태저항성을 갖는 구조형태에 국한하여 단순히 구조적 관점에서만 관찰한다면 경험적인 다음 사항의 인식으로부터 적절한 구조시스템의 선택범위를 좀 더 좁힐 수도 있다고 생각된다.

① 중력이나 지진력과 같이 구조물에 작용된 외력은 부재의 크기나 강도 증가만으로 저항시키는 것보다는 부재의 형을 변화시켜서 저항시키는 것이 효율적이다. 따라서 대규모 저층구조물에서는 매스저항구조시스템보다는 형태저항구조시스템이 적절하다.

② 휨과 전단력으로 외력에 저항시키기보다는 압축력과 인장력으로 저항시키는 것이 효율적일 수 있다. 따라서 대규모 구조물에서는 휨계보다 축력계 구조시스템이 적절할 수 있다.

③ 형태저항구조는 주로 연체구조물이므로 층수를 증가시키기에는 무리가 있다. 따라서 상부층을 사용하는 2층 이상의 구조체는 형태저항구조보다는 휨저항구조시스템이 적절하다.

그러나 완성될 건물이 갖는 사회, 문화, 경제성과 함께 구조체의 규모, 용도, 위치에 따른 변수가 너무 많으므로 어떤 구조시스템을 선택하는 것이 가장 합리적이라고 단언하기에는 무리라고 할 수 있다.

5 라멘구조 Rigid Frame Structures

5-1 기원 Origins

보와 기둥으로 형성될 구조형태에서 보가 기둥 위에 인방보처럼 단순히 지지된 린텔(상인방)*Lintel* 구조형식이 아니라 보와 기둥이 그 접합부에서 서로 강하게 연결(접합)되어 있는 특징을 갖는 골조구조를 라멘*Rahmen*구조 또는 강절점*Rigid Joint Frame*구조라고 부른다. 기둥과 보의 절점이 강하게 연결되어 있으므로 부재들의 상대적인 회전이 불가능하며, 바람이나 지진 등의 수평방향의 힘에 대해서도 더 큰 저항력을 갖는다.

기둥과 보를 강하게 접합하려는 시도는 목조건축에서도 부분적으로 발견할 수 있으나, 완전한 강접구조는 철골과 철근콘크리트가 건축구조물에 사용된 이후인 19세기말부터 본격적으로 가능하였다고 할 수 있다. 현재 우리 주위에서 가장 많이 볼 수 있는 빌딩건축이나 초고층건물들의 대부분도 라멘구조라는 역학적 기능을 가지고 있다고 할 수 있다.

라멘구조의 탄생으로, 그동안 벽이 가졌던 구조적인 역할이 축소되면서 벽은 단순히 기능적인 목적으로만 활

그림 5-1 사이타마 현대미술관 일부, 일본

용되는 경우가 많아졌다. 따라서 라멘구조의 탄생은 건축디자인과 계획 면에서도 근대 건축을 특징짓는 가장 큰 요소 중 하나라고 평가할 수 있다.

이와 더불어 라멘구조가 갖는 구조적 특성을 파악하기 위해서는 우선적으로 구조부재 중 가장 기본이 되는 보의 기원과 형태에 대한 충분한 이해가 우선되어야 할 것이다.

5-2 보의 형태

5-2-1 보의 기원

구조부재의 기원과 발전의 측면에서 보면 나무를 의미하는 보*Beam*에서 그 유래를 찾을 수 있듯이, 최초의 실용적인 보는 쉽게 구할 수 있고 사용이 간편한 목재를 그 재료로 사용하였음을 알 수 있다*〈그림 5-2〉*.

그림 5-2 목조보를 이용한 고건축의 내부공간 구성

그 후, 거석벽의 벽기둥이나 문설주 위에 걸쳐진 돌인방*〈그림 5-3, 4, 5〉* 등과 같이 보다 견고한 구조체 형성을 위해서나 목재를 구할 수 없는 지역적 특성 때문에 목재 대신 석재를 보로 사용하기 시작하였다고 할 수 있다. 사용재료가 무엇이든 수평방향의

그림 5-3 석조를 이용한 석빙고의 린텔구조

그림 5-4 석조 신전건축 주두 부분

특성을 갖는 보의 사용으로 열린 공간이 제공되고, 펼쳐진 공간 내에서는 공간 활용성이 더욱 보장받을 수 있다는 사용상의 경험축적이 보를 이용한 본격적인 구조형태의 발전을 더욱 더 가능케 하였다고 할 수 있다.

그림 5-5 미케니 성문*The Lion Gate, Mycenae* B.C.13세기

공간구성을 위하여 지붕을 받치는 구조체로서도 아치나 돔보다는 보를 사용하는 편이 값이 싸고 간단할 수 있다. 그러나 개구부나 내부공간 확충을 위해서는 보의 길이가 길어질 수밖에 없으므로, 넓은 공간을 덮은 구조부재 선택에서 사용재료의 성능이 제한되는 나무나 석재에 의한 단일부재보다는 조립재인 트러스와 구조양식이 다른 돔 및 아치구조가 대공간구조에 훨씬 유리한 경우가 많으므로, 건축의 발달과 함께 보의 역할이 자연스럽게 변천되면서 발달하게 된 것으로 유추할 수 있다.

하여튼, 라멘구조에서 바닥하중을 1차적으로 기둥과 기초에 전달하는 기능을 갖고 있는 보*Beam, Girder*는 역사적으로 가장 오래되었고, 동시에 구조체에서도 가장 일반적인 구조부재라고 할 수 있다.

하중을 받고 있는 보부재의 응력상태에 관한 과학적인 연구는 17세기 갈릴레오부터 시작되었으나, 보에 작용된 힘의 흐름을 대략적으로 알게 된 것은 프랑스의 수학자나 영국의 기술자가 주축이 되어 연구하기 시작한 19세기 중반부터라고 할 수 있다. 보는 지지하는 방법에 따라 단순보, 고정보, 연속보, 캔틸레버 보, 내민보 등으로 구분하고 있으며, 이들의 보가 작용하중에 대하여 나타내는 응력상태의 분석은 라멘구조 원리를 이해하는 데 중요한 기초자료가 될 것이다.

5-2-2 단순보(Simply Beam)

보의 양지점을 이동과 회전단으로 구성하여 하중에 의한 회전과 신축에 따른 축방향 이동이 자유로울 수 있게 구성한 수평보를 단순보*〈그림 5-6〉*라고 하고, 그 상태는 단순지지되었다고 한다. 단순보가 수직하중을 받을 경우 양단부에서는 회전이 자유로우므로 아래로 볼록한 휨변형이 생기고, 그 값은 보 스팬 중앙 부근에서 최대값을 갖는다. 등분포로 수직하중이 작용할 경우에는 전단력은 단부에서 최대값을 가지면서 사방향 인장력 영향으로 보 지지점 근방에서는 45° 방향의 전단응력이 발생한다. 만약 중앙에 집중적으로 수직하중이 작용할 경우에는 하중작용점을 중심으로 양방향 부재가 동일한 전단력을 갖는 특성도 있다*〈그림 5-7〉*.

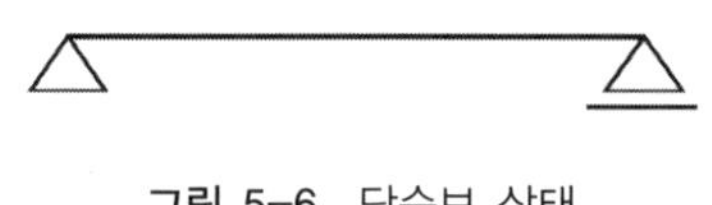

그림 5-6 단순보 상태

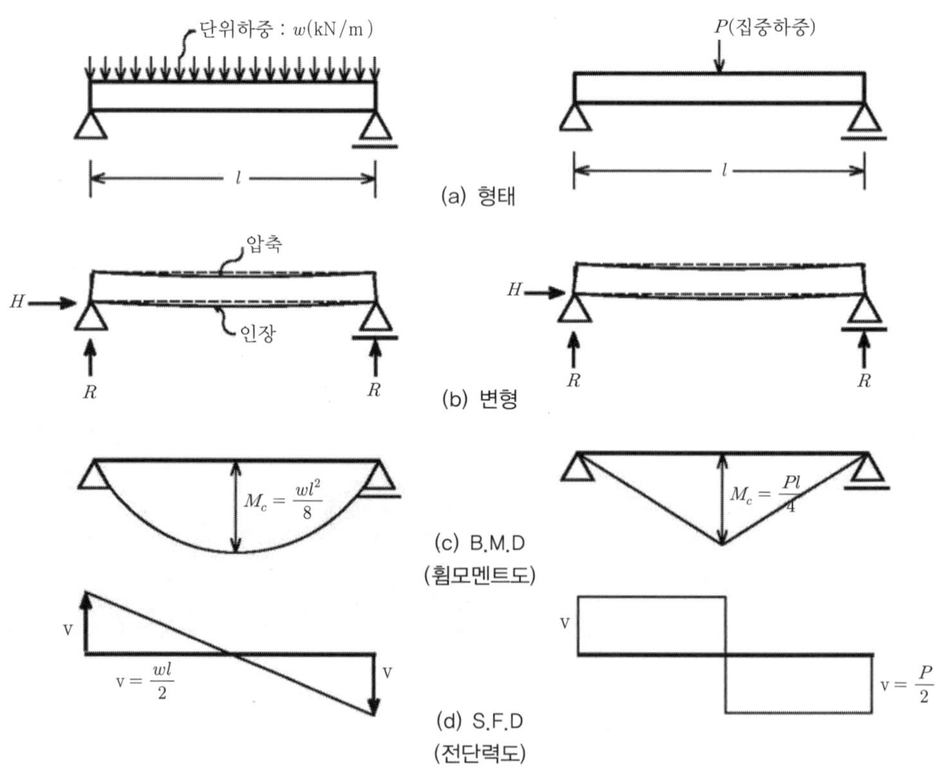

그림 5-7 등분포와 집중하중을 받는 단순보

5-2-3 고정단 보(Fixed Beam)

고정단 보*〈그림 5-8〉*는 보의 양지점에서 이동과 회전을 모두 구속시킨 상태로서, 외력에 의해 생긴 휨은 보의 양단부와 중앙부 모두에서 발생한다. 전단의 거동은 단순보의 경우와 유사하다. 고정단 보의 처짐곡선은 곡률이 바뀌는 반곡점을 중심으로 나타나지만 이 점에서는 휨응력이 없으므로 그 사이에서는 보가 마치 단순지지된 것처럼 작용한다고도 할 수 있다*〈그림 5-9〉*.

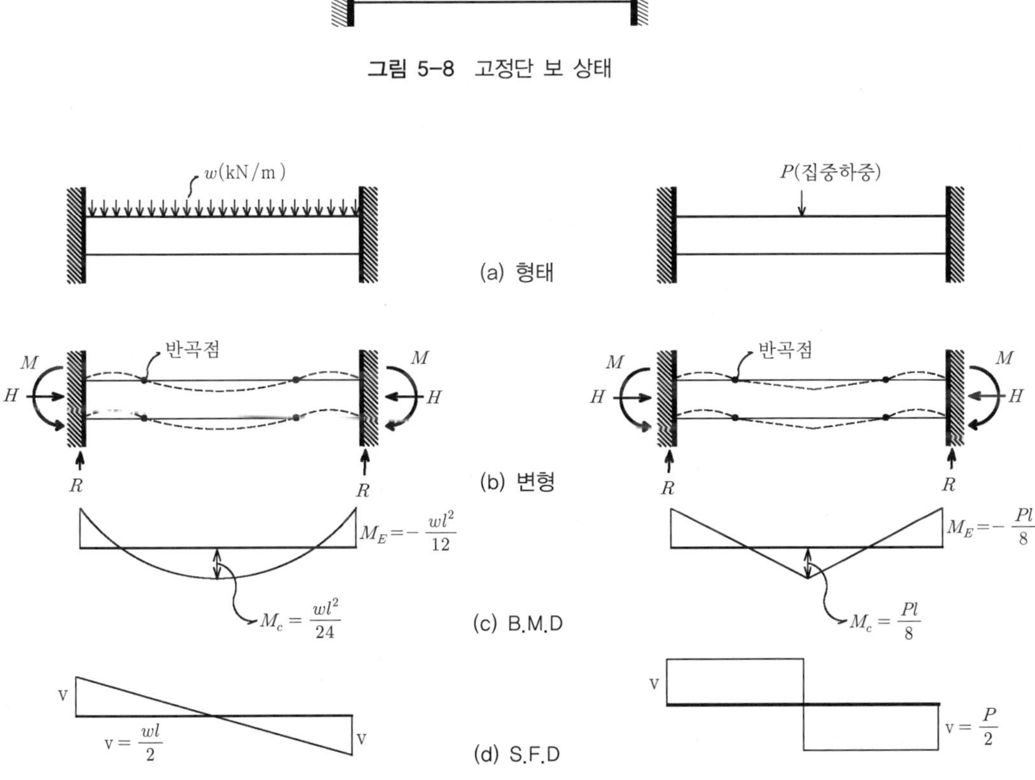

그림 5-8 고정단 보 상태

그림 5-9 등분포와 집중하중을 받는 고정단 보

5-2-4 연속보(Continuous Beam)

한 개의 보가 세 개 이상의 지점에서 지지된 보를 연속보*〈그림 5-10〉*라 하며, 지점상에서는 위로 볼록하지만 스팬 중앙 부근에서는 아래로 볼록하게 상호간에 역방향의 변형곡률이 반복되므로 같은 스팬을 갖는 단순보에 비해 휨응력과 처짐이 적게 나타

난다〈그림 5-12〉. 그러나 임의의 어떤 지점에서 부동침하와 같은 불규칙한 침하가 생긴다면, 그 영향으로 단순보 상태보다도 큰 휨응력이 발생하기도 한다. 이러한 단점을 보완하는 가구방법이 1886년부터 이용된 게르버Gelber보〈그림 5-11〉로서, 곡률이 0인 위치에 핀Pin을 설치함〈그림 5-13〉으로써 이러한 보는 연속보로서의 변형성질은 변화시키지 않고 지점이 침하하더라도 휨변형이 발생하지 않는 구조적 거동을 갖게 된다. 게르버 보는 핀의 위치에 따라 공정 구분이 가능하고 부재의 운반과 가설 등이 용이하다는 장점들 때문에 지반이 좋지 않은 곳의 고가도로나 교량과 같은 대스팬구조에 많이 사용된다.

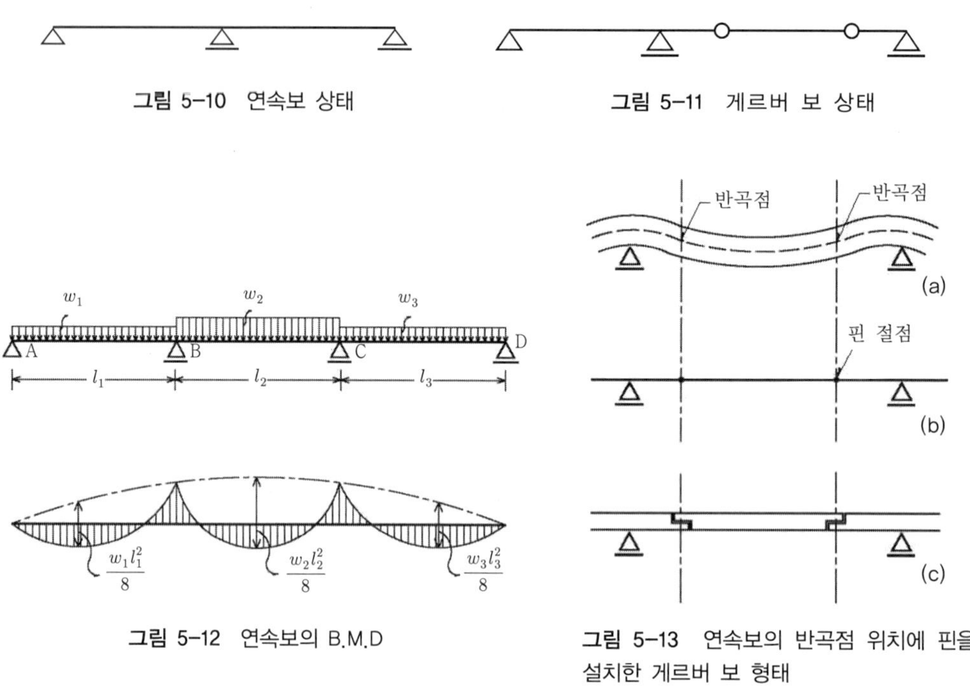

그림 5-10 연속보 상태

그림 5-11 게르버 보 상태

그림 5-12 연속보의 B.M.D

그림 5-13 연속보의 반곡점 위치에 핀을 설치한 게르버 보 형태

5-2-5 캔틸레버 보(Cantilever Beam), 내민보(Overhanging Beam)

보를 지지하는 한쪽 단은 고정단이고 타단은 자유단인 상태를 캔틸레버 보〈그림 5-14〉라 하고, 연직하중이 작용할 경우의 휨응력은 보의 지점에서 최대가 되면서 변형은 위로 볼록한 형태를 나타낸다〈그림 5-15〉.

동물의 뿔이나 이빨, 식물의 수목과 줄기, 새나 비행기의 날개, 옷걸이, 전주, 굴뚝, 철탑, 아파트의 베란다Veranda, 다이빙을 위한 점핑보드 등은 모두가 캔틸레버의 구조적 특성을 갖고 있다고 할 수 있다.

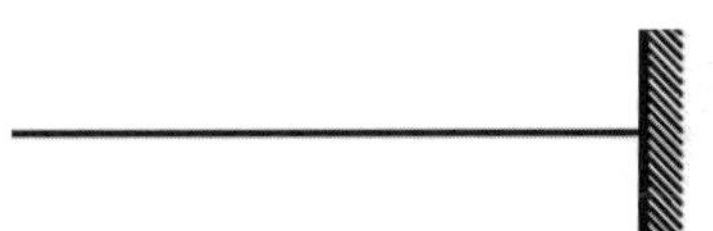

그림 5-14 캔틸레버 보의 상태

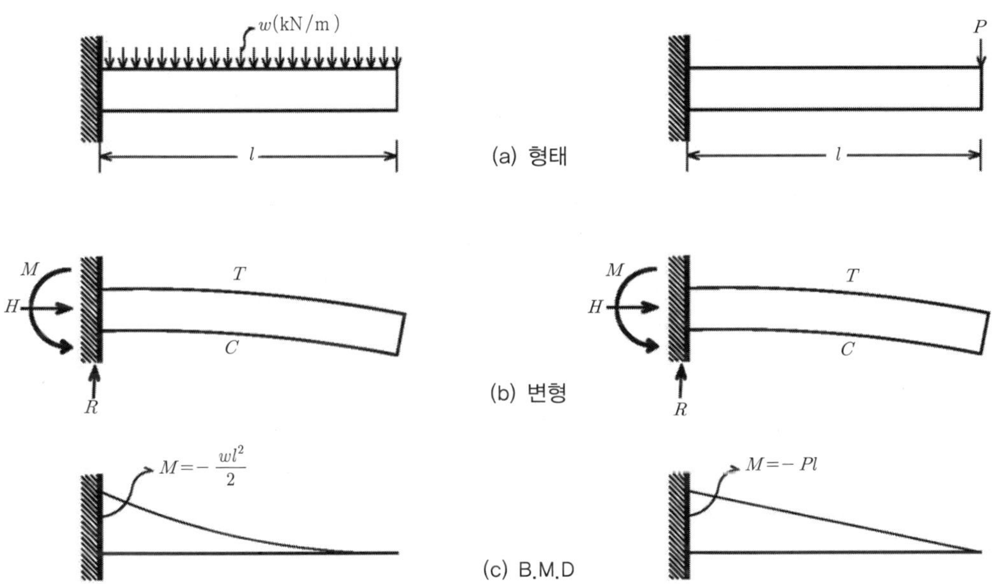

그림 5-15 등분포와 집중하중을 받는 캔틸레버 보

고정단에서부터 하중 작용거리가 멀수록 휨응력이 크게 나타나는 캔틸레버 보의 구조가 회전에 대한 평형을 유지하기 위해서는 부재단면이 자유단에서 고정단쪽으로 점증적으로 증가되거나 고정단 부분만 증대되는 변단면구조가 보다 효율성을 가질 수 있다.

또한 캔틸레버 보의 길이에 따라 고정단이 위치한 기둥의 휨모멘트 값을 가감시킬 수도 있으므로 과다한 휨모멘트가 발생하는 구조물 외부기둥은 캔틸레버 보의 설치가 매우 유용한 구조시스템이 될 수 있다.

건축구조물에 캔틸레버 원리를 적절히 이용하여 보다 아름다운 구조의 조형미를 표출한 작품들을 우리 주위에서도 쉽게 찾을 수 있다 *〈그림 5-16, 17, 18〉*.

그림 5-16 Bfrosche 건축가 사무실 내부, 독일, 1993년

그림 5-17 The Iron Foundry, 노르웨이, 베르겐, 2012년

그림 5-18 롱샹교회, 프랑스, 1955년

단순보의 한쪽 끝이나 양쪽 끝 모두를 연장한 것을 내민보라 한다*〈그림 5-19〉*. 내민보는 캔틸레버와 같은 내민부에 역방향으로 발생하는 내응력의 영향으로 양지점 사이인 중앙부의 휨모멘트를 감소시키는 효과가 있다. 과다한 응력(휨, 변형)을 나타내는 구조물의 중앙부에서는 내민보를 설치함으로써 그 응력을 감소시킬 수 있는 구조적인 특징이 있다. 내민보는 게르버 보의 구조형식과 함께 장스팬의 교량구조 등에서 자주 이용되고 있다.

그림 5-19 내민보 상태

5-3 라멘구조의 원리

보가 기둥 상부에 단순히 지지된 인방보와 같은 구조*(그림 5-20)*에서는 보가 연직(수직)하중을 받는다면, 보 자체는 휨변형이 발생하지만 기둥은 보의 반력에 해당하는 하중만이 직압력으로 작용하므로 순수 압축재가 된다. 따라서 보는 휨모멘트*(그림 5-21)*에 저항하는 부재단면의 설계가 필요하나, 기둥은 사용재료의 압축내력에 따라서만 그 단면이 결정된다.

이와 같은 골조가 절점에서 수평력을 받는다면, 역으로 기둥에는 휨모멘트*(그림 5-22)*에 의한 휨변형이 발생하나 절점에서의 회전을 구속하지 않으므로 보에는 부재력만

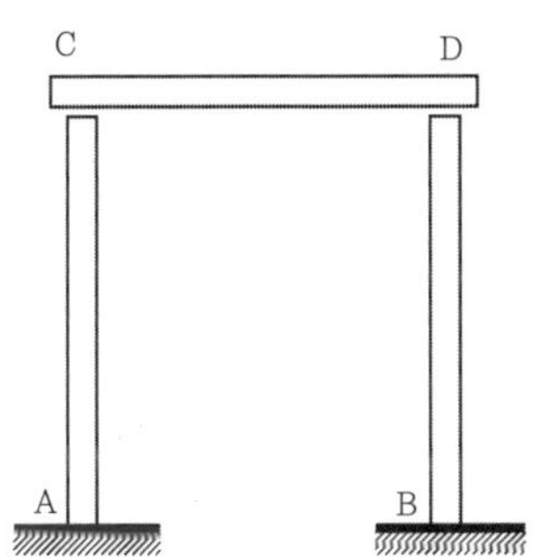

그림 5-20 단순지지된 가구

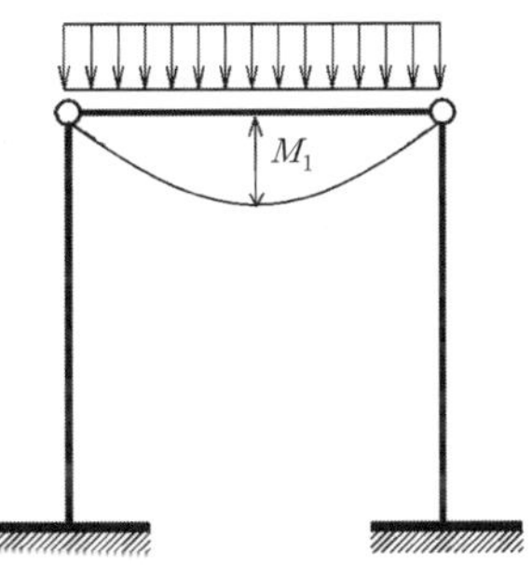

그림 5-21 연직하중을 받는 단순지지된 가구의 B.M.D

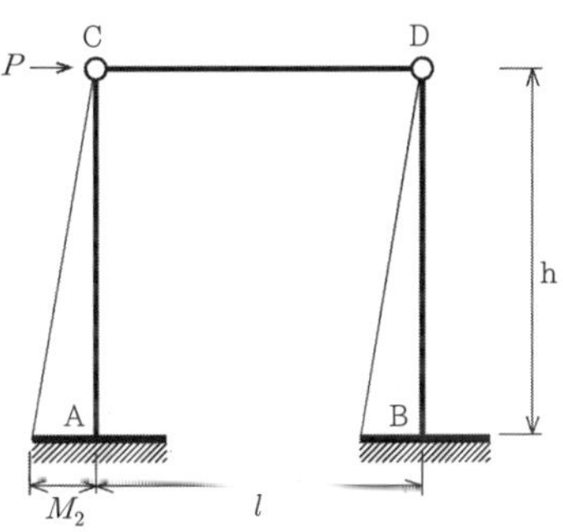

그림 5-22 수평하중을 받는 단순지지된 가구의 B.M.D

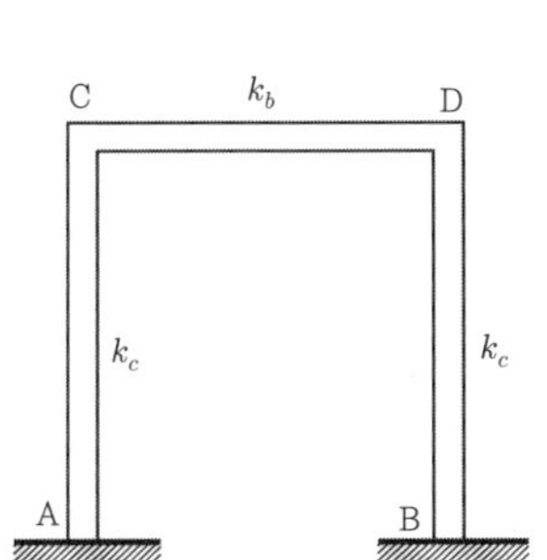

그림 5-23 강접합된 가구

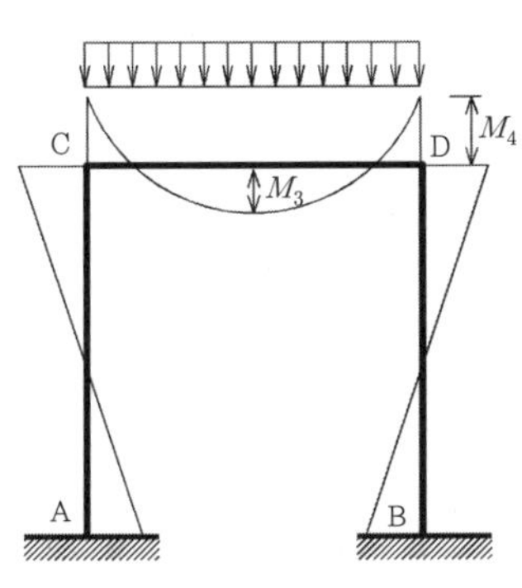

그림 5-24 연직하중을 받는 강접합 가구의 B.M.D

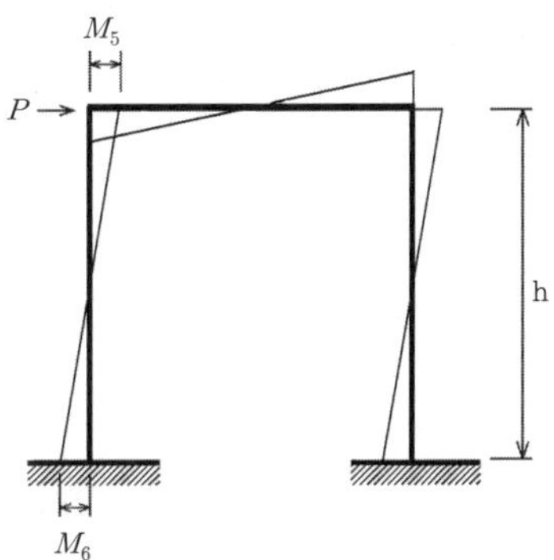

그림 5-25 수평하중을 받는 강접합 가구의 B.M.D

존재하게 된다. 이 경우 지반이 고정일 경우에는 그림 5-22에서와 같이 주각부에서 휨모멘트 값의 최대치를 갖고 있음을 알 수 있다.

그러나 기둥과 보의 절점이 강하게 접합되어 있는 라멘구조*(그림 5-23)*에서는 이 골조가 일체성을 갖는다는 구조적 성질 때문에 각 부재 절점에서의 회전이 불가능하므로 그림 5-20의 단순지지된 가구와는 다른 거동을 나타낸다.

즉 강접합된 구조가 연직하중을 받을 때에는 하중을 받는 보는 절점에서 자유로운 회전이 구속되므로 보 변형상태의 정도에 따라 기둥 상부에는 구조물 내부로 휘려고 하는 휨작용이 골조의 기둥과 보 모두에 발생한다. 절점구속으로 수평하중을 받는 경우에도 역시 골조의 기둥과 보 모두에 휨응력이 발생한다. 이러한 성질이 라멘구조가 갖는 구조적 특징이다.

그 예로서, 단순지지된 가구와 강접합된 가구의 각각에 동일한 연직하중을 작용시키면 강접합된 라멘구조는 기둥이 보와 함께 변형에 대한 저항을 나타내므로 단순지지된 가구가 갖는 보 중앙의 휨모멘트 M_1은 그림 5-24와 같이 (M_3+M_4)값 등으로 위치에 따라 분산되어 나타나므로 결국은 보의 휨모멘트가 균분화되어 부재단면을 줄이는 효과를 가져온다. 수평하중이 작용된 경우에도 그림 5-20의 가구는 불안정하고 약간의 횡력에도 쉽게 그 형이 무너질 수 있으나, 강접합구조를 갖는 가구는 수평하중에 대한 저항력이 클 뿐 아니라 그림 5-22의 M_2 모멘트를 그림 5-25와 같이 M_5와 M_6로 나눌 수 있으므로 부재단면설계에서도 경제성이 있다고 할 수 있다.

절점을 강하게 하여 기둥-보를 구속시킴으로써 외력에 대한 골조의 저항력을 증대시키는 라멘구조의 특성에서 보와 기둥의 구속력(접합)도는 구조의 안전과 경제성에 큰 영향을 끼친다. 예를 들어 1층 1경간인 그림 5-23과 같은 문형 라멘골조가 등분포하중을 받는다고 가정하면, 그림 5-24의 보 단부 휨모멘트 M_4 값은 $0\sim\frac{wl^2}{12}$ 사이, 보 중앙부의 휨모멘트 최대값 M_3는 $\frac{wl^2}{24}\sim\frac{wl^2}{8}$사이에 있음을 그림 5-26, 그림 5-27로부터 쉽게 유추할 수 있다.

여기서 그림 5-23의 강접합된 가구의 기둥 강성 k_c가 보의 강성 k_b보다 대단히 작을 때에는 C, D점은 절점구속력이 약해지므로 그림 5-26의 단순지지된 것 같은 구조적 거동을 나타내어 그림 5-24의 M_4 휨모멘트는 0에 근접할 것이며, 반대로 기둥의 강성

k_c가 보 강성 k_b보다 월등히 클 경우에는 C, D 절점은 구속력이 증대되어 그림 5-27의 고정상태와 유사한 구조적 거동을 한다고 볼 수 있으므로 그림 5-24의 M_4 휨모멘트는 $\frac{wl^2}{12}$에 근접하게 될 것이다.

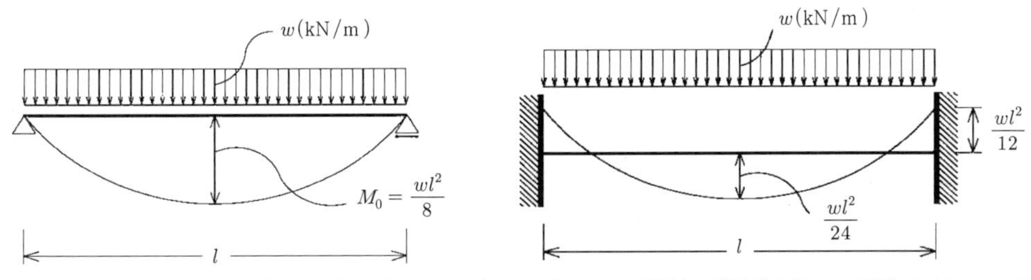

그림 5-26 등분포하중을 받는 단순보의 B.M.D값 **그림 5-27** 등분포하중을 받는 고정단 보의 B.M.D값

따라서 그림 5-24의 M_3와 M_4값은 되도록이면 비슷한 값을 갖는 것이 이상적이므로 등분포 하중을 받는 라멘골조에서는 기둥 강성이 보 강성보다 큰 값을 갖도록 하여 M_4값을 증가시키는 것이 바람직한 구조계획이다. 특히 장스팬 구조물의 경우는 보 중앙부 휨모멘트인 M_3가 증대되려 하고 단부의 M_4값은 상대적으로 매우 작은 값이 나타나서 휨모멘트 균분화가 쉽지 않은 경향을 많이 나타내므로 경제적인 설계를 위해서는 휨모멘트가 균분화될 수 있도록 보-기둥의 부재단면 가정에 특별한 주의가 필요하다고 할 수 있다.

하중을 받는 보 양단의 절점 구속력을 증가시킴으로써 연직하중작용의 경우에는 골조가 유리한 구조성능을 보이지만 수평하중이 작용하는 경우에는 오히려 불리하게 나타날 수도 있다. 만약 그림 5-23과 같은 문형 라멘골조의 C점에 수평하중이 작용한다고 가정한다면, 기둥의 주두와 주각에 발생하는 그림 5-25의 휨모멘트를 균분화시켜 $M_5 \fallingdotseq M_6$을 얻기 위해서는 역학적 이론에 의하지 않고 직관적으로 판단하더라도 A점의 고정도와 유사한 구속력을 기둥 주두인 C절점에도 작용시켜야만 기둥 중앙 부근에 반곡점이 나타나면서 휨모멘트가 균분화될 것이다. 이 경우 기둥부재 $\overline{AC}$의 C절점의 구속력을 증대시킨다는 것은 기둥 $\overline{AC}$부재의 수평방향 변형을 제어하는 $\overline{CD}$보의 강성을 상대적으로 대폭 증가시킨다는 것을 의미할 수 있다.

구조역학 이론에 의하면, 그림 5-28과 같이 기둥강성은 1이고 보의 강성이 k인 문형 라멘에 P라는 수평하중을 작용시킨다면, 그림 5-29에 나타낸 M_{AC}, M_{CA}의 기둥 휨모멘트는 다음과 같이 나타낼 수 있다.

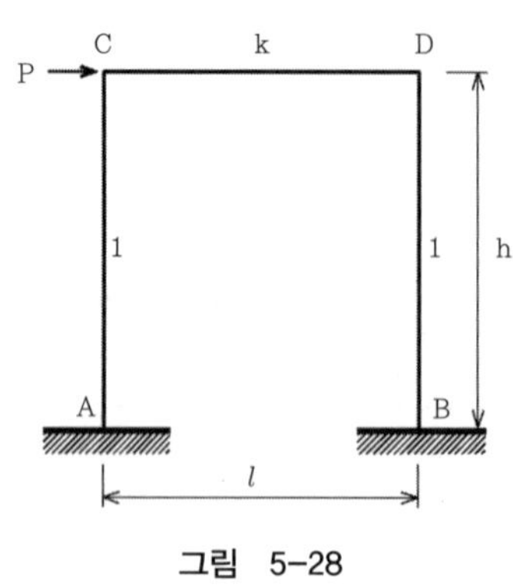

그림 5-28

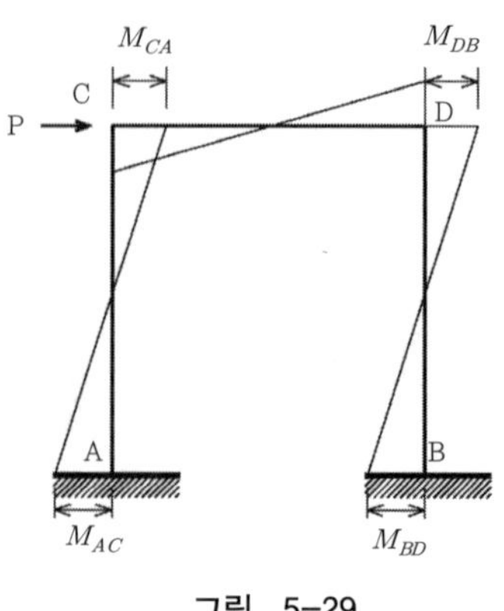

그림 5-29

$$M_{AC} = -\frac{Ph}{2} \cdot \frac{1+3k}{1+6k} = M_{BD}$$

if, $k=0$이면 $M_{AC} = -\frac{Ph}{2}$

$k=1$이면 $M_{AC} = -\frac{P}{2}(0.571h)$

$k\rightarrow\infty$이면 $M_{AC} = -\frac{P}{2}(0.5h)$

$$M_{CA} = M_2 - M_{AC}$$

즉, 보의 강성이 증가함에 따라 기둥의 반곡점은 주두로부터 기둥 중앙으로 이동하는 것을 알 수 있다. 따라서 강절점에서의 $(M_{AC}+M_{CA})$의 값은 C, D절점이 핀 상태인 경우의 주각 휨모멘트 M_{AC}값(M_2)인 $\frac{Ph}{2}$값과 같으므로, 수평하중을 주로 받는 골조에서는 연직하중작용의 경우와는 반대로 기둥에 발생한 휨모멘트의 균분화를 위해서는 기둥보다 보 강성을 증대시키는 것이 적절한 구조설계법임을 알 수 있다.

다층을 갖는 라멘골조가 연직하중만을 받는다면 상부층의 하중까지 지지하는 하부기둥은 축력 증가로 인하여 하부로 갈수록 기둥단면의 증대가 필요하나 각층에 분포된 하중만을 받아 기둥에 전달하는 보 부재들은 층수변화에 영향을 크게 받지 않으므로 동일한 하중조건이라면 층수에 관계없이 보 부재단면들은 동일성을 가질 수 있다.

그러나 수평하중을 주로 받는 경우에는 하부층으로 향할수록 상부층에 작용된 수평하중까지 누적되어 작용하게 되므로 기둥부재에서는 하중작용에 따른 전단력과 휨모멘트는 골조 하부에 위치한 기둥일수록 그 값들은 증가하게 된다. 기둥에 발생한 응력들은 절점구속의 영향으로 인접한 보 부재에 기둥발생응력을 전달시켜야 한다는 점과 각 절점에서는 힘의 평형이 이루어져야 구조적 안정상태가 될 수 있음을 고려한다면 횡하중을 받는 라멘구조는 등분포를 받는 골조와는 상이하게 하부층으로 갈수록 보 단면도 증대가 필요할 수도 있음을 알 수 있다.

그림 5-30 63빌딩, 1985년, 249m

수평보가 세 개 이상의 기둥으로 지지되고 절점이 강접합되어 있는 다스팬구조를 복합골조라 한다. 복합골조는 인접한 골조의 영향으로 작용하중에 따른 변위를 서로 간에 구속할 수 있으므로 한 스팬을 갖는 골조보다는 유리한 구조형태가 될 수 있다.

내부공간을 확보할 수 있는 다층의 3차원적 복합골조 시스템은 작용하는 하중과 규모, 층수, 지반조건, 용도, 사용재료 등에 따라 다양한 골조형식 및 형태가 제시되어 활용되고 있고 지금도 새로운 형태의 개발을 위해 연구 중에 있다.

5-4 현대의 라멘구조

콘크리트와 철골을 사용하여 절점을 강하게 접합하는 라멘구조의 탄생은 단순구조에서는 상상할 수 없었던 비정형의 형태나 고층구조물 등을 가능하게 함으로써 현대 건축의 새로운 시작을 가져온다. 특히, 19세기말부터 번창하게 된 철강산업의 영향으로 미국의 시카고 지역에서는 소위 시카고학파*Chicago School*의 활동에 힘입어 다층 철골라멘들이 조형적이고 세련된 형태*(그림 5-31, 32, 33)*를 갖추면서 나타나게 되었고 더불어 기술적 발전의 영향으로 철근콘크리트를 사용한 고층건물들이 세워지게 됨으로써 미국을 중심으로 라멘구조에 의한 고층건물의 건립이 본격화되기 시작하였다.

20세기부터는 마천루*Skyscraper*라 불리는 초고층건물들이 국가의 상징처럼 각 도시에 건립되면서 고층화 바람을 일으키고 있다. 1931년에 지어지고 아직까지 세계에서 15번째로*(2013년 1월 기준)* 높은 건물임을 자랑하는 엠파이어스테이트*Empire State* 빌딩(102층, 375m)*〈그림 5-35〉*이나 8번째로 높은 시어스*(윌리스 Willis)* 타워*Sears Tower〈그림 5-36〉* 등이 그 지역사회의 주위환경 개선과 상업적 가치를 극대화시켰음을 부인할 수 없으므로 시대적으로 건물의 초고층화 흐름은 당연하다고 할 수 있다. 건물의 고층화는 라멘구조의 발전에서 기인된 것이지만 1857년 오티스*Otis*의 고속엘리베이터 발명도 고층화 발전에 지대한 공헌을 했다는 점을 잊어서는 안 될 것이다.

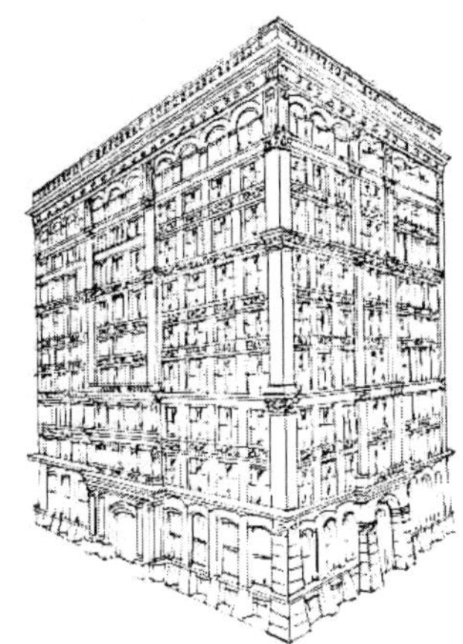

그림 5-31 홈 인슈어런스 빌딩*Home Insurance Company Building*, 1883~5년

그림 5-32 웨인라이트 빌딩*The Wainwright Building*, 1981년

그림 5-33 아메리카 슈러티 빌딩 *American Surety Building*, 1895년

초고층건물에서는 건물의 규모나 층수에 따라 지진이나 바람에 의한 수평하중값이 매우 크게 나타나므로 건축디자인적 요소보다는 이러한 수평하중에 보다 잘 저항할 수 있는 구조 형태를 갖출 수 있는 구조적 요소에 의해 건물의 평면과 입면이 결정되는 경우가 많다. 13장에서 보다 자세히 설명하겠지만 수평하중에 대한 적절한 제어능력을 위해 개발되어 초고층건물에 자주 사용되는 전단벽구조나 코어구조, 튜브구조, 슈퍼라멘구조*(그림 5-34)*, 복합구조 등의 다양한 구조양식들이란 라멘구조가 갖는 역학적 기능성을 극대화시킨 구조시스템임을 고려한다면 고층건물이 될수록 건축구조 부분에서 라멘구조가 갖는 중요성은 충분히 인식될 수 있을 것이다.

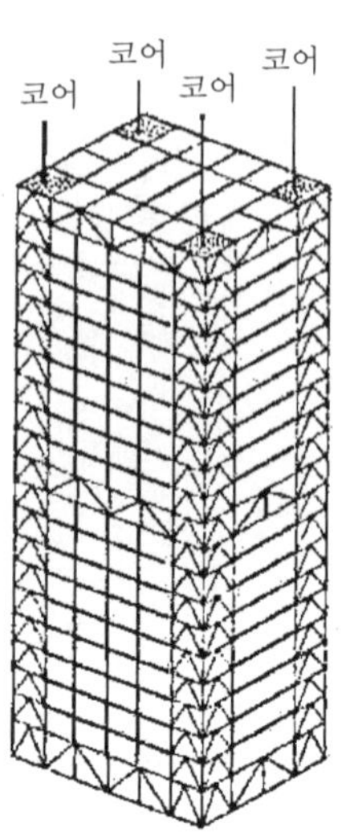

그림 5-34 슈퍼라멘

그림 5-35 엠파이어스테이트 빌딩*Empire State Building*, 1931년

그림 5-36 시어스 타워*Sears(Willis) Tower*, 1973년

6 트러스 Trusses

6-1 트러스의 기원

비교적 가늘고 긴 직선부재를 연결하여 삼각형의 구성요소가 되도록 배열한 구조물을 트러스*Truss*라 한다.

트러스는 보나 기둥과 함께 가장 단순한 구조형태로서, 고대 주거의 지붕구조에서도 자주 사용되었다는 기록으로도 알 수 있듯이 그 역사는 튼튼한 지붕 아래에서 생활하기를 원하는 문명의 역사와 함께 발전되었다고 할 수 있다.

돌과 조적 등을 이용하여 지붕을 받치는 단순한 린텔*Lintel* 방법을 구축하였던 시대에도 목재를 엮어서 이용하는 경우가 더욱 경제적이고 하중을 줄이는 효과가 있음을 알고 있었을 것이다. 즉, 목재를 경사방향으로 서로 기대게 하여 삼각형태를 만들 경우, 평면 내에서 안전성을 가지면서 그 절점에서는 생각 외의 큰 하중을 지지할 수 있다는 것을 깨닫고, 길고 두꺼운 나무를 얻을 수 없는 상황에서는 짧은 목재로 지붕을 엮는 트러스구조가 지붕구조시스템에 적합하다는 사고의 인식을 하는 데 그리 오랜 시간이 걸리지 않았을 것으로 생각된다.

그림 6-1 세인즈베리 비주얼 아트 센터*The Sainbury Visual Art Center*, 1978년

주로 목조가 이용된 초창기의 트러스구조 형식은 거의 대부분 지붕물매

가 있는 단순한 경사트러스*Sloped Truss* *(지붕틀 트러스)*였다. 18세기 트러스에 관한 이론적 해법 및 실용해석법의 발달과 19세기 미국 서부개척을 위한 철도산업의 급속한 신장으로 인한 다리 건조의 필요성 등의 영향으로 새로운 형태의 공간구성을 가능케 한 평트러스*Flat Truss*가 출현하게 되었다. 이와 더불어 다양한 강재를 대량생산할 수 있는 공업화에 따른 철강산업의 발달이 트러스구조로 대스팬구조물을 만들 수 있는 경이적 발전의 계기를 제공하게 되었다.

그림 6-2 지역정보센터*Regional Govement Center*의 곡선형 트러스형태, 1994년

6-2 트러스의 원리 및 발달

삼각형으로 부재를 조립할 경우 사각형 등에서 생기는 임의의 변형을 막을 수 있다. 구조적으로 매우 안정적이라고 할 수 있는 트러스 구조의 구조적 변천과정을 살펴보면 다음과 같다.

그림 6-3과 같은 골조에 하중 P를 정점 A에 작용할 경우, 경사재인 $\overline{AB}$ 및 $\overline{AC}$에는 압축력이 작용하고 경사재의 벌어짐을 억제하는 하부재인 $\overline{BC}$에는 인장력이 작용된다. 지붕경간이 커짐에 따라 압축력을 받고 있는 $\overline{AB}$ 및 $\overline{AC}$ 부재에서도 재축에 직각방향의

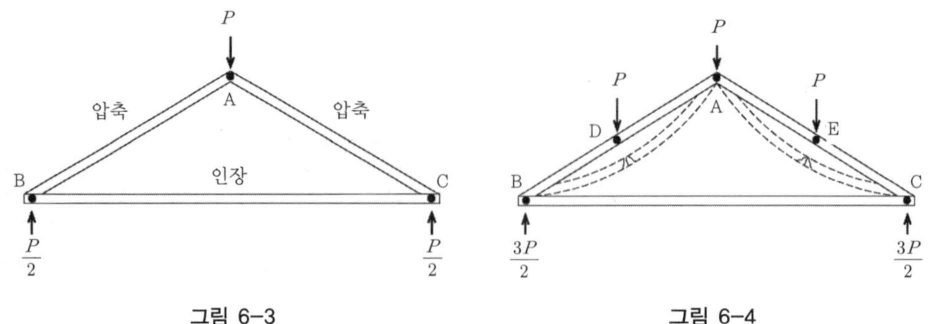

그림 6-3　　**그림 6-4**

하중작용을 고려해야 할 필요성이 나타날 수 있다. 트러스에 사용되는 가는 부재는 압축과 인장과 같은 축하중에는 강하나 휨에는 비교적 약한 성질을 가지고 있어 하중이 추가 작용되는 D, E점에서 쉽게 파괴*(그림 6-4)*될 수도 있다.

이러한 문제에 대처하기 위해서는 트러스 부재에 휨이 생기지 않도록 부재길이를 짧게 하여 절점화하는 보강조치가 필요할 것이므로 그림 6-5와 같은 다양한 방법들로 발전하게 된다.

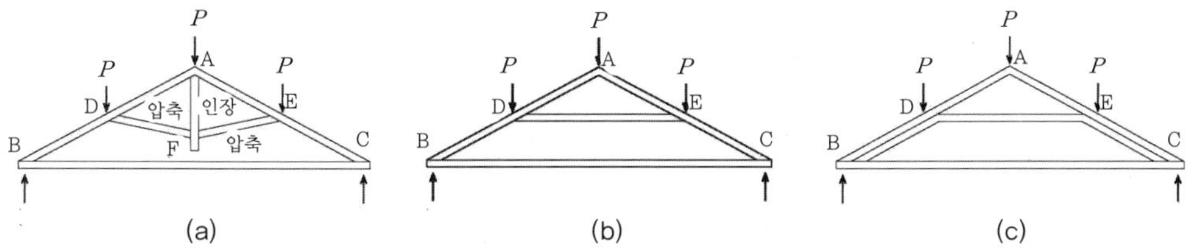

그림 6–5 상현재에 휨이 발생하지 않도록 한 보강방법

그림 6-5의 (a)는 하중을 받는 D, E점에서 부재 내부로 압축력을 받을 수 있도록 사재를 설치하여 $\overline{AB}$ 및 $\overline{AC}$ 부재에 휨이 발생하지 않도록 한 경우이다. 이 경우 내부 사재를 지지하는 $\overline{AF}$재는 인장을 받으면서 이 부재를 정점 A에 지지시키므로, 하중의 흐름이 재축과 같은 방향으로 작용하여 트러스부재에 발생할 수 있는 휨변형을 억제시킬 수 있다. 6세기에 시나이산에 세워진 세인트 캐서린*St. Catherine*의 지붕트러스*(그림 6-6)*가 이러한 구조로 되어 있으며 그 형태가 지금까지 남아 있다.

그림 6–6 세인트 캐서린의 지붕트러스

그림 6-5의 (b)는 D, E점이 내부로 변형하는 것을 막기 위하여 수평재를 D, E점에 연결시킨 방법으로 $\overline{DE}$재에서는 당연히 압축력만 발생한다. 이러한 구조방법은 우리나라 고건축의 지붕구조*(그림 6-7)*에서 많이 찾을 수 있다.

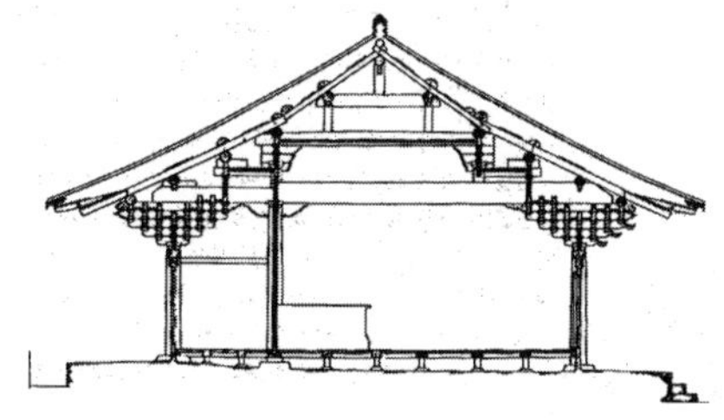

그림 6–7 환성사 대웅전의 단면도
(경북 경산시 하양읍 소재)

그림 6-5의 (c)는 A점의 하중은 ABC로 구성

된 삼각형 트러스에, D, E점의 하중은 DBCE로 형성된 사다리꼴 트러스에 하중을 분담시킴으로써 D, E점을 절점화시키고 응력이 과다할 수 있는 상현재의 하부 경사부분 $\overline{DB}$, $\overline{EC}$ 부재를 보강하는 방법으로, 트러스의 휨변형을 억제시킨 경우이다. 1818년 모스크바에 목조로 구성된 모스크바 승마학교*Moscow Manege*의 지붕구조*(그림 6-8)*가 이 구조이다.

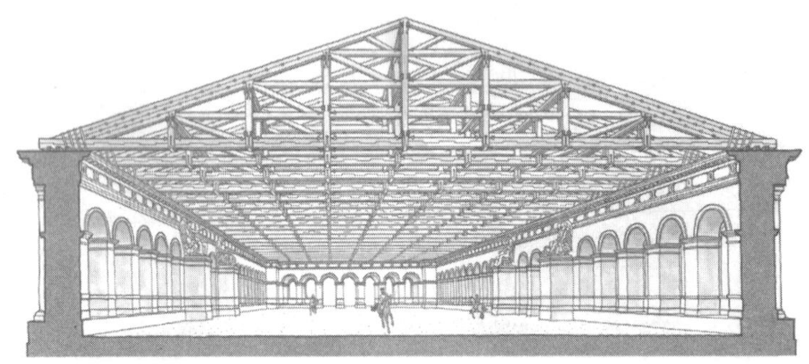

그림 6-8 모스크바 승마학교, 1818년, A Betancourt

이와 같은 초기의 보강방법들이 실용화 과정을 통하여 휨변형을 억제시키면서 과하중과 하중 불균형 작용에도 구조안전성이 유지될 수 있는 다음의 그림 6-9와 같은 형태로 변환된다.

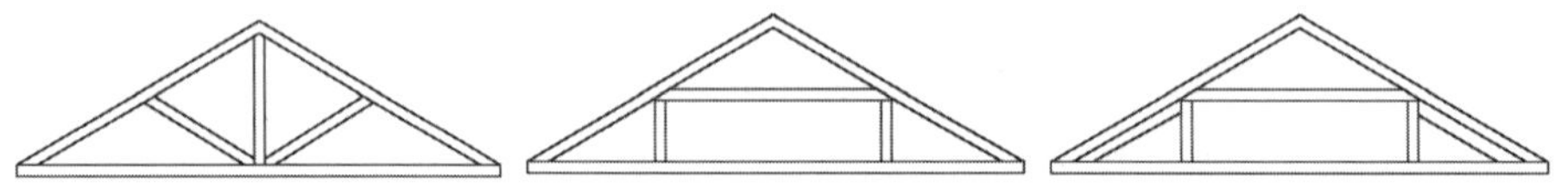

그림 6-9 경사트러스의 형태변환

19세기 중엽부터 근대적 트러스 개념이 도입되고 철이 구성재료로 자유자재로 사용됨에 따라 경사트러스구조도 더욱 광대해지면서 그 형태 역시 비약적인 발전을 가져왔다. 지붕물매를 결정하는 상현재와 하현재*Upper & Lower Chord* 사이에 다양한 수직·수평 사재를 설치하여 왕대공*King Post*, 쌍대공*Queen Post*, Belgium, 하우 트러스*Howe Truss*, 프랫 트러스*Pratt Truss*, 핑크 트러스*Fink Truss* 등의 형태를 갖추게 되었다.

트러스의 발전에 가장 크게 기여한 것은 시대에 따른 제조법과 역학적 계산법이라 볼 수 있다. 역학적 계산법은 갈릴레오의 가상일의 정리와 훅의 탄성역학법칙, 뉴턴과 란킨 등의 힘의 평형이론에 관한 연구가 밑바탕이 되었으며, 트러스에 관한 수식 해법은 독일의 릿*A. Ritter*, 쿨만*C. Culmann*, 슈베르타*Schuberta*, 브레스라우*Schuler Breslau* 모르*Mohrs*, 영국의 맥스웰*Maxwell*, 이탈리아의 크레모나*Cremona* 등에 의해 연구되었다. 이러한 이론은 19세기 미국의 서부 개척을 위한 철도산업으로 보다 긴 다리 건조가 필요한 시대적 배경과 철과 같은 새로운 재료의 개발에 힘입어 단일보와 같은 구조적 거동을 하는 트러스가 본격적으로 발전하게 되었고, 이러한 트러스를 평트러스*Flat Truss* 또는 보트러스라고 부르게 되었다. 평트러스는 미국에서는 1840년 하우 트러스, 1842년 프랫 트러스, 영국에서는 1850년 와렌 트러스가 고안자의 이름을 붙여 특허*(그림 6-10)*를 받으면서, 트러스 형태에 대한 혼돈의 구조로부터 완전히 독립된 형태의 구조시스템으로 자리매김하면서 평트러스의 새로운 시대가 시작되었다.

평트러스의 구조적 개념은 보의 구조적 기능을 이해한다면 쉽게 이해될 것이다. 만약, 양단부가 단순지지된 구조체를 단일보로 설계할 경우 탄성범위에서의 휨응력은 보의 상부가 압축, 하부에는 인장응력이 작용하며, 그 크기는 상·하 연단부에서 제일 큰 값을 갖고 중앙부분(중립축)에서는 0에 근접함을 설명한 적이 있다. 전단응력은 그 분포상태가 단면형태에 따라 다르지만 대체로 단면의 연단에서는 0이고 중립축에서 최대값을 갖는 경우가 많다.

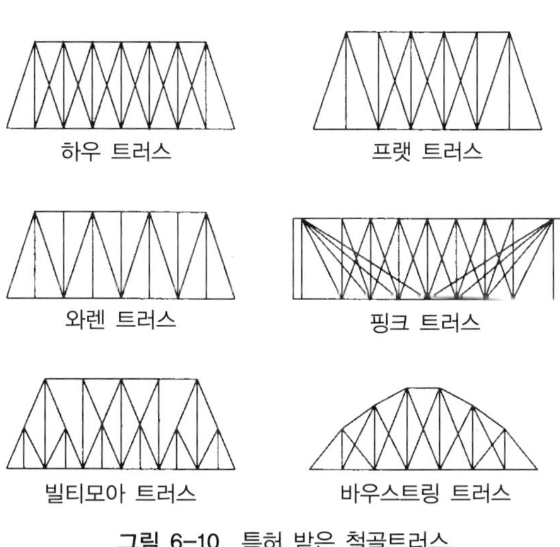

그림 6-10 특허 받은 철골트러스

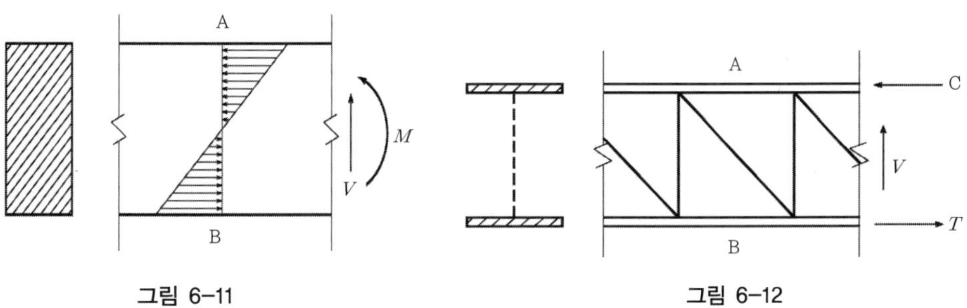

그림 6-11

그림 6-12

그림 6-11은 장방형 보 중앙부분의 내부응력을 나타낸 것으로, 하중작용으로 발생한 휨모멘트와 전단력에 대한 부재응력상태를 보여주고 있다. 동일한 하중조건에서도 휨응력은 부재길이 자승에 비례하고 전단응력은 길이에 비례한 값을 가지므로 장스팬 구조가 될수록 전단력보다는 휨모멘트가 구조체 변형발생의 주요 요인으로 작용하여 휨모멘트에 대한 구조안전성 확보가 전단력의 경우보다 중요시되는 경우가 많다. 부재 내부의 저항모멘트에 적절히 대응하기 위한 휨응력($\sigma = My/I$)은 단면2차모멘트(I) 값이 클수록 유리하고, 단면2차모멘트 값은 보춤의 3승에 비례(장방형 단면경우)하므로 보춤이 크면 클수록 구조안전성은 더욱 확보된다고 할 수 있다. 부재단면의 중앙부분은 휨응력이 거의 없으므로 재료의 충복한 상태가 아닐지라도 구조적으로 큰 문제가 발생하지 않을 수 있다.

즉, 그림 6-11과 같은 부재를 그림 6-12와 같이 삼각형 구면을 갖는 트러스로 조립해도 휨응력이 과다한 보의 상·하부가 플랜지*Flange*로 보강된 역할을 담당하여 부재강성을 확보하는 데 문제가 없으므로 구조내력상으로도 지장이 없다고 할 수 있다. 단지, 단면2차모멘트를 증대하기 위해서는 AB 사이 거리만 키우면 되므로 자중 증가를 극소화하면서 내력 증대를 확보할 수 있는 트러스구조가 장스팬구조에는 아주 유용한 형태라고 할 수 있다.

전단저항을 하는 비충복 단면 내의 웨브*Web*재가 전단력을 지지할 수 없을 때에는 양단부 지지점으로부터 필요한 전단보강 위치까지 내력이 확보될 수 있도록 보강조치가 필요하다는 것은 유념해야 할 부분이다.

경사트러스는 하중을 트러스 절점이 있는 상현재로 이동시키고 평트러스는 보와 같은 거동으로 하중을 직접 지지점에 전달시키는 구조시스템이므로, 이 두 종류는 각 트러스 부재들이 갖고 있는 부재력의 변화들이 서로 상이하게 나타난다.

그림 6-13과 같이, 웨브재 중 사재가 압축력을 받고 수직재가 인장력을 받도록 조립된 하우*Howe*형 경사트러스에서는 D, F점에서 작용된 W_2 하중은 $\overline{DJ}$, $\overline{FJ}$ 부재에

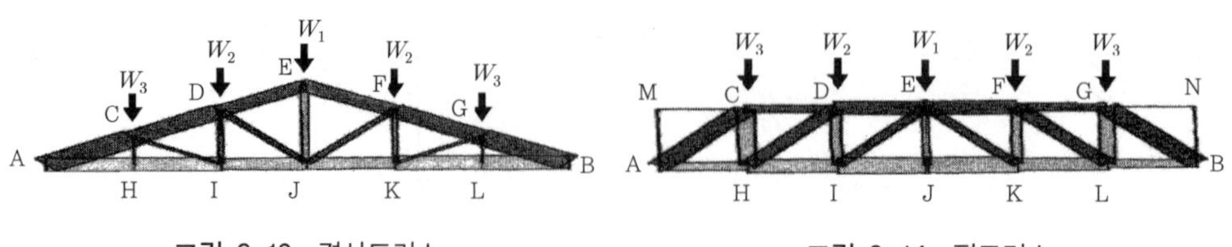

그림 6-13 경사트러스 **그림 6-14** 평트러스

압축으로 작용하고 $\overline{EJ}$ 인장부재에 의해 트러스 정점 E로 전달된다. W_3 하중에 의한 $\overline{CI}$, $\overline{GK}$재에 작용된 압축력도 $\overline{DI}$, $\overline{FK}$재에 의해 정점 D, F로 전달된다. 이러한 과정을 거쳐 압축력은 트러스 상현재를 통하여 지점 A, B에 도달하게 된다. 따라서 상현재는 지지점에 가까운 $\overline{AC}$나 $\overline{GB}$부재가 $\overline{CD}$나 $\overline{FG}$부재보다 압축력을 더 받게 되고, 역시 $\overline{CD}$ 및 $\overline{FG}$부재는 $\overline{DE}$나 $\overline{EF}$부재보다 더 큰 압축응력이 요구된다. 인장재 역시 트러스 정점으로 하중이 집중되어 분산되므로 $\overline{EJ}$ 수직재가 다른 수직재보다 더 큰 인장력을 받고 있으며, 하현재에서는 단부에 가까운 부재($\overline{AH}>\overline{HI}>\overline{IJ}$)에 더 큰 인장력이 발생하는 것을 알 수 있다.

그러나 그림 6-14와 같은 하우*Howe*형 평트러스에서는 작용된 하중 W_1은 인장수직재에 의해 J에서 E로 올려져 하중이 전달되고, 압축재에 의해 E에서 I, K점에 전달된다.

이때 $\overline{IK}$부재는 트러스 추력에 의하여 인장력이 발생하면서 삼각형 트러스인 IEK는 I와 K에서 인접 격간에 연결한 상태가 된다. 추가하중 W_2는 인장수직재에 의해 D, F에 전달되고 압축사재에 의해 H와 L에 전달된다. 평트러스는 보와 같은 구조적 거동을 함으로써 트러스 중앙부에서 인장과 압축응력에 최대로 저항하면서 전단에 의해 지지점으로 하중을 전달시키므로, 상·하현재는 중앙부에서 최대부재력을 나타내고 사재인 압축부재는 단부로 갈수록 더 큰 응력에 저항하게 된다. 부재응력으로 비교한다면 평트러스는 경사트러스와는 반대적인 성질을 나타낸다고 할 수 있다. 이 트러스에서는 수직재 $\overline{MA}$와 $\overline{NB}$ 및 상현재 $\overline{MC}$, $\overline{GN}$은 필요하지 않음을 알 수 있다.

참고로 웨브재 중 수직재가 압축력을 받고 사재가 인장력을 받도록 조립한 구조를 플랫 트러스라고 한다.

지붕의 모양이나 통행, 거주방법 등에 따라 다양한 경사 및 평형으로 트러스를 구성할 수 있으며, 비교적 자주 사용되는 트러스형태를 분류하면 그림 6-15와 같다.

트러스구조 형태는 구성된 각 요소(부재)가 하나의 평면 내에 있는 평면*Plane*트러스와 하나의 절점에 부재가 3차원적으로 모이는 입체*Space*트러스로 나눌 수 있다. 입체트러스는 구조방식이 뛰어나지만 형태구성이 복잡하고 역학적 취급도 어려울 뿐 아니라 시공에서도 고도의 기술이 필요하다.

삼각형으로 각 요소를 구성하기 위해서는 절점을 연결시키는 접합방법이 트러스

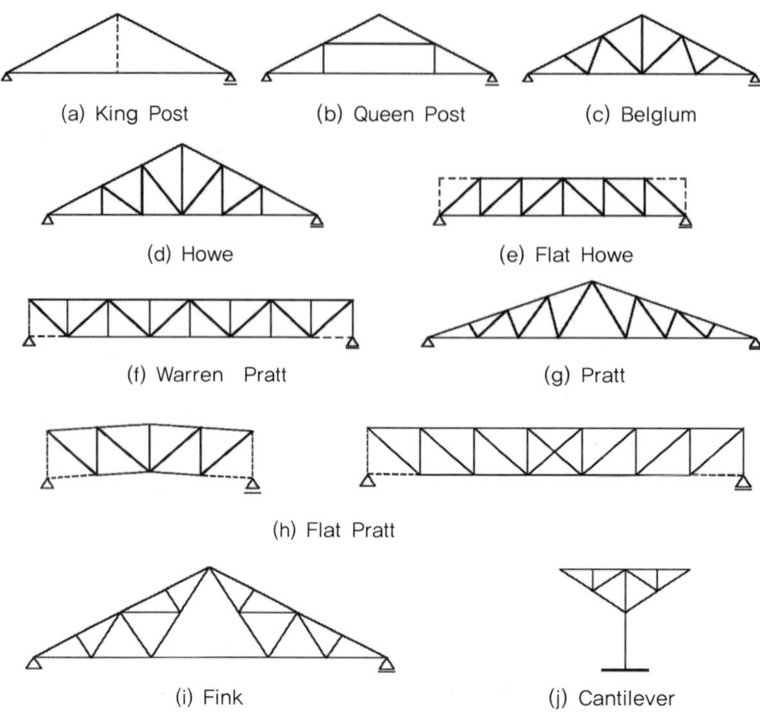

그림 6-15 지붕 트러스의 종류

시공에서 중요한 사항이다. 목조트러스는 주철 등을 이용하여 부재를 결구하였으나, 강재트러스가 출현한 후 각 부재의 접합을 유럽에서는 주로 리벳*Rivet*, 미국에서는 볼트*Vault*에 의한 핀*Pin*접합을 선호하는 경향을 보였다. 그러나 2차대전 후, 용접기술의 발달이 웬만한 접합시공도 가능하게 된 이후부터는 현대와 같은 트러스구조 양식의 대담성과 단순화한 형태가 나타날 수 있었다. 절점을 핀접합으로 하지 않고 용접으로 시공한 용접트러스구조에서는 열응력으로 인하여 발생할 수 있는 2차적 부재응력까지 설계에서 고려해야 하는 기술적 문제를 안고 있다.

6-3 트러스구조의 진화

다리나 건축물에 트러스구조를 채용하려는 레오나르도 다빈치의 스케치나 트러스 교량 발전의 원점으로 인식되고 있는 이탈리아 건축가 팔라디오*(Andrea Palladio ; 1508~1580)*

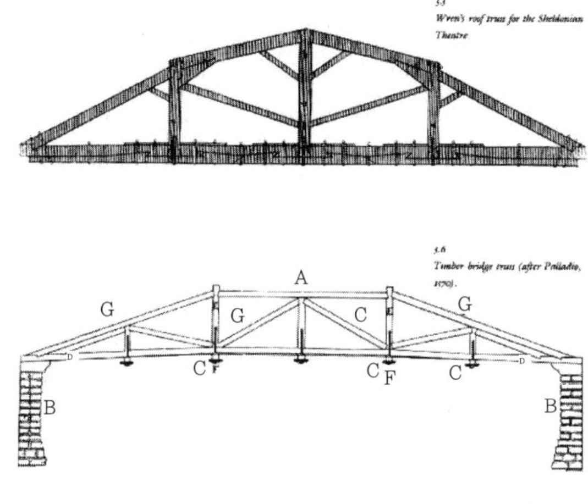

그림 6-16 팔라디오의 목조트러스 교량 도면

그림 6-17 영국의 웨스트민스터 홀 내부

의 약 30m 규모의 목조트러스 도면 등은 이미 르네상스시대부터 트러스구조의 유용성이 인식되고 있음을 보여준다.

목재를 이용한 트러스로는 삼각과 사다리꼴의 구성요소로 만든 모스크바 목조체육관(1818년)과, 추력의 작용점을 지지하는 벽 훨씬 아래로 이동시켜 추력의 영향을 적게 만든 형태인 해머빔식 트러스인 영국의 웨스트민스터 홀*Westminster Hall*(1389~1393년)*〈그림 6-17〉*, 옥스퍼드 및 케임브리지 대학들의 건물 등에서 찾을 수 있다.

주로 단층으로 구성된 공장이나 대공간 건축물에 이용되었던 경사트러스는 조형미를 갖추기 위하여 곡선의 아치 모양을 갖는 형태로 변하기도 하고, 산업혁명의 영향으로 도로나 철도정비*〈그림 6-18〉*에 필요한 교량을 구축하기 위하여 평트러스로 변하면서 비약적인 발전의 계기를 맞이하게 된다.

산업혁명의 영향을 받던 초기만 해도 트러스재료는 주로 목재였으나, 보다 긴 다리나 공간을 지지할 수 있는 구조형태가 요구된 후로는 단일보의 형태와 같은 평트러스에 철을 사용하는 것이 일반화되기 시작했다.

세계 최대 트러스교로는 캔틸레버형식과 아치형식을 조합하여 트러스형태로 구성한 스팬 549m의 캐나다 퀘벡*Quebec*교(1917년)*〈그림 6-21〉*와 521m 스팬인 영국의 퍼스포스*Firth of Forth* 철도교 등이 있다. 요즘은 기술발달(구조해석과 재료개발, 시공향상)의 영향으로 경제성과 구조미가 보다 우수한 현수교나 사장교가 널리 사용되고 있다.

그림 6-18 리버풀 스트리트 기차역*Liverpool Street Train Station* 역사

그림 6-19 하마르 올림픽 홀*Hamar Olymic Hall*, 노르웨이, 1992

그림 6-20 이즈교*Eads Bridge*, 세인트 루이스, 159m

그림 6-21 캐나다 퀘벡교, 1899~1917년

건축구조물에 있어서도 철골을 모티브로 하여 트러스형태를 이용한 설계들이 점차 증가하고 있음을 알 수 있는 작품들을 쉽게 찾을 수 있다. 미스 반 데어 로에 같은 세계적 건축가도 자신의 많은 작품에서 철골의 사용을 주저하지 않았으며, 1953년의 독일 만하임의 국립극장*〈그림 6-22〉*도 그 예에 속한다.

그림 6-22 독일 만하임의 국립극장

1977년 렌조 피아노가 설계한 프랑스 퐁피두센터*The Pompidou Center*〈*그림 6-23, 24*〉 건물도 각층마다 와렌 트러스가 설치되어 구조체의 하중을 지지하거나 전달시키는 역할을 담당하고 있다.

넓은 지붕공간을 덮을 수 있는 구조형식 중에서 경제성과 시공성이 가장 우수한 것은 철골에 의한 트러스구조일 것이다. 철골 트러스 형태나 배치를 적절히 조절하고 변화를 줌으로써 공간구성의 아름다움과 독특한 구조적 조형미가 보다 상승된 건물들을 우리 주변에 있는 공항이나 체육관, 역사, 전시실 등의 대공간구조〈*그림 6-25, 26, 27*〉에서 쉽게 발견할 수 있다. 국내 건축물로는 전면 85m, 후면 45m 돌출된 캔틸레버로 초대형지붕*Big Roof*을 덮은 부산 센텀시티 영화의 전당 건물(두레라움, 2011년 준공)〈*그림 6-28, 29*〉이 철골 트러스구조의 무한한 가능성을 보여준 좋은 예다.

그림 6-23 프랑스 퐁피두센터(1)

그림 6-24 프랑스 퐁피두센터(2)

그림 6-25 JR Kyoto Railway Station

그림 6-26 파리 드골공항 TGV역사

그림 6-27 록히드 에어로모드 센터 격납고 내부의 Strarch 트러스구조, 미국 사우스캐롤라이나

그림 6-28 부산 영화의 전당(두레라움)

그림 6-29 두레라움 단면도

휨응력을 부담하지 않으면서 부재에 축방향력(인장과 압축)만을 전달한다는 역학적 우수성을 갖는 트러스구조 중 압축재는 강관을 사용하나 인장재에 케이블을 이용하여 구조물을 구축하려는 케네스 스넬슨*Kenneth Snelson*의 시도는 트러스구조의 새로운 가능성을 표현했다고 평가되고 있다.

후일, 풀러*Buckminster Fuller*는 이 구조형태를 보다 발전시켜 경량의 돔형으로 구축한다면 3km 정도의 뉴욕도 덮을 수 있는 구조형태라고 주장하기도 하였다. 그는 이러한 구조를 텐세그리티*Tensegrity*라는 신조어를 부여하고, 1959년에는 이 구조형식에 대하여 특허를 얻기도 하면서 이 원리를 구조체에 이용하려고 다각도로 검토하기도 하였다.

제안 초기의 텐세그리트구조는 철탑*〈그림 6-30〉*이나 조형물에 한정되었으나 정도가 높은 구조해석이 가능한 최근에는 케이블과 막구조에서도 이 원리를 이용하여 다양한 형태로 변화시키기도 한다.

그림 6-30 Needle Tower2

그림 6-31 크리스털 성당*Crystal Cathedral*, 미국, 1980년, 필립 존슨*Philip Johnson*

교량구조물에서는 그 형태상 1방향으로만 트러스 부재를 연속 배치하는 것이 일반적이지만, 건축구조물에서는 트러스부재를 직각방향으로도 상호 배치하여 평판이나 원통, 돔 등의 형태를 갖추면서 필요공간을 구축하기도 한다. 이러한 입체형 트러스*〈그림 6-31〉*는 경사트러스나 한방향의 보 타입 평트러스와는 구조적 거동이 다르고 적절한 유닛의 연속을 갖는 시공성이 우선 요구되는 구조형식이므로 입체구조*Space Frame*라는 구조시스템으로 10장에서 별도 분리하여 설명하도록 한다.

7

슬래브 Slabs

7-1 구조적 거동

단면의 폭이 춤에 비해 매우 큰 판*Plates*과 같이 비교적 얇은 두께로 철근콘크리트를 일체화시켜 임의의 공간을 평평하게 덮은 바닥판의 구조부재를 슬래브*Slab*라 한다.

고대부터 일정 공간을 덮는 구조부재로는 트러스, 아치, 돔 등과 나무를 이용한 바닥판이 있었지만, 철근과 콘크리트가 사용된 슬래브는 18세기의 새로운 건축재료의 발명과 함께 탄생하여 일체성이 갖는 특성과 하중저항능력이 탁월한 라멘구조가 본격적으로 사용된 이후부터 급속한 발전을 가져왔다.

그림 7-1 와플 슬래브*Waffle Slab*

보와 같은 부재는 작용하중을 보축에 따라 지지점에 전달하는 경로가 직선 혹은 곡선으로 표현할 수 있는 1차원적 저항구조이지만, 슬래브는 보와 같이 주로 휨을 받는 구조부재이나 작용된 하중을 2방향으로 분산시키면서 지지점에 전달시키므로 격자나 판처럼 2차원적 저항구조라고도 부른다.

슬래브의 종류와 형태가 다양하므로 각 슬래브의 구조적 거동도 동일할 수는 없을 것이다. 그러나 철근콘크리트구조물에서는 4변지지 슬래브가 가장 많이 사용되고 있으므로 이 장에서는 4변지지 슬래브가 바닥하중을 보에 전달하는 하중전달 메커니즘을 설명함으로써 슬래브의 구조적 거동의 이해를 돕도록 하였다.

그림 7-2와 같은 콘크리트 격자보의 교점에 집중하중이 작용된다면 작용하중은 $\overline{AB}$와 $\overline{CD}$보의 양단부 지지점으로 분산될 것이며, 이러한 보들로 공간을 모두 덮을 경우의 구조체가 슬래브이므로 슬래브에 분포된 하중은 2방향으로 분산된다는 것은 쉽게 이해할 수 있다. 하중을 받고 있는 $\overline{AB}$보와 $\overline{CD}$보의 처짐 곡선은 다를 수 있지만, 일체식 구조이므로 2개의 보가 교차하는 O점에서의 처짐량은 같은 값이 된다. 동일한 단면일 경우의 보의 강성은 스팬이 짧을수록 큰 값을 나타내므로 단변인 $\overline{AB}$보가 장변인 $\overline{CD}$보보다 더 큰 강성을 갖게 된다. 강성이 큰 단변의 $\overline{AB}$보가 보다 유연한 장변의 $\overline{CD}$보와 같은 처짐량을 갖기 위해서는 $\overline{AB}$보에 더 큰 하중작용이 필요할 것이므로, O점에 작용된 하중은 단변인 $\overline{AB}$보가 장변인 $\overline{CD}$보보다도 더 큰 몫의 하중을 분담하여 각 지지점에 전달됨을 알 수 있다. 따라서 서로 강하게 연결된 격자보의 교차점에 하중이 작용될 경우, 격자보 경계의 가구형태가 정방형이 아니라면 2개의 보에 걸리는 하중은 동일하지 않다는 것을 알 수 있다.

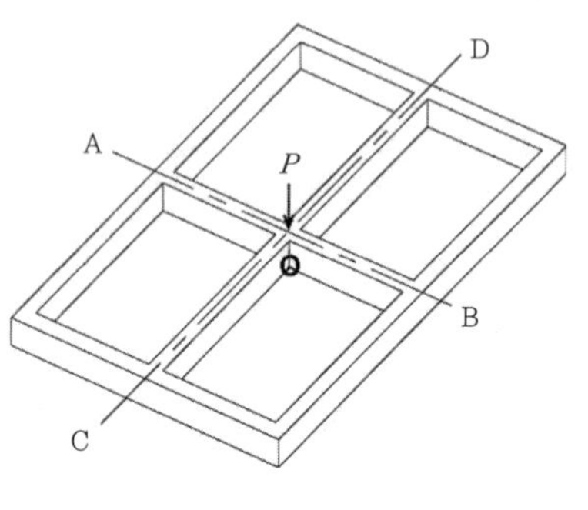

그림 7-2

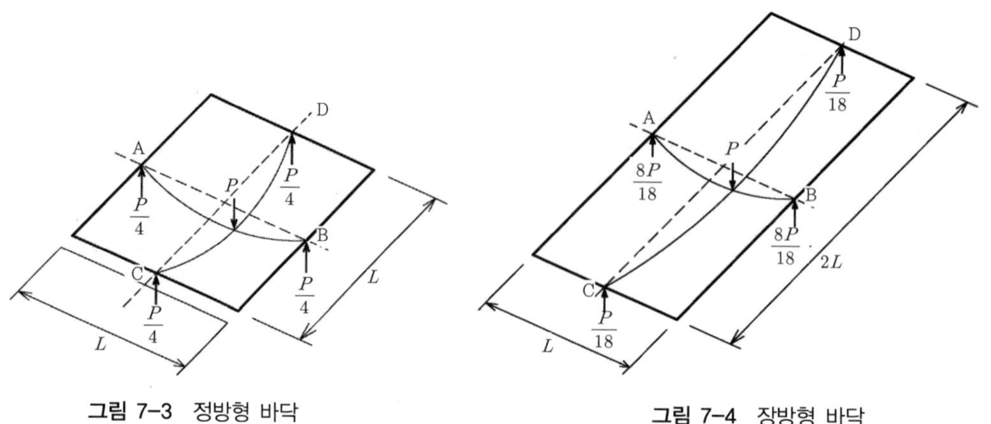

그림 7-3 정방형 바닥

그림 7-4 장방형 바닥

그 예로서, 단변과 장변이 동일한 정방형 중앙에 집중하중 P가 작용한다면 지지점 A, B, C, D에는 그림 7-3과 같이 $\frac{1}{4}P$의 하중으로 균등하게 전달될 것이나, 장변이 단변의 2배인 경우에는 보의 강성은 길이 3승에 비례하므로 그림 7-4와 같이 단변인 A, B점에는 $\frac{8}{18}P$씩, 장변 C, D점에는 $\frac{1}{18}P$씩 하중이 전달되므로 작용하중의 대부분은 단변 쪽으로 배분된다고 할 수 있다.

슬래브는 무한개의 격자보가 전체 평면에 배치된 형태라고 가정할 수 있으므로 슬래브에 작용하는 하중에 대한 하중분포 및 변형상태도 지금까지 언급한 보의 경우와 거의 유사하다고 할 수 있다.

그러나 슬래브는 격자보들이 단순하게 배치되지 않고 보들 사이가 강하게 접합되어 있다고 볼 수 있으므로 휨과 전단응력을 일으키는 보 작용 외에 비틀림 저항에 대한 고려도 필요할 것이다. 단순지지된 슬래브를 예로 들어 슬래브거동을 고찰하면 다음과 같다.

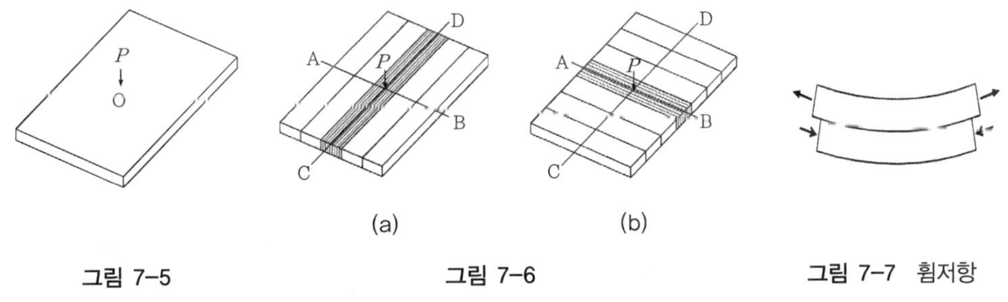

그림 7-5 그림 7-6 그림 7-7 휨저항

그림 7-5와 같은 단순지지된 장방형 슬래브를 그림 7-6과 같이 보들이 양방향 모두 연속적으로 강하게 접합되어 있다고도 생각할 수 있다. 따라서 슬래브의 O점에 집중하중 P가 작용한다면 그림 7-7과 같이 그림 7-6의 빗금 친 $\overline{AB}$ 및 $\overline{CD}$ 구간은 인장, 압축, 전단이 복합된 휨 메커니즘에 의해 작용하중을 보와 같은 방법으로 지지시킬 것이다.

그림 7-8

그림 7-9 전단저항

그림 7-8과 같이 AB면을 절단한다면, 각 보 요소들이 강하게 접합되어 있으므로 연직전단에 의한 하중은 인접한 보 사이에서 전단을 일으키면서 슬래브 전체에 분배되는 전단저항상태로 지지점에 전달된다*(그림 7-9)*. 이 거동 때문에 한 점이나 일정 부분에 집중하중이 작용되더라도 슬래브 전체로 하중이 분배되는 것이다.

그림 7-5와 같은 슬래브가 상부하중을 받고 있을 때, 슬래브 중앙부에 교차하는 Strip(길고 가느다란 띠) L_1과 S_1이 휨에 대하여 변형된 상태를 나타내면 그림 7-10과 같고, 장·단변으로 3개씩의 Strip을 가정하여 그 변형상태를 나타내면 그림 7-11과 같다. L_1과 S_1 Strip이 교차하는 부분은 슬래브의 중앙부이므로 이 부분에서는 하중작용 전의 형태와 비교하여 유사한 모양으로 휨변형이 나타난 것을 그림 7-10에서 볼 수 있다. 그러나 슬래브 중앙부의 위치가 아닌 L_2, S_2 Strip 교차부분들은 하중작용 전에 비해 휘어질 뿐 아니라 비틀어져 있음을*(그림 7-11)* 알 수 있다. 즉 L_2와 S_2 Strip의 변형 후의 교차부분들은 각 Strip의 외단부가 슬래브 경계(지지)상태의 영향으로 내단부보다는 더 높은 곳에 위치하게 되므로 자연히 각 Strip 교차 부분의 모양들이 비틀어지게 되고 그 변화는 외단부로 갈수록 크게 나타난다고 할 수 있다. 이 비틀림은 비틀림 응력과 비틀림 모멘트를 발생시키며, 그 영향은 양방향이 지지된 슬래브의 우각부(모퉁이)에서 가장 현저하게 나타나게 된다. 이러한 비틀림 현상은 보에

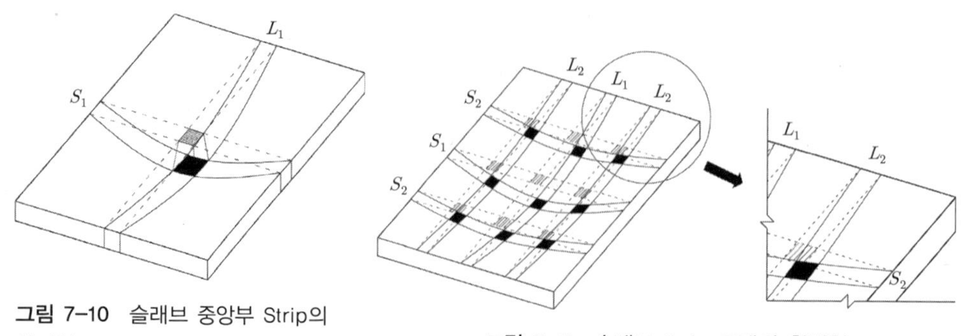

그림 7-10 슬래브 중앙부 Strip의 휨변형

그림 7-11 슬래브 Strip 모델의 휨변형

나타나는 응력거동과는 별도로 슬래브에서만 나타나는 구조적 특성이다.

또한 슬래브에 나타나는 비틀림을 하중작용으로 발생한 전단(V_1)과 인접한 보에 전해지는 전단(V_2)과의 차이에서 유발된 휨변형이 보의 직각방향으로 나타나는 구조적 거동*(그림 7-12)*이라고도 표현할 수 있다. 따라서 슬래브는 작용하중을 구조체의 장단변인 2방향 각각으로 지지하고 전달하는 보작용(휨과 전단)과 가정한 보의 직각방향에 발생하는 비틀림 작용을 합한 것과 같은 거동을 한다고도 할 수 있다.

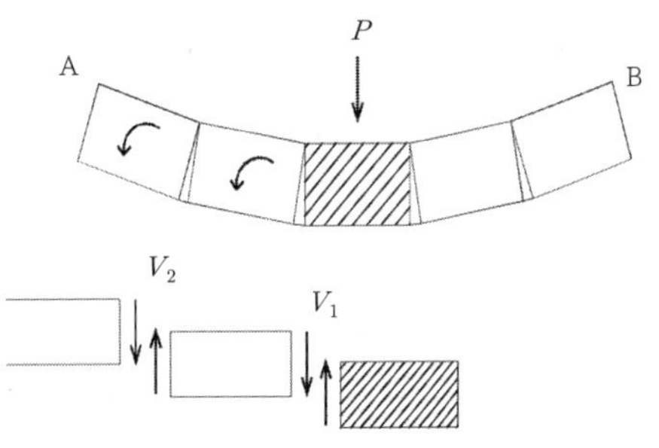

그림 7-12 비틀림 저항

2차원적 저항구조의 특징인 비틀림은 하중지지 능력이 대단히 탁월하다. 예를 들어 비틀림을 일으키지 않는 장방형 격자보가 작용하중의 100%를 보작용에 의해 지지점에 전달하는 데 비하여 단순지지된 슬래브는 작용하중의 50%가 비틀림 저항에 의해 지지점에 하중을 전달시킬 정도이다.

슬래브 주변이 지지되어 있을 때, 비틀림 응력이 최대가 되는 슬래브의 네 모서리(우각부)에서는 지지단이 구속되어 있으므로 판의 특성에 따라 집중된 모서리 휨이 판을 위로 들어 올리려는 경향이 있으므로 이것을 누르는 집중반력이 요구된다. 이러한 경향 때문에 슬래브 상부면의 우각부에서는 대각선방향으로 인장응력이 작용하고 하부면에서는 압축응력이 작용한다. 슬래브 하부면을 생각한다면, 최대전단력은 언제나 주 휨방향과 45° 방향*(그림 7-13)*으로 일어나고 전단작용은 압축응력의 방향으로 나타나므로 전단에 의한 균열은 그림 7-14와 같이 나타난다. 따라서 보강근은 등가인 인장응력을 직접 흡수할 수 있도록 그림 7-15와 같이 균열방향과 반대방향으로 배근할 필요가 있다. 이와는 반대로 슬래브 상부면의 우각부에서는 대각선에 직각인 방향으로 균열이 유발될 수 있으므로 보강근은 그림 7-16과 같이 대각선방향으로의 배근이 필요하다.

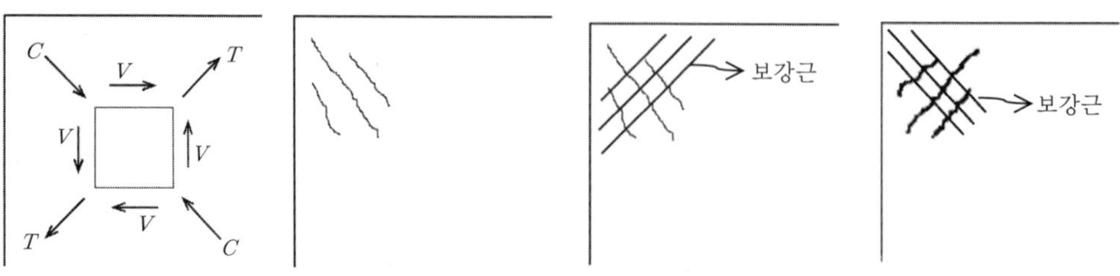

그림 7-13 슬래브 하부면 우각부의 응력상태 **그림 7-14** 슬래브 하부면 우각부 균열 **그림 7-15** 슬래브 하부면 우각부 보강 **그림 7-16** 슬래브 상부면 우각부 균열 및 보강

슬래브는 임의의 각 위치에서 2방향의 처짐과 기본적인 응력을 결정하는 휨모멘트에 대한 구조적 안전검토가 필요하나 구조체가 일체화된 2차원적 저항구조의 특성상 직교하는 2방향의 압축력에는 충분히 견딜 수 있기 때문에 압축영역의 콘크리트강도에는 특별히 고려할 필요는 없다.

또한 철근콘크리트 슬래브는 대부분 평형철근비 이하인 철근량에 의해 지지내력이 결정되므로 이론적으로는 콘크리트량을 결정하는 슬래브 두께를 보다 얇게 해도 구조적 해결이 가능하다고 할 수 있다. 그러나 슬래브 두께를 일정 수준 유지하지 못할 경우에는 적절한 고유진동수 부족으로 구조적인 유해한 처짐이나 진동 장애를 야기할 수 있다. 처짐과 진동에 따른 장애가 구조안전에 위해하거나 거주생활에 불편을 가져오지 않도록 하기 위하여 구조규준에는 판의 규모나 작용하중에 따라 슬래브의 최소두께를 규정하고 있다.

최근 들어 층간 소음 문제가 사회문제로 대두되면서 1999년 이전 120mm이었던 공동주택 바닥 슬래브 두께 규정은 210mm 이상으로 강화되었다. 또한 초고층아파트 등과 같은 수직구조물에서는 다이어프램 효과를 이용하여 수평하중 작용에 따른 구조안전성을 확보하거나 응력집중에 따른 보강문제 해결 때문에 슬래브 두께를 증가시키는 경우도 있다.

7-2 슬래브 종류와 구성

슬래브는 그 주변의 지지조건과 형태에 따라 다양하게 구별할 수 있으나 철근콘크리트구조물에서 비교적 자주 사용되는 슬래브의 종류는 다음의 그림 7-17과 같다.

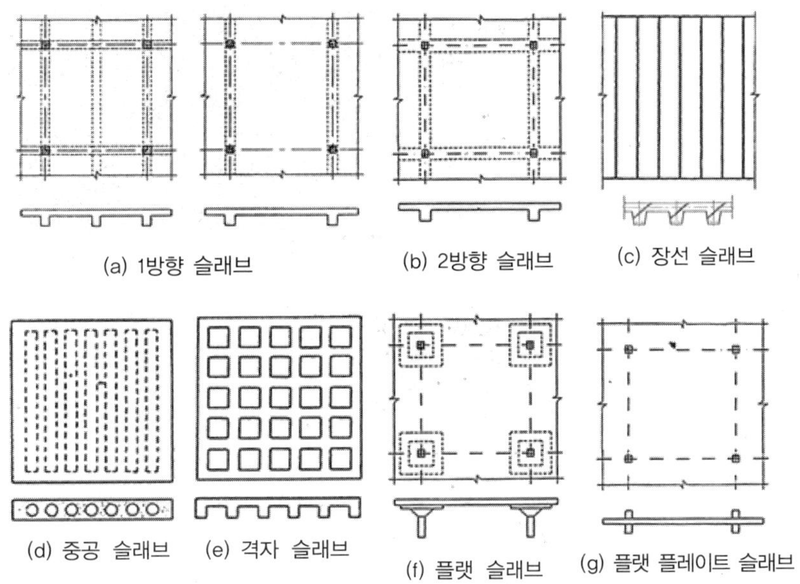

(a) 1방향 슬래브(One Way Slab) (b) 2방향 슬래브(Two Way Slab) (c) 장선 슬래브 (Joist slab, Ribbed Slab) (d) 중공 슬래브(Void Slab) (e) 격자 슬래브(Waffle Slab) (f) 플랫 슬래브(무량판, Flat Slab) (g) 플랫 플레이트 슬래브(무량판, Flat Plate Slab) (h) 포스트텐션 바닥구조(Post-Tensioning Floor System)

그림 7-17 슬래브의 종류

1방향 슬래브*(그림 7-18)*는 지지된 바닥판의 장변이 단변의 2배가 넘는 형태를 갖는 것으로, 슬래브에 작용한 하중은 대부분 단변방향으로 전달*(그림 7-4)*된다. 따라서 같은 부담면적이라면 단변을 보다 짧게 하여 처짐량을 줄일 수 있는 1방향 슬래브가 2방향 슬래브보다는 구조적으로는 대단히 유리한 형태라고 할 수 있다.

그림 7-18 1방향 슬래브형태

슬래브의 부담면적이 클 경우에는 단변지지보에 보다 많은 응력을 분담시켜 장변지지보와 응력균형을 만들기 위해 장변방향으로 작은보*Beam*를 설치함으로써 슬래브형태를 1방향 슬래브로 구조계획하기도 한다. 특히, 데크플레이트*Deck Plate*나 철근이 배근된 데크(예 : Pero Deck, Truss Deck)를 사용하여 콘크리트를 타설하는 경우에는 구조성능을 향상시키기 위하여 의도적으로 1방향 슬래브가 되도록 구조 프레임을 계획하는 것이 일반적이다. 두께가 얇고 폭이 큰 밴드형태의 작은 보를 기둥의 1방향으로만 연속시킨 밴드 플로어 슬래브*Band Floor Slab*도 구조적으로는 1방향 슬래브와 같은 방법으로 해석할 수 있다.

2방향 슬래브는 장변이 단변의 2배 이하인 형태를 갖는 것으로 슬래브에 작용한 하중은 단·장변 길이 비에 따라 2방향으로 적절히 지지된다.

슬래브 두께는 판을 구성하는 면적에 따라 달라지나 보통 12~15cm 정도가 가장 많이 사용되며, 비교적 큰 면적을 갖는 경우에는 휨응력과는 별도로 처짐과 진동에 대한 구조안전성의 검토도 필요하다.

장선 슬래브는 분할된 작은 리브*Rib*가 슬래브와 일체로 된 구조로서, 구조해석적으로는 슬래브를 판으로 보지 않고 작은 보가 연속적으로 배치되었다고 가정하여 안전성을 확보한다. 이 구조는 경간에 비해 두께를 얇게(보통 6~10cm 정도) 할 수 있으므로 고정하중의 감소를 가져올 수 있고, 짧은 간격의 리브가 연속되어 있으므로 장스팬구조에 유리할 뿐 아니라 보춤의 감소로 설비시스템을 위한 공간 확보나 작은 슬리브*Sleeve*의 설치가 용이하다는 장점이 있다. 그러나 바닥판에 큰 개구부가 필요한 경우나 지지점의 배치가 불규칙한 경우에는 구조체의 하중전달이 자연스럽지 못하여 응력집중이나 국부응력 등이 나타날 수 있으므로 이러한 경우 주의한다. 판구조인 슬래브보다는 응력을 1방향으로만 전달시키는 장선이나 격자보 부재의 거동이 구조안전에 더욱 중요한 요소로 작용하므로 장선 슬래브나 격자 슬래브 등은 엄밀한 의미에서는 슬래브라고 하기보다는 바닥판을 구성하는 구조형식의 하나라고 생각하는 것이 적절할 것이다.

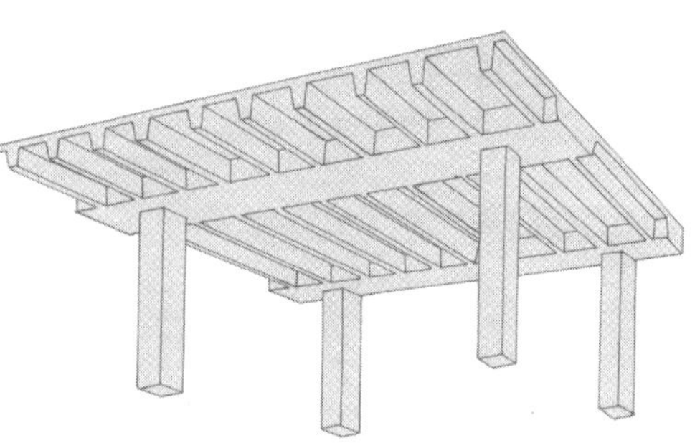

그림 7-19 장선 슬래브형태

얇은 원형철판(중공관)이나 타일 등을 슬래브 내에 배치한 후 콘크리트를 타설하는 형식을 중공 슬래브*Void Slab*〈그림 7-20〉라 한다. 넓은 바닥면적과 진동이 많은 구조물을 지지하기 위해서는 슬래브 두께를 두껍게 해야 하나, 슬래브 두께의 증가는 하중 증가와 결부되어 구조해석의 결과가 비경제적인 경우가 많다. 이때 슬래브 중앙부에 원형이나 장방형 공간을 만들 경우에는 건물 중량을 줄이면서 휨내력을 지배하는 슬래

그림 7-20 중공 슬래브 시공상태

브 춤을 충분히 확보할 수 있고, 휨저항에 필요한 보강철근은 슬래브 단면의 상하 연단부에 적절하게 배근할 수 있으므로 유익한 구조형태가 될 수 있다. 그러나 슬래브의 지지단에서는 콘크리트 단면결손으로 인한 전단내력 부족현상이 나타날 수도 있으므로, 콘크리트가 전단에 저항할 수 있는 범위까지는 중공부에도 콘크리트 타설이 필요한 경우도 있다. 중공관*Void Slab Spiral Tube*을 1방향으로만 배치하여 하중전달을 1방향 슬래브와 동일하게 하는 경우가 가장 일반적으로 많이 이용되는 시공방법이지만, 건물형태에 따라서는 중공관을 2방향*〈그림 7-21〉*이나 원형*〈그림 7-22〉*으로 배치하기도 하고 타원형으로 만들기도 한다.

그림 7-21 중공관을 이용한 2방향 배치

그림 7-22 중공관을 원형으로 배치

격자 슬래브*〈그림 7-23〉*는 장선*Ribs*을 2방향으로 직교시켜 구성한 우물반자형태로서, 2방향 장선 슬래브구조라고도 할 수 있다. 이 구조는 슬래브의 상부하중을 2방향으로 연결된 보에 지지시키므로 두께가 얇은 슬래브가 하중을 지지시키는 판구조 슬래브 형식보다는 기둥간격 배치에 따른 내부공간을 더 넓게 할 수 있는 장점이 있다. 와플 거푸집*Waffle Form* 제작이

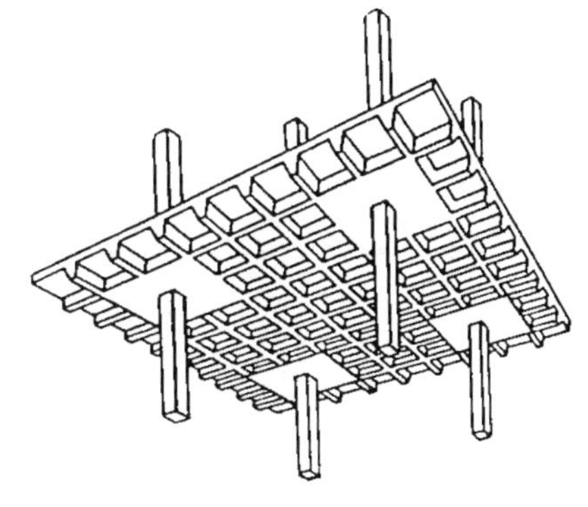

그림 7-23 와플 슬래브 형태

복잡하고 고가라는 단점도 있으나 천장이 노출된 경우에는 격자구조형태가 갖는 직선적이고 규칙적인 아름다움을 구조미로 표출할 수 있기 때문에 건물 출입부나 로비 천장구조에 자주 이용되기도 한다. 기둥과 기둥을 연결하는 큰보*Girders*에 작은 격자를 구성하는 방식과 건물 층 전체 바닥을 모두 동일한 형의 격자로 구성하는 방식으로 그 형태를 나눌 수 있다.

건물 층 바닥 전체를 동일한 격자로 구성할 경우에는 격자보의 춤이 전단내력을 지지할 수 없는 경우도 있으므로 이때는 기둥 주위 상부에 지판*Drop Panel*을 구성하여 보강해야 한다.

플랫 슬래브는 건물 외부보*Spandrel Girder*를 제외한 내부에는 보 없이 슬래브만으로 구성된 바닥구조로서, 슬래브에 작용된 하중은 직접 기둥에 전달된다. 구조형태가 간단하고 보가 없으므로 실내 이용률을 높이거나 층고를 낮출 수 있으며, 거푸집 제작이 용이하여 시공성을 향상시킬 수 있는 장점들이 있으나 주두의 철근배근이 복잡하고 두꺼운 슬래브 두께로 인하여 고정하중이 증가하며, 수평저항능력이 약하여 고층 건물에서는 불리하다는 단점들도 있다. 슬래브에 작용된 하중이 보를 통하지 않고 직접 기둥에 전달되므로, 전단에 대한 안전성을 갖기 위하여 기둥 상부에는 지판*Drop Panel*과 주두*Capital*를 설치*(그림 7-24)*하여 하중의 흐름도 자연스럽게 할 수 있는 구조형태를 가지고 있다. 천장이 노출된 경우에는 미관을 위해 지판과 주두를 경사 모양으로 디자인하기도 하며, 이러한 형태를 버섯 슬래브*Mushroom Slab*라고도 부르기도 한다.

플랫 플레이트 슬래브*Flat Plate Slab*는 플랫 슬래브와 같은 무량판구조이나 지판이나 주두의 형성 없이 슬래브 하중을 직접 기둥에 전달시키는 구조*(그림 7-25)*이다. 구조적 거동은 플랫 슬래브와 같으나 전단에 대한 저항능력은 매우 약하므로 기둥 주위에서는 철근과 철물 등을 사용하여 전단 보강을 위한 별도의 구조체 설치가 필수적이라고 할 수 있다.

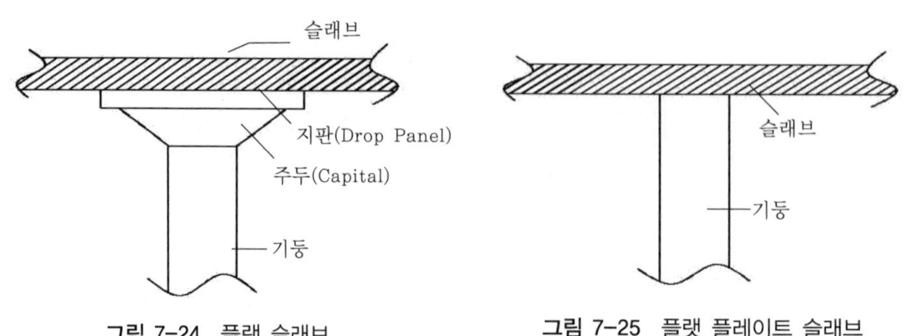

그림 7-24 플랫 슬래브 **그림 7-25** 플랫 플레이트 슬래브

외부하중이 작용하기 이전에 긴장된 고장력 긴장재*Tendon*를 이용하여 콘크리트(강도 30MPa 이상)에 미리 압축응력을 도입함으로써 외부하중이 작용하더라도 콘크리트 단면 내에 인장응력이 발생하지 않고 압축응력만이 존재하게 하는 원리를 슬래브에 이용한 것이 포스트텐션 플로어 시스템*Post-Tensioning Floor System*이다. 포스트텐션 바닥 시스템의 구조적 및 경제적 장점으로는 층고 절감과 그에 따른 구조물의 높이 감소, 균열 및 처짐 감소, 스팬 증가, 공기절약, 비용 감소 등을 들 수 있다.

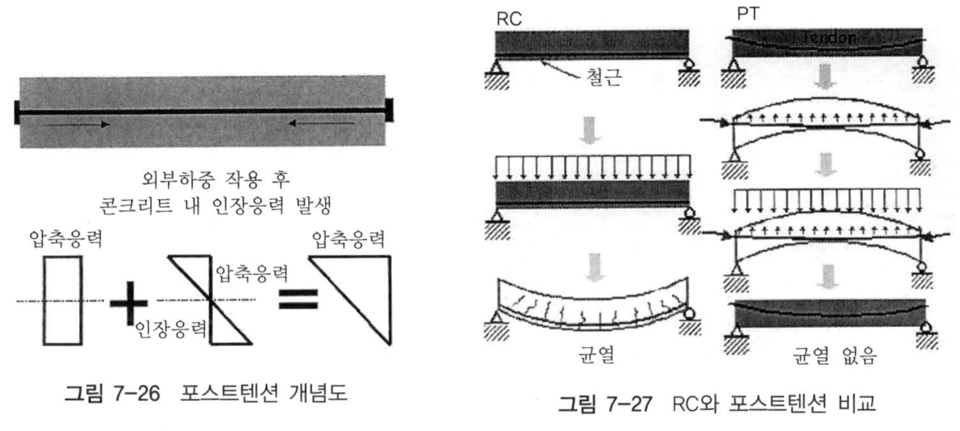

그림 7-26 포스트텐션 개념도

그림 7-27 RC와 포스트텐션 비교

그림 7-26은 포스트텐션을 도입한 경우의 콘크리트 단면이 압축응력만을 받는 개념도이고, 그림 7-27은 일반 철근콘크리트구조와 포스트텐션구조 공법을 구조적으로 나타낸 비교도이다. 콘크리트 바닥 슬래브가 압축응력만을 받는다면 단면 내의 철근량이 대폭 감소될 것이며, 인장응력이 없으므로 슬래브 두께를 적게 하면서도 장스팬구조에서 상대적 안전성을 더욱 확보할 수 있을 것이다. 서구나 일본 등에서는 그 성능과 품질이 이미 검증되어 업무용 시설과 판매시설 외에도 주거시설까지 이 공법을 사용하고 있으므로 구조물의 초고층화가 현실화되어 가는 국내 건축시장에서도 매우 바람직한 바닥구조시스템으로 기대되고 있다.

포스트텐션 공법은 긴장재의 종류에 따라 부착텐션*Bonded Tension*과 비부착텐션*Unbonded Tension*으로 나누어진다. 부착텐션 방식*(그림 7-28)*은 원형이나 장방형, 타원형의 금속과 플라스틱 Duck 내에 있는 여러 개의 스트랜드*Multi-Strand*를 긴장 및 정착한 후에 Duck 내부를 모르타르 등으로 채우는 방식으로, 교량이나 대형 구조물의 트랜스퍼*Transfer* 보와 같이 비교적 큰 하중이 작용하는 부재에 적합한 방식으로 알려져 있다. 비부착 방식*(그림 7-29)*은 원형이나 플라스틱 보호관*Scath* 내에 하나의 스트랜드

*Mono-Strand*가 들어 있는 형태로 긴장 및 정착 후에도 보호관 내부를 채우지 않는 공법으로 주로 건축구조물의 슬래브와 보에 사용되고 있다.

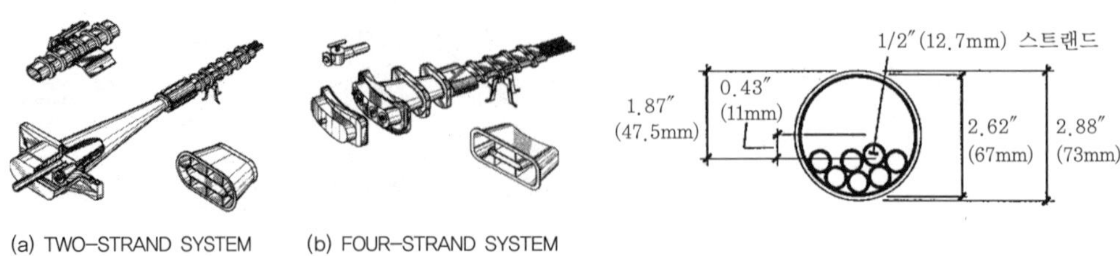

그림 7-28 부착 포스트텐션 시스템

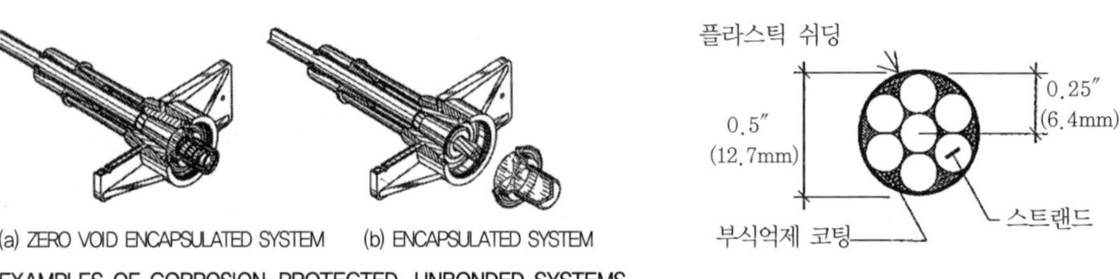

그림 7-29 비부착 포스트텐션 시스템

국내에서는 교량공사에 포스트텐션 공법이 도입된 이후, 1990년대 후반부터 건축물에도 이 공법을 이용하려는 노력이 시작되었다. 슬래브에 포스트텐션을 사용한 최초의 경우는 2005년에 완공된 김해농수산물유통센터 건물의 200m의 바닥으로서, 이후 국내에서도 바닥 슬래브에 포스트텐션 공법을 사용한 대규모 건축물이 나타나기 시작하였다.

그림 7-30 긴장재*Tendon* 배치상태

그림 7-31 시공완료된 상태

8 아치 및 볼트Arches and Vaults구조

8-1 기원 Origins

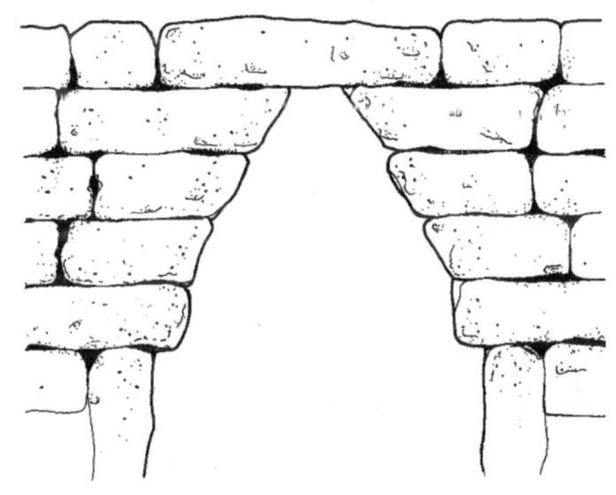

그림 8-1 코벨 아치 형상

평편한 천장구조에 대하여 천장을 위쪽으로 볼록하게 곡선과 곡면으로 구성한 골조형태를 아치*Arch*라 하며, 아치를 그 면과 직각방향으로 연속배치하여 터널과 같은 구조를 만들어 지붕이나 천장으로 사용하는 것을 볼트*Vault*(궁륭)라고 한다.

신석기시대에 삼각형으로 구성한 석조 아치가 만들어질 정도로 아치의 역사도 오래되었다. 이집트와 메소포타미아 문명권에서는 벽돌을 내쌓는 방식*(그림 8-1)*인 원시적인 형태의 조적방법으로 곡선 모양으로도 아치 형태를 만들어 사용하였다는 흔적들이 발견되고 있는 것으로 볼 때, 아치나 볼트를 조형적으로 사용한 역사는 B.C.4000년 이전으로 볼 수 있다.

그러나 벽면에 가능한 한 큰 개구부를 만들기 위해 지붕의 형을 곡면으로 구성하면서 아치를 본격적으로 사용한 것은 이탈리아의 원주민인 에트루리아인*Etruscan Civilization*으로부터 아치기술을 이어받은 로마인들이라고 할 수 있다. 로마는 나무가 적은 유럽의

그림 8-2 아치형태를 갖는 Great Stone Bridge

남부지방에 위치하여 나무보다 주로 석재나 벽돌을 건축재료로 사용할 수밖에 없었으므로 아치나 볼트구조가 로마인에게 가장 중요한 조형표현의 방법으로 정착되었다는 것을 쉽게 이해할 수 있다. 로마의 전통적인 반원형 아치형태의 가구법이 중세의 로마네스크 건축까지 답습될 정도로 로마인은 아치와 볼트구조 기술을 상당한 수준까지 전개시켰다고 한다. 보다 개발된 가구체계를 바탕으로 첨두아치를 사용한 중세의 고딕건축과 이슬람건축*〈그림 8-4〉*에서의 오지*Ogee〈그림 8-5〉* 및 종유석 모양*Stalactite* 아치나 볼트 등이 신전, 성당, 사원, 극장 및 교량 등에 사용되어 구조형태의 다양한 양식을 만들어냈다. 따라서 아치나 볼트는 중세 및 근세를 통하여 조적구조의 기본적인 구조법으로 정착됨과 동시에 유럽에서는 제각기 시대양식과 건축형태 및 공간성을 결정하는 중요한 요소가 되기도 하였다.

철과 콘크리트를 본격적으로 사용한 19세기 이후부터는 보다 넓은 공간을 아치나 볼트구조에서 새로운 재료를 사용하여 건립함으로써 대스팬구조의 새로운 세계를 펼칠 수 있는 획기적인 발전을 이루게 되었다. 1936년에 소실되었지만 1851년 영국박람회용으로 주철과 연철을 사용하여 건립한 수정궁*The Crystal Palace〈그림 8-6〉*은 신 재료로써 아치를 본격적으로 건축구조물에 사용한 좋은 예가 되고 있다.

그림 8-3 벨기에의 생테티엔 대성당의 다이아몬드 볼트, 13세기

그림 8-4 코르도바의 메스키더

그림 8-5 오지 아치형태

그림 8-6 수정궁 내부 아치

미국과 영국의 철도산업의 발달 이후, 이 지역의 많은 철도 역사의 대공간을 철골 아치를 사용하여 골조를 구성한 시기도 이때부터라고 할 수 있다.

나무가 많은 지역에서는 목조를 이용하여 아치형태의 교량 등을 만들어 사용했겠지만 건축물에서 그 예를 찾기가 어려운 것은 필요성에 따라 보다 우수한 재료가 개발되었기 때문이라고도 볼 수 있다. 목조건축물로는 14세기말에 세워진 영국의 웨스트민스터 홀*Westminster Hall〈그림 8-7〉*을 기억할 수 있다.

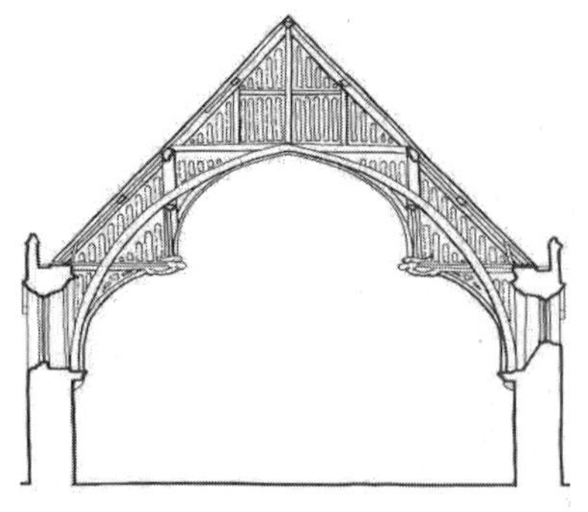

그림 8-7 웨스트민스터 홀 내부 아치, 1394년

그림 8-8 영국 워털루*Waterloo* 국제터미널의 단면도, 1993년

8-2 아치구조의 원리

서스펜션 케이블*Suspension Cable*과 같은 인장재료의 구조적 거동을 이해한 후, 역으로 생각하는 구조형태로부터 아치구조의 메커니즘을 쉽게 출발시킬 수 있다.

그림 8-9와 같이 임의의 2점인 A, B에 느슨한 실을 연결한 후 중앙부 C, D에 P_1, P_2 하중을 주면 ACDB와 같은 모양을 갖게 되며, 이때 이 실에는 인장력만이 작용되고 반력(아치응력)으로 A, B점에 R_A, R_B가 존재하게 된다. 이 상태의 실을 동결(고정)시켜 거꾸로 하고 C, D점에 그림 8-10과 같은 P_1, P_2 하중을 주면, 그림 8-9의 하중작용 방향과는 반대가 되므로 $\overline{ACDB}$ 부재에는 인장력과 같은 크기의 압축력만 나타나게 됨을 쉽게 알 수 있다.

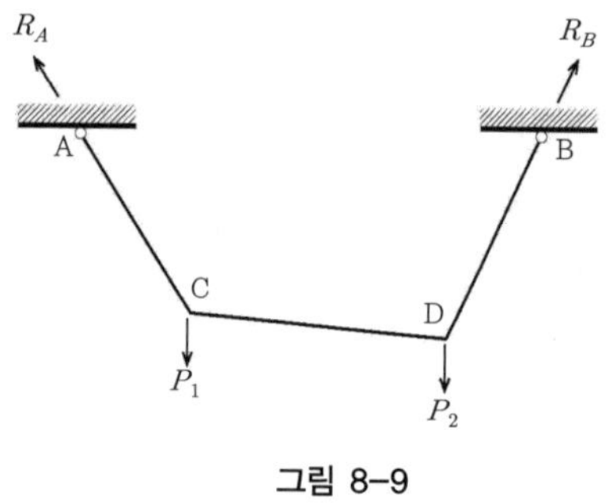

그림 8-9

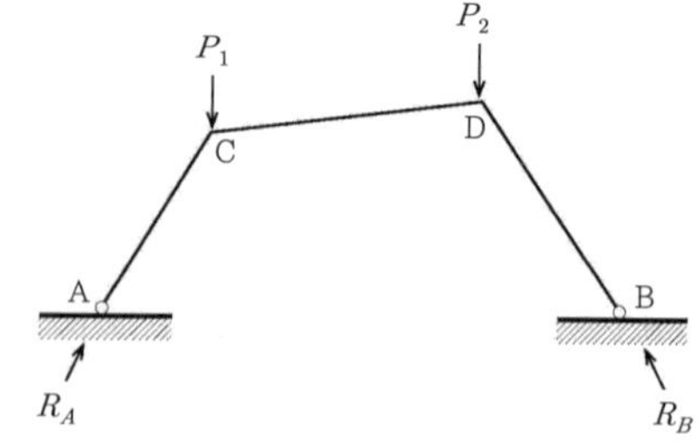

그림 8-10

이와 같이 각 부재가 압축력만을 받으면서 하중을 지지점에 전달하는 구조를 아치라고 한다. 따라서 새로운 건축재료가 발명되기 전까지 아치부재로는 비교적 구하기 쉽고 압축력이 큰 석재나 조적재가 구조부재로 이용되어 왔음은 당연하다고 할 수 있다.

현실적으로 압축재는 좌굴을 피할 수 없으므로 부재길이에 따라 상응하는 단면을 가정하여 그림 8-11과 같이 나타낼 수 있다. 점선은 아치가 하중을 받아 지점에 전달하는 압축하중의 경로를 나타내는 압축선으로 그림 8-10의 실선 위치를 나타낸다. 이 압축선은 압축단면의 중심에 오는 것이 가장 이상적인 구조형태 가정이라 할 수 있으며, 이 원리를 이용하여 곡면의 아치도 다음과 같이 설명될 수 있다.

자중과 같이 등분포하중을 받는 서스펜션 케이블은 그림 8-12와 같이 사용재료의 모양이 현수선*Catenary*이 되면서, 거꾸로 하였을 경우에는 그림 8-13과 같이 현수선이 압축선이 됨을 쉽게 알 수 있다. 즉 현수선 아치도 압축선과 아치의 형태가 일치하고 압축선은 단면의 중심을 지나므로 아치부재는 모두 압축응력을 받고 있을 것이다.

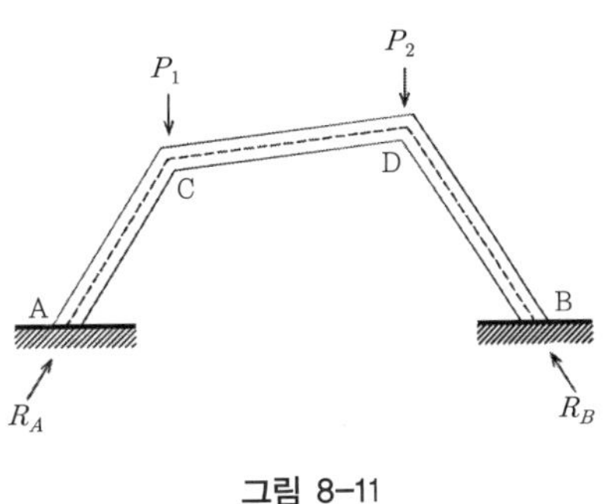

그림 8-11

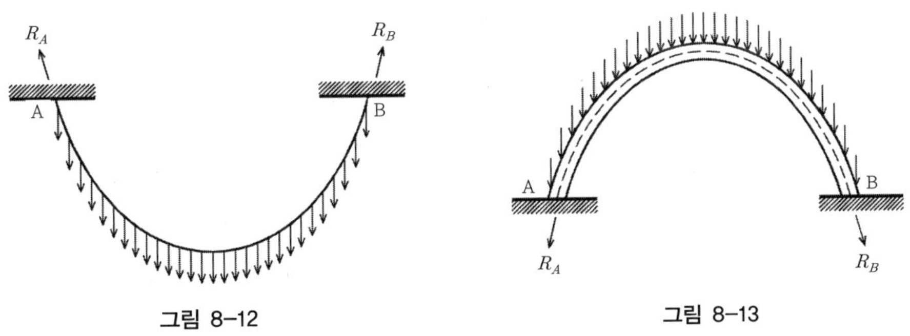

그림 8-12

그림 8-13

그러나 그림 8-14에서와 같은 원호아치 등에서는 자중에 의한 압축선과 아치형태가 일치하지 않은 경우가 많고, 압축선이 단면 외에 있는 경우도 종종 나타난다. 특히 등분포하중을 받고 있던 아치가 임의의 위치에서 과도한 집중하중을 받을 때에는 압축선이 아치단면을 벗어나서 나타나고, 압축선이 단면을 벗어난 반대쪽에는 인장이 발생하여 사용재료가 인장에 저항하지 못할 경우에는 붕괴될 수 있을 것이다.

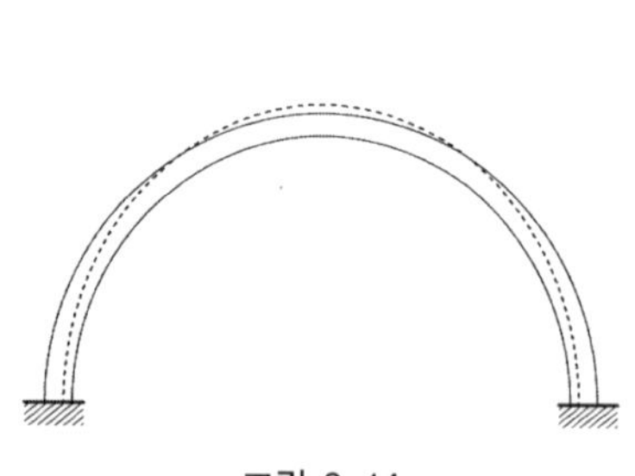

그림 8-14

그림 8-15 켐핀스키 호텔*Kempinski Hotel*의 통로, 1992년

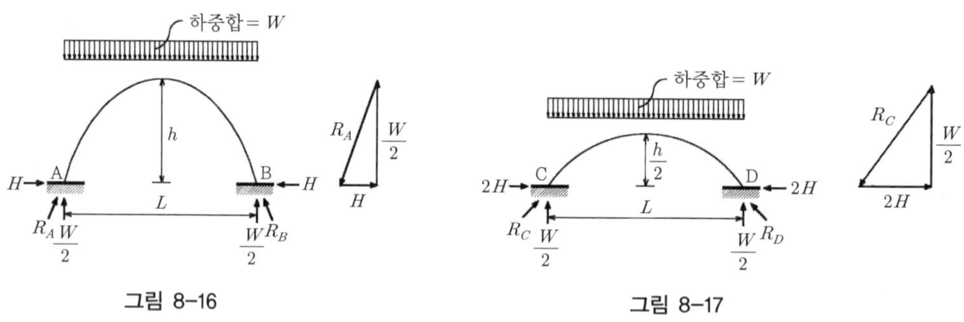

그림 8-16

그림 8-17

아치의 압축선을 따라 지지점에 전달되는 추력*Thrust*의 크기는 아치 라이즈*Rise*에 반비례하므로 추력을 최소로 하기 위해서는 되도록이면 아치를 가볍게 하고 라이즈를 크게 할 필요가 있다. 그림 8-16과 같이 라이즈가 h인 아치가 분포하중의 합인 W를 받고 있을 때는 하중의 연력도에 의해 수평반력이 H만큼 필요하나, 그림 8-17과 같이 라이즈가 $h/2$인 경우에는 같은 하중조건에서도 수평반력은 $2H$가 되는 것을 알 수 있다.

아치형태에 따라 발생하는 이러한 수평반력*Horizontal Thrust*을 적절하게 저항시키는 방법으로는 그림 8-18과 같이 직접지지, 연속아치로서 힘을 분산 유도, 버트레스*Buttressed* 설치, 타이바*Tie Bar*로 구속하는 보강시스템 등이 고려될 수 있다.

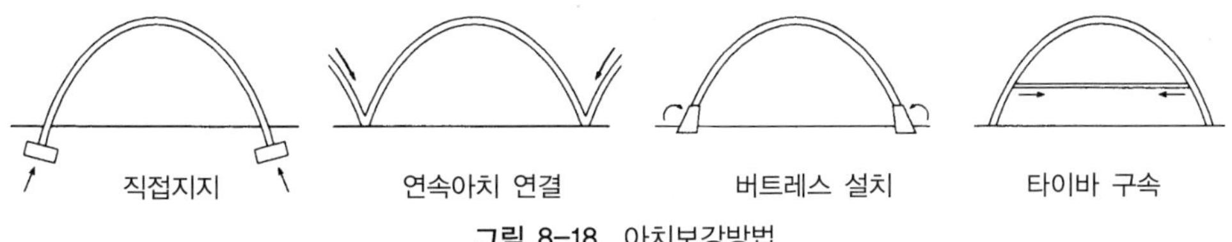

그림 8-18 아치보강방법

아치의 지지점은 힌지인 경우도 있고 고정인 경우도 있다. 힌지인 경우는 고정인 경우에 비하여 비교적 휘어지기는 쉽지만 온도변화나 지반침하가 일어날 경우에는 상대적으로 낮은 휨응력이 요구되므로 구조적으로 유리할 수 있는 장점이 있다. 어느 쪽이든 역학적으로는 이상적인 상태를 나타낸다고 할 수 있다.

아치 양지점이 2힌지 상태인 아치나 지점을 고정으로 하는 고정아치는 힘의 평행조건식만으로는 그 응력과 변형을 구할 수 없으므로 부정정 아치라고 한다. 부정정 아치는 미소한 지점이동이나 작은 온도변화에서도 부재수축과 팽창에 대하여 민감하게 반응하면서 응력과 변형분포에 예민한 영향을 미치므로 구조적인 주의가 필요하다.

2힌지 아치의 중앙 부근에 또 하나의 핀*Pin*절점을 둔 3힌지 아치*〈그림 8-19〉*는 새로 생긴 절점에서는 휨모멘트가 발생하지 않으므로 정정아치가 되면서 지점이동이나 아치 압축선 변화에 대해서도 크게 민감한 반응을 일으키지 않으므로 대공간구조물의 지붕구조에 그 형식이 많이 이용되고 있다.

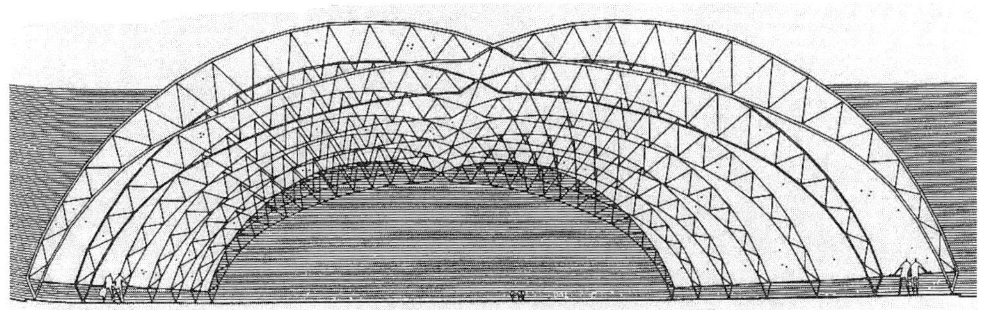

그림 8-19 3힌지 아치

8-3 조적아치의 발달

인장에 강한 재료를 쉽게 찾을 수 없던 고대시대에는 압축력을 받을 수 있는 석재나 벽돌을 조적시켜 가장 간단한 내쌓기식*Corbel Arch*이나 내쌓음으로써 나타난 외관의 요철을 다듬어서 아치구조형태*(그림 8-20(a), (b))*가 조성되었을 것으로 유추할 수 있다.

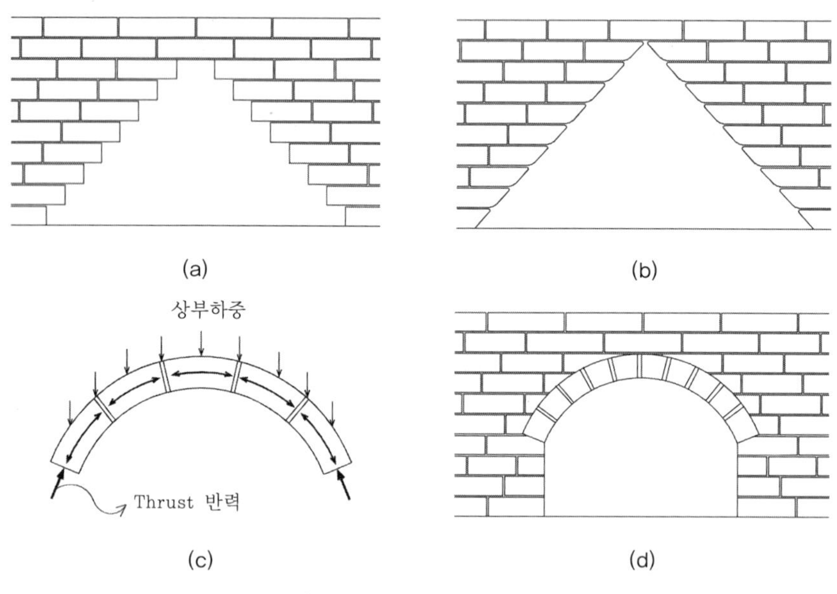

그림 8-20 조적아치의 발전

천장을 높게 하거나 더 넓은 공간이 요구될 때에는 공간 상부구조형태를 그림 8-20의 (a), (b)와 같이 경사방향으로 구성하기에는 무리가 있었을 것이므로 자연스럽게 공간 상부는 원호형태인 아치 모양*(그림 8-20(d))*으로 그 형태가 요구됐을 것이다. 이 경우, 아치 상부의 수직하중들은 아치를 구성하는 아치벽돌(박석)에서 경사방향의 추력으로 바뀌고, 그 추력들이 아치벽돌들을 서로 맞붙도록 함으로써 아치형태를 지탱하게 하는 구조적 작용을 갖게 된다. 아치벽돌에 작용한 경사방향의 추력이 지지점에 도달할 때에는 그림 8-20(c)와 같이 추력*Thrust*에 저항하기 위한 반력이 필요하고, 발생한 추력을 순수한 압축력으로 지지시키기 위해서는 Abutment를 견고하게 구축하는 방법이 압축재만을 사용하던 시대에는 가장 간단하면서 이상적인 구조형태라고 생각하였을 것이다. 이렇게 인장력에 약한 재료가 갖는 결점 등을 보완하면서 로마시대의 전통아치인 반원형 조적아치형태가 정착하게 되고, 많은 아치구조물의 건립에 따른 연구와 기술과정의 보완 등에 따른 기술축적이 볼트와 돔구조물을 건립할 수 있는 밑거름이 되었다고 할 수 있다. 참고로 조적아치의 각부 명칭은 그림 8-21과 같다.

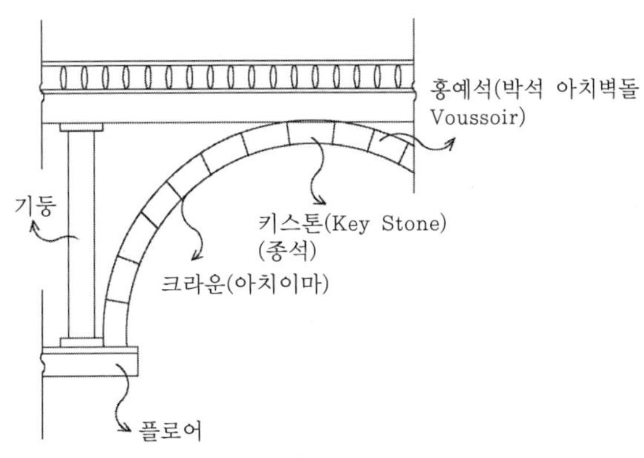

그림 8-21 아치구조의 각부 명칭

모르타르를 이용하여 조적조를 형성할 때, 하중작용의 위치 선정은 유명한 물리학자이기도 한 프랑스인 쿨롱*Charles Augustin de Coulomb*(1736년~1806년)이 그림 8-22와 같이 생각해낸 추력선을 이해하면 쉽게 찾을 수 있다.

추력선이란 건물 벽의 정상부에서 하부까지 줄눈마다 추력이 작용하고 있다고 생각되는 위치를 연결한 선으로, 이 선이 조적단면을 벗어날 때는 건물의 붕괴를 가져올 수 있으므로 구조안전성을 위해서는 추력선을 압축단면 이내에 있게 할 필요가 있다.

조적아치에서 추력에 저항하는 구조체 형성을 위한 구조형태 변화가 아치의 발전을 가져오고 건축양식을 구분하는 기준이 되기도 하는 것은 고건축의 관찰에서 쉽게 이해될 수 있다.

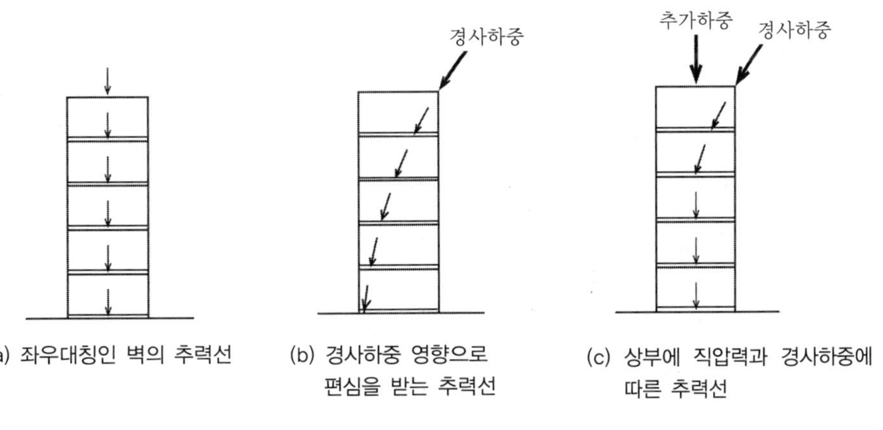

그림 8-22 추력선의 위치

상부 아치가 압축력만을 받을 수 있는 지지벽에 지지될 때, 만약 합력 추력 위치인 그림 8-23의 C점 화살표 방향이 벽 두께인 미들새그*Middle Sag*의 범위를 벗어난다면,

조적지지벽에 인장력이 발생하므로 벽면과 아치에는 붕괴가 나타날 것이다. 이러한 붕괴현상을 방지하기 위해서는 추력의 합력 위치를 단면 내로 유도할 필요가 있으므로 아치의 라이즈를 높이거나 Abutment의 중량을 증가시키는 방법과 추력선을 벗어난 범위에 버트레스*Buttress*로 보강하는 방법 등으로 구조적 안정을 확보시키는 조치들을 생각할 수 있다. 로마시대에 정립된 반원형 아치 시공기술과 중세 가구법의 발달 등에 힘입어 프랑스를 중심으로 선단을 뾰족하게 한 형태의 첨두아치가 발달하게 되었다. 반원형 아치에 비해 첨두아치는 보다 튼튼하고 무한하게 정점부를 높게 할 수 있으므로 추력이 적고, 교차로 인한 볼트*Vault*(궁륭)를 단순화할 수 있으면서 경쾌하고 엄숙한 분위기를 연출할 수 있기에 주로 성당 건물에 자주 사용되었다.

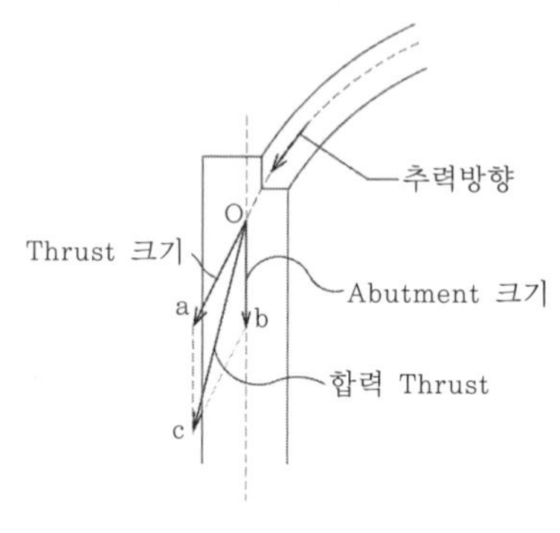

그림 8-23

천장이 높고 스팬이 긴 대공간의 벽면에 커다란 창을 설치하기 위한 방법으로 상부 아치의 추력을 측랑 외측에 돌출한 버트레스에 전달하기 위해 사용한 플라잉 버트레스*Flying Buttress*〈그림 8-24, 25〉는 첨두아치와 더불어 고딕건축양식의 일대 특징이라고 할 수 있다.

Abutment 중량을 증가시켜 추력선을 벽의 미들새그 안에 정착시키기 위한 조치로써 아치 상부에 과하중을 적재시키거나 외측 버트레스 상부에 피너클*Pinnacle*이라는 첨탑과 조각상 등이 설치되기도 하였다.

그림 8-24 노트르담 사원의 버트레스

그림 8-25 웨스트민스터 사원의 버트레스

그림 8-26에서는 프랑스 고딕건축의 대표라고 할 수 있는 아미앙 성당*Amiens Cathedral*의 구조단면 일부분과 그 명칭을 나타냈다.

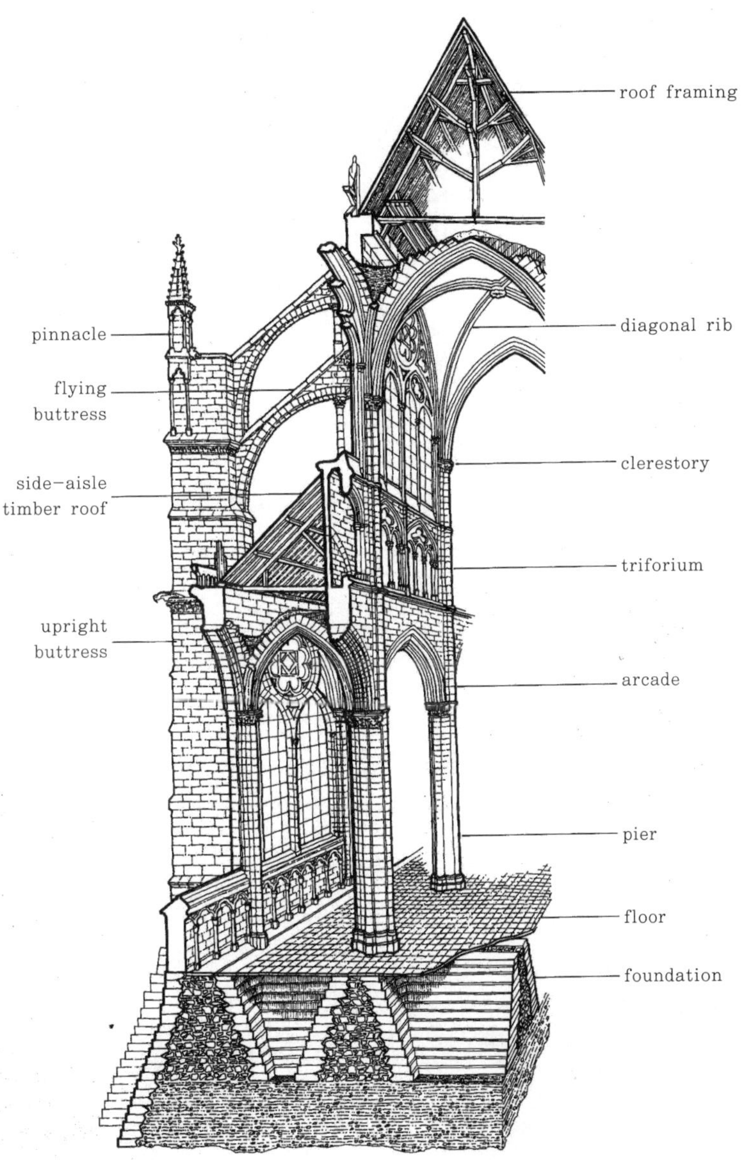

그림 8-26 Amiens Cathedral의 Nave Bay 구조

8-4 볼트의 전개

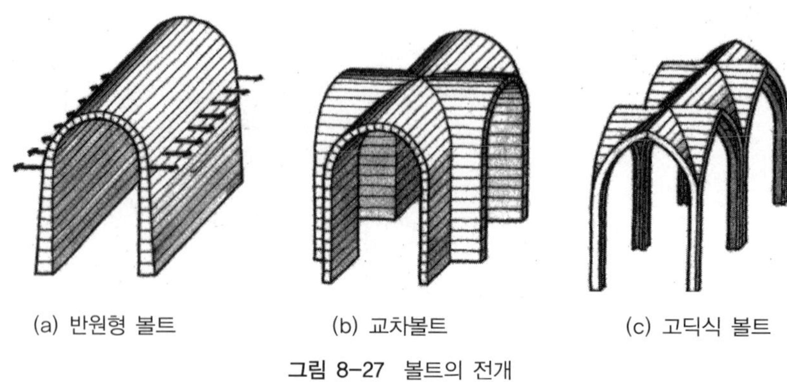

(a) 반원형 볼트 (b) 교차볼트 (c) 고딕식 볼트

그림 8-27 볼트의 전개

아치를 그 면과 직각방향으로 연속적으로 전개시켜 터널과 같은 형태를 구축한 그림 8-27(a)의 반원통 볼트*Barrel Vaults*가 가장 단순한 형이다. 반원통 볼트에서는 추력에 저항하기 위해서 벽두께는 두꺼워져야 하며, Abutment 증대를 위해서는 개구부 면적이 작을 수밖에 없는 단점이 있다.

아치의 각 지점에서 모든 추력이 집중되도록 반원형 볼트를 직각으로 교차시킨 교차볼트*Cross Vault*〈*그림 8-27(b)*〉는 지지벽을 대폭 줄일 수 있는 구조상의 특징으로 인해 건축의장의 새로운 큰 발전을 가져 왔으며, 내부공간을 넓게 보이기 위해 고대 로마의 교회당이나 로마네스크 건축양식에서 많이 사용되었다.

고딕*Gothic*건축에서는 그림 8-27(c)와 같이 첨두아치를 이용하여 아치 라이즈를 높게 함으로써 추력을 줄이고 교차볼트의 기둥*Pier*을 보다 가늘게 하는 볼트구법이 사용되었다.

그림 8-28 마리오 보타 *Mario Botta* 사무실 내부천장, 1990년

그림 8-29 웨스트민스터 사원 내부 볼트

첨두아치 등으로 교차볼트를 만들 때에는 볼트 주변과 아치가 서로 만나는 교차선상에 능선*Groin*(궁륭)이 형성된다. 이것을 리브로 돌출시킨 리브볼트*Rib Vault*는 볼트의 경량감과 함께 하중이 기둥에 전달되는 모양을 시각적으로 느끼게 하는 조형효과가 있다.

리브볼트를 사용한 건물로는 프랑스의 부르주*Bourges* 대성당(13세기)*〈그림 8-30〉*, 아미앙 성당, 영국의 링컨 대성당(1260년)*〈그림 8-31〉*, 윈체스트 대성당(12세기)*〈그림 8-32〉*, 킹스칼리지 예배당(1512년)*〈그림 8-33〉* 등 고딕시대 구조물에서 많이 볼 수 있다.

그림 8-30 프랑스 부르주 대성당, 13세기

그림 8-31 영국 링컨 대성당, 1260년

그림 8-32 영국 윈체스터 대성당, 12세기

그림 8-33 영국 킹스칼리지 예배당, 1512~1515년

8-5 아치와 볼트구조의 조형

철근콘크리트와 철을 자유자재로 사용하게 된 근대에 이르러 아치형태로 대공간을 구축하려는 새로운 시도가 시작되었다.

그 시도의 첫걸음은 1913년 폴란드의 브레스라우*Breslau-Wroclaw* 지역에 막스 베르크*Max Berg*가 설계한 67m의 돔구조인 세기관*Centennial Hall* 건물*〈그림 8-34〉* 지붕구조로서, 아치의 구조적 원리를 이용한 이 작품은 콘크리트 재료가 갖는 역학적 가능성을 아치구조에 강하게 시사하여 대공간구조에 커다란 의욕을 불러일으켰다.

그림 8-34 세기관 건물의 내부, 1913년

아치에 관한 조형을 역학적으로 충분히 이해하고 활용한 스페인의 안토니오 가우디*Antonio Gaudi*와 페로시멘트를 사용하여 새로운 구조조형을 제안한 피엘 루이지 네르비*P.L Nervi* 등의 작품*〈그림 8-35〉*에서도 현대적인 아치와 볼트구조의 아름다움을 느낄 수 있다.

비록 아름다움은 떨어지지만 합리적이고 경제적인 논리에 의해 구축된 철골아치들은 미국과 유럽 등의 철도역사*〈그림 8-36〉*에서 많이 찾을 수 있다. 최근에는 단순한 아치

그림 8-35 P. L. Nervi의 Station Hall 내부구조, 1943년

그림 8-36 영국 요크*York* 기차역

그림 8-37 미국, 세인트루이스, 192m, 1965년

그림 8-38 스페인의 마드리드박물관, 1985년

그림 8-39 파리 드골*DeGaulle* 국제공항 내부

그림 8-40 토론토 브룩필드플레이스 아치조형

그림 8-41 웸블리*Wembley* 스타디움, 2007

구조*(그림 8-37, 38)*보다는 아치구조형태를 트러스로 구성*(그림 8-39)*하거나 막이나 케이블 등을 이용한 다양한 구조시스템(돔, 쉘, 입체, 막, 케이블구조 등)의 일부로 대공간을 구축*(그림 8-40, 41)*하려는 경우가 많아지고 있다. 단순아치구조보다는 다양한 외력작용에 효과적으로 저항하는 구조적 이점을 가지고 있는 이러한 구조시스템은 지속적으로 보다 더 발전할 것으로 기대된다.

9 돔과 셸 Domes and Shells 구조

9-1 돔의 기원과 역사

돔구조는 아치와 함께 고대로부터 사용되었던 구조양식으로서, 원형이나 육각 또는 팔각 등의 다각형 평면 위에 만들어진 반구형의 둥근 곡면의 천장이나 지붕형식을 말한다.

로마시대에는 주교가 살고 있던 대교회당을 Domus라고 불렀는데, 그 의미는 신의 집이라는 라틴어인 Domus Dei에서 유래되었고, 이태리를 비롯한 유럽 지역에서의 천주교 성당들의 지붕들이 원형으로 덮는 경우가 많아지면서 자연스럽게 원형지붕형태를 Domus, 즉 돔*Dome*이라고 부르게 되었다고 알려지고 있다. 특히 작은 규모나 소탑 끝에 있는 돔은 쿠폴라*Cupola*〈그림 9-1〉라고 불리면서 규모가 큰 돔과 구별하기도 하지만, 영국, 프랑스, 독일 등에서는 규모에 관계없이 원형지붕 자체를 모두 돔이라고 부르기도 한다.

그림 9-1 베네치아의 성모마리아 델라살루테 성당, 1630년 건물지붕의 대형 돔 상부에 있는 작은 돔(Cupola)

형태상으로는 돔의 기원을 멀리 원시시대의 수목텐트의 주거형태에서도 찾을 수 있지만, 내구성이 있는 돔의 출현은 B.C.3000년 전 메소포타미아 인이 소성벽돌이라는 새로운 건축재료를 발명한 이후일 것이다. 벽돌이나 석재 등을 연결시키는 모르타르가 B.C.2600~2500년경에 축조된 이집트의 피라미드에서 이미 발견되었으므로 석회모르타르를 이용한 구조양식의 출현 시기도 이때쯤부터라고 유추할 수 있다.

그림 9-2 아트레우스의 보고, 미케네, B.C.1325년

석재를 다듬는 기술의 발달과 더불어 새로운 재료인 소성벽돌과 모르타르의 발명 등으로, 아치나 볼트구조로 대공간을 축조한 초기 양식 이후에 그 시대의 기술자들도 돔형으로 지붕과 천장을 덮는 구조형식이 하중전달에 더욱 유리하다는 경험축적에 따른 판단까지는 오랜 시간이 걸리지 않았을 것이다.

그림 9-3 아트레우스의 보고 내부 돔형태

아직까지 남아 있는 가장 오래된 돔은 B.C.1325년에 축조된 미케네*Mycenae*의 아트레우스 보고*Treasury of Atreus*〈*그림 9-2, 3*〉로서, 이 구조물은 석재를 다듬어 원추형에 가까운 코벨 돔*Corbel Dome*형으로 지붕면을 구성하였고 구조물의 규모는 내면의 직경이 14.5m, 높이가 13.5m에 이르고 있다.

석조로 구조물을 축조할 경우에는 돔의 높이나 형태에 따라 석재의 크기나 모양을 다양하게 변화시켜야 한다는 점과 모르타르를 사용하지 않는 석구조에 수평방향의 힘이 작용할 경우 상하 돌 사이에 발생한 미끄러짐 영향으로 추력전달이 어렵다는 이유들 때문에 돌을 다듬을 때 특별한 기술이 필요하였다. 따라서 돔의 건설에 가장 많이 쓰인 재료는 석재보다는 시공성이 좋은 천연 시멘트에 의한 콘크리트나 벽돌이라 할 수 있다.

비록 돔의 발상지가 아치나 볼트처럼 고대 메소포타미아나 페르시아 인들이 살았던 오리엔탈 지역으로 볼 수 있으나 돔의 기술을 발전시켜 거대한 건축물을 축조한 것은 역시 고대 로마제국시대부터였다. 공공건물의 대공간을 새로운 3차원적 볼트전개 구법으로 둥근 지붕형태를 구축하면서 덮을 수 있는 돔 양식은, 로마건축의 혁명으로 불리면서 로마의 건축기술자들에게 대단한 흥미를 가져다주었다고 볼 수 있다. 로마시대에 축조된 돔구조의 예로는 B.C.80년에 세워진 티볼리*Tivoli*의 베스타*Vesta* 신전, A.D.64~68년 사이에 축조된 로마의 도무스 아우레아*Domus Aurea*나 Golden House, A.D.128년에 세워진 로마의 판테온*Pantheon* 신전, 비잔틴시대인 A.D.537년의 성소피아*Hagia Sophia* 성당 등이 있다.

로마네스크와 고딕시대에는 리브볼트나 목조지붕구조 형태가 건물양식의 주류가 되었기에 돔구조에 의한 건물의 건립은 좀처럼 찾기 어렵지만 르네상스와 바로크시대부터 로마나 비잔틴시대의 돔형태가 구조적으로나 예술적으로 보다 향상된 형태로 다시 출현하게 된다. 그 예로는 1434년에 완성된 피렌체의 산타마리아 델 피오레*Santa Maria del Fiore* 성당〈그림 9-15〉, 미켈란젤로가 설계하여 1593년에 완공된 성 베드로*St. Peter* 대성당의 The Great Dome〈그림 9-19〉, 크리스토퍼 렌*Christopher Wren*(1632~1723년)의 설계로 1710년에 완성한 런던의 성 바오로 대성당*St. Paul's Cathedral*의 돔〈그림 9-20〉 등을 들 수 있다. 이러한 고전적 돔의 형태는 주로 반구형의 모양이지만 시대나 지역 및 종교적 영향 등에 따라 양파형 돔*Onion Dome*〈그림 9-4〉, 코벨 돔*Corbel Dome*, 타원형 돔*Oval Dome*, Sail Dome(비잔틴 돔), 소서 돔*Saucer Dome*, Umbrella Dome 등으로 불리는 다양한 돔의 형태도 나타났다.

그림 9-4
양파형 돔의 형태

새로운 건축재료인 철과 콘크리트의 발견과 응용해석 이론의 발전으로 근대건축에서부터는 돔의 구조적 가능성이 비약적으로 발전하게 되었다. 근대의 돔구조는 사용재료와 구축방법에 따라 철골트러스구조, 철근콘크리트 아치구조, 콘크리트 셸구조 등으로 재분류되기도 한다. 이러한 양식과 더불어 곡면과 평면형식을 사용하여 돔형태를 아주 자유스러운 형으로 변화시키면서 보다 경량인 재료로 넓은 공간을 덮을 수 있는 기술적 발전도 대단한 성과를 거두고 있다. 그 영향으로 최근에는 구조 자체의 응력을 분산시킨 삼각형이나 다각형의 기하학적 돔이 건설되기도 하고, 공기압을 이용하여 지붕 돔을 하부 구조체에 지지시키는 시공법이 개발됨으로써 경제성 때문에 지금까지는 구축할 수 없었던 다양한 형태의 새로운 돔들도 만들어지게 되었다.

9-2 돔구조 원리

돔은 경선방향*Meridional Line*으로는 아치구조와 유사한 방법으로 하중을 전달하지만, 위선방향*Hoop Line*으로도 구조체가 저항력이 있는 점이 아치구조와 다른 중요한 특징이다.

그림 9-5와 같은 반구형*Semi Circular* 돔이 하중을 받을 경우 점선과 같이 a-a′선상 하부는 신장(인장)하려는 경향이 있음을 알 수 있다.

아치구조일 경우, 형태를 구성하는 경선에 따라서는 작용선 추력이 지지체 밖으로 작용하는 경우가 발생할 수도 있고, 이러한 경우에는 아치 지지벽면에 인장력이 발생할 수 있으므로 그 영향을 억제하기 위하여 부벽이나 수평 부착보가 필요할 것이다. 그러나 일체식이며 3차원 구조형태로 구성된 돔은 돔의 표면 연속성이 경선을 따라 벌어지려는 구조물의 거동을 마치 원통형의 후프처럼 위선방향으로 하나의 표면을 형성*(그림 9-6)*하면서 구조적 변형을 억제시키는 역할을 하게 된다.

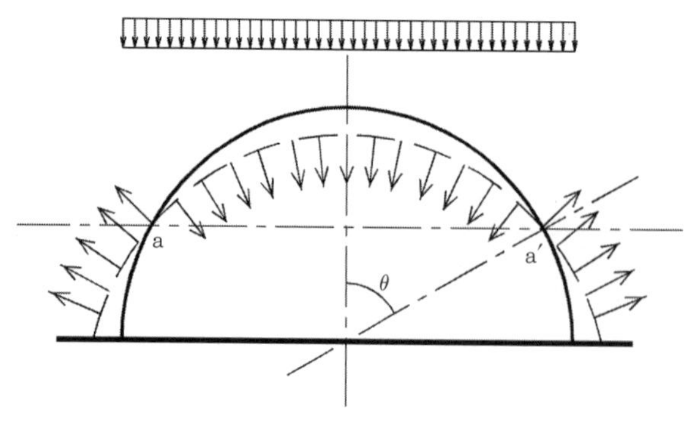

그림 9-5 반구형 돔의 구조적 거동

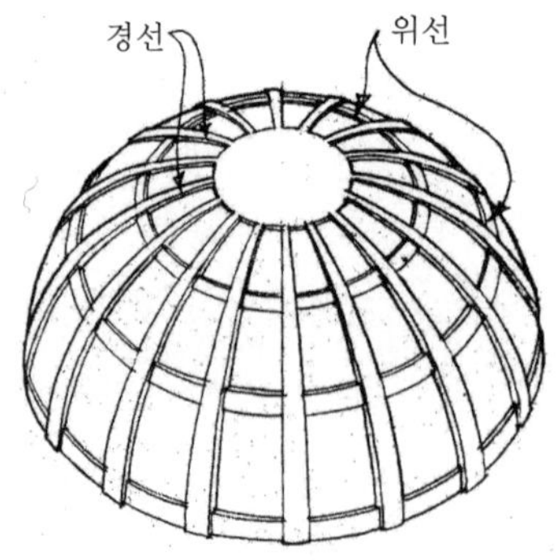

그림 9-6 돔 변형 억제 가정

아치가 1방향으로만 하중을 전달시키는 것에 비해 돔 하부 지지부 모두에 하중을 거의 균등히 전달시키면서도 변형을 억제시키는 이러한 위선방향의 저항력 때문에 아치에 비해 돔의 두께는 매우 얇게 할 수 있다. 보통 콘크리트 아치의 두께가 반경의 1/20~1/30인 데 비해 구형 돔에서는 그 두께를 반경의 1/200~1/300 정도까지 낮출 수 있다.

그렇지만 위선 역시 돔의 상부에서는 돔이 안쪽으로 압축 변형되면서 반경을 감소시키는 데 비하여, 하부에서는 외향 작용에 저항하면서 인장되어 반경을 증가시키려는 경향*(그림 9-7)*은 피할 수 없을 것이다. 따라서 위선작용을 이해하지 못하고 돔이 구조적 변형을 억제시킬 수 있다는 생각만으로 인장내력이 낮은 조적벽돌조로 돔을 형성할 경우에는 돔 하부에 수직균열이 발생할 수 있다. 고대에 축조된 많은 돔들이 돔 하부에 후프형태의 인장 링*Tension Ring*으로 보강하고 나서야 균열된 돔의 안정성을 회복하였다는 예는 많이 찾을 수 있다. 재하중의 조건에 따라 다르지만 수축과 신장도 되지 않는 위선의 각(θ)은 45~60° 정도이고, 고정하중만을 받을 때는 약 50~52° 값을 갖는다.

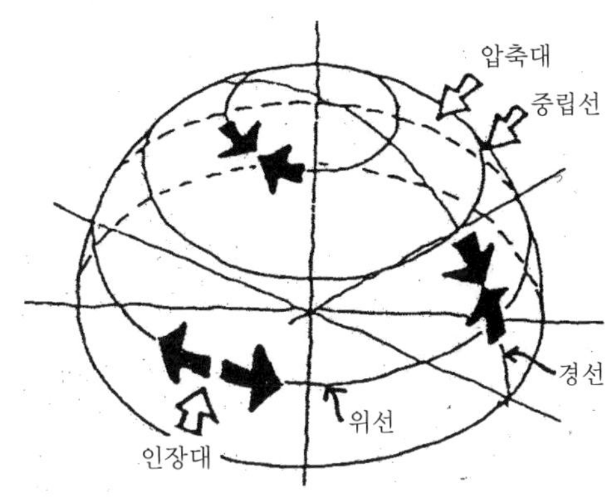

그림 9-7 응력의 전달구조

원통상 위에 돔이 안착되는 경우에는 돔으로부터 벽체로의 하중전달이 자연스럽고 순조롭게 진행되나, 건물이 원형이 아니고 장방향이나 정방형 등의 다각형 평면인 경우 그 위에 원형의 돔을 얹기 위해서는 펜덴티브*Pendentive(그림 9-8)*와 스퀸치*Squinch(그림 9-9)*라는 독특한 구조형태가 필요하게 된다. 펜덴티브는 돔 저면에 외접하는 4교차 벽면 내에 구성된 아치가 상부에 구성된 돔의 하부와 이웃한 2개의 아치를 포함하여 형성되는 삼각형 형태의 부분으로서, 돔의 힘은 펜덴티브를 거쳐 자연스럽게 아치에 전달된다.

스퀸치는 사각형의 평면을 팔각형으로 함으로써 상부 돔에서 전달된 하중이 자연스럽게 하부에 전달되도록 팔각형 부분에 형성한 작은 아치로서 이슬람 건축에서 자주 사용하였다.

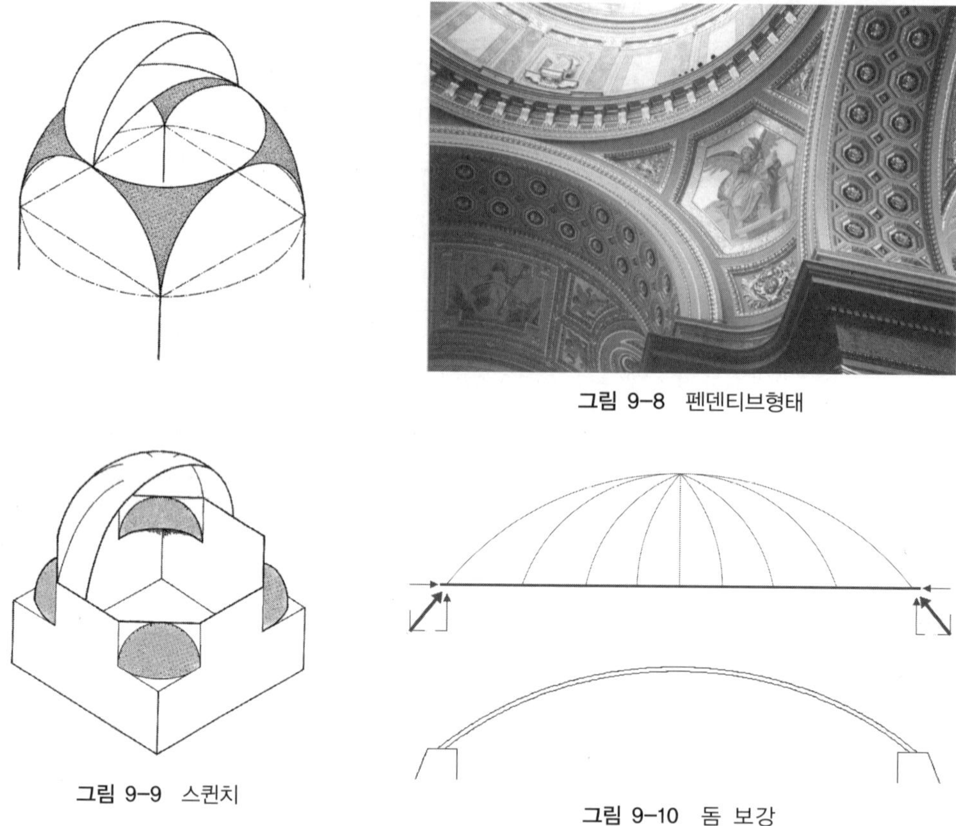

그림 9-8 펜덴티브형태

그림 9-9 스퀸치

그림 9-10 돔 보강

소서 돔과 같이 지붕이 낮은 돔은 인장력이 증대되어 구조물 붕괴를 가져올 수 있으므로 하부에 별도의 보강재인 인장 링의 설치가 필요하다*〈그림 9-10〉*. 철근은 인장력에 대한 저항응력이 탁월하므로 철근콘크리트로 돔구조를 형성할 때에는 인장대가 위치한 부분에 위선방향으로 필요로 하는 인장저항력에 지지될 수 있는 철근의 배근이 필요할 것이다.

철근은 인장에 저항할 뿐만 아니라 콘크리트도 일체화시켜 구조체의 연속성을 유지시켜주므로 콘크리트가 갖는 일체성을 향상시켜 구조체의 연속성을 유지하기 위하여 철근을 위선과 경선의 2방향 모두에 배근하는 것이 일반적이다.

철골이나 목재를 이용하여 트러스형태로 돔을 구성하는 입체구조 방법도 자주 사용되고 있으며, 돔을 구성하는 구조형식과 형태에 따라 *Radial Dome*(철이나 목재 트러스), 슈베들러 돔*Schwedler Dome*(Steel), 래티스 돔*Lattice Dome*(Steel), 지오데식 돔*Geodesic Dome*(Steel) 등으로 구분되어 불리고 있다. 철골로 형성된 돔구조 형태에 대해서는 10장의 입체구조 항에서 설명하도록 한다.

9-3 고전적 돔구조

9-3-1 판테온(The Pantheon)

서기 118~128년에 세워진 이후, 지금까지도 돔의 모습이 원형 그대로 보전되어 있는 로마의 판테온 신전<그림 9-11>은 세계 건축양식에서는 본격적인 돔구조의 시작으로 보기도 한다. 고전적 돔의 구조재료가 대부분 조적인 데 반하여 판테온 돔은 천연 시멘트인 포졸란을 이용하여 로마인이 최초로 만든 콘크리트를 이용한 일체식 구조라고 할 수 있다. 돔의 높이가 43.4m, 직경은 43m라는 장스팬의 구조물을 약 2000년 전에 콘크리트와 벽돌만을 사용하고 하중전달과정을 직관에 의존하여 건조하였다는 것은 놀라울 뿐이다.

자중을 경감하기 위한 조치로는 돔 내면의 장식을 동판으로 하거나 상층부 콘크리트 속에 빈 도자기 병을 매입시키는 방법 등을 택하여 시공하였으며, 최상부 개구부 주위의 두께는 최소 약 60cm에 불과하지만 인장력 발생을 억제하기 위하여 하부 벽은 최대 6.9m의 거대한 두께를 갖는 원뿔에 가까운 모양을 하고 있다. 돔 하부의 두께가 너무 과도한 관계로 콘크리트의 인장강도보다 후프*Hoop*의 인장응력이 상대적으로 너무 작게 나타나 자중경감을 위한 캠버*Camber*에만 미소한 균열을 나타낸 뿐 지금까지도 안정된 구조형태를 유지하고 있다.

그림 9-11 로마의 판테온 돔

돔의 상부*Crown*에는 직경 8.2m의 원형 개구부인 Eye(Oculus)를 만들어 채광창으로 이용하고, 돔 하부 벽체에는 8개의 오목한 부분을 거의 같은 규모로 뚫려 있도록 만들어 그중 하나를 출입구로 이용되도록 하였으며 지붕의 마감재는 납판이 사용되어 있다. 이 돔은 현존하는 고전적 돔구조로는 가장 오래되었고, 1300년 후에 세워진 피렌체 대성당*Florence Cathedral*의 돔이 판테온보다 스팬이 90cm 증가할 때까지는 가장 규모가 컸으며, 기술 및 조형적으로도 로마시대 건축기법의 최고라고 할 수 있다. 따라서 판테온은 매우 오랫동안 유럽과 중동의 교회, 사원건축 등에 커다란 영향을 준 돔 양식의 규범이 된 건축물이라고 할 수 있다.

9-3-2 성 소피아(Hagia Sophia)

동로마제국의 수도였던 지금의 터키 이스탄불(콘스탄티노플)에 있는 성 소피아 사원*(그림 9-12, 13)*은 비잔틴 사원 중에서 가장 유명한 건물로서, 로마 황제 유스테니아누스의 명에 의해 안테미우스가 5년 10개월 4일 만에 완공한(537년 12월 27일) 기독교 성당이다.

그러나 이스탄불이 오스만 터키에 의해 점령당한 15세기 후부터는 회교사원으로 이용되다가 1935년부터 박물관으로 개조되면서 아야소피아(Ayasofya) 박물관으로 불리고 있다. 이 건물은 비잔틴 건축의 규범으로서 유럽과 아시아의 건축양식에 그 영향을 주었을 뿐 아니라 회교사원으로 사용된 후로는 이슬람의 모스크 건축양식에도 지대한 영향을 주게 되었다.

건물의 상부 돔은 벽돌조이나 하부는 석조구조가 상부하중을 지지하고 있으며, 돔 평면은 동서방향이 직경(내경) 32.7m, 남북방향은 32.2m인 형태이고 지붕면은 로마시대부터 전통적으로 사용된 납판으로 마감되어 있다.

그림 9-12 성 소피아 사원 전경

그림 9-13 성 소피아 사원 돔 내부

그림 9-14 성 소피아 사원 내·외부

돔의 무게는 돔에 외접하는 정방형의 각 변에 설치된 반원아치를 통하여 바닥에서부터 올라온 4개의 기둥(지주)에 전달되며, 상부 돔과 4개의 아치 사이에는 펜덴티브*Pendentive*를 구성하여 돔으로부터 아치와 지주에 자연스럽게 힘이 전달되도록 구성되어 있다*〈그림 9-14〉*. 펜덴티브를 이용해 2중으로 돔을 연결시킬 경우, 구조양식의 변화로 단일 돔보다는 천장고가 높아질 수 있는 특징이 있다. 이러한 구조시스템의 이용으로 실제 이 건물은 최고높이가 52m나 된다. 4개의 주된 기둥*Pillar*과 4개의 보조기둥만으로 구조체의 거의 모든 하중을 부담해야 하므로 돔의 붕괴에 대항하기 위하여 기둥은 석재 중에서도 무겁고 깅한 화강암이 주로 사용되었다. 또한 볼트와 반돔, 주돔 등은 가능한 한 자중을 감소시키면서 기둥과 기둥 주위로 연속적인 추력이 자연스럽게 전달되게 하기 위하여 약 45cm 정방형에 두께가 5cm인 비잔틴 벽돌들 사이에는 석회 모르타르로 접합하여 가능한 일체식 구조가 되도록 하였으며, 부착될 때까지는 목재비계를 사용하였다고 한다.

콘크리트로 돔을 만드는 시공법이 잊혀진 후, 아치와 같은 적층 돔 공법으로 돔 하부의 벌어지려는 구조적 거동을 4개의 지지아치가 저항하도록 한 구조흐름에 대해 현대의 수학적 방식이 아니라 직감으로 감지하였다는 것은 놀라울 뿐이다.

이 건물은 준공 21년 후부터 발생한 여러 차례의 지진으로 동쪽 아치와 주돔 일부가 붕괴되었는데, 그 원인으로는 수평아치를 지지한 돔의 부벽이 내력상 충분치 못한 것으로 규명되었다. 구조적 변형발생 때문에 여러 차례의 보수가 이루어졌지만, 1847년 스위스 건축가인 가스페어와 기우제페 포자티*Gaspare and Giuseppe Fossati*의 감독하에 돔 하부를 체인으로 돌리고 돔의 추력을 감소시키는 보수 보강방법을 시행한 이후부터 구조적으로 안정된 모습을 되찾을 수 있었다고 한다.

9-3-3 산타마리아 델 피오레(Santa Maria del Fiore)

피렌체 대성당*Santa Maria de Fiore〈그림 9-15〉*은 이탈리아의 위대한 건축가였던 필리포 브루넬레스키*Filippo Brunelleschi*(1377~1446년)가 6년간의 작업으로 1434년에 완성시킨 르네상스 건축 중에서 최고로 빛나는 돔 건축물이다.

그림 9-15 산타마리아 델 피오레

고대 로마의 판테온 돔의 가구기술을 채용한 이 건물은 고딕 건축의 수직 상승성을 배제하고 전체 구조물들 간에 조화를 이루면서 장중한 공간을 살린 구조물로서, 르네상스 건축은 여기부터 출발하였다고도 할 수 있다.

플로렌스 지방자치회에서 돔 축조를 결정할 때 두 가지 기본제안을 채택하였다. 첫째는 돔을 지지할 드럼은 이미 8각형으로 구성되어 있었으므로 8각형의 기존 드럼을 그대로 이용하면서 각 면은 반돔으로 둘러싸이도록 할 것과, 둘째는 스팬의 4/5에 해당하는 반경으로 첨두원형 아치를 구성하는 Quinto Acuto*〈그림 9-16〉*로 돔을 구성할 것이었다.

이러한 제안을 만족시킨 이 돔은 벽체하중을 경감시키기 위하여 이중 조적벽으로 되어 있으며, 돔 내부는 두터운 8개의 경선방향 아치리브가 Quinto Acuto 모양으로

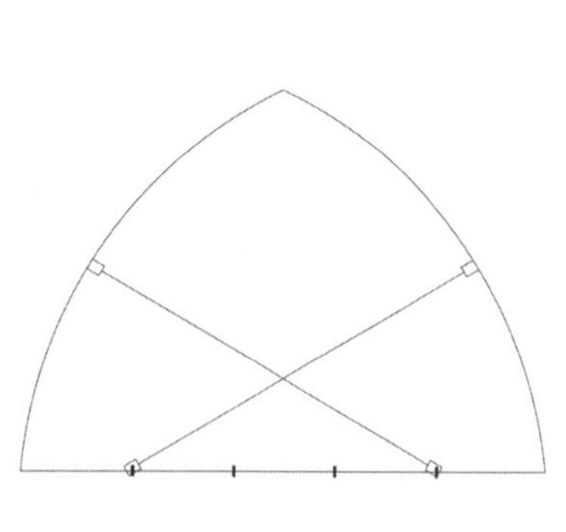

그림 9-16 Quinto Acuto

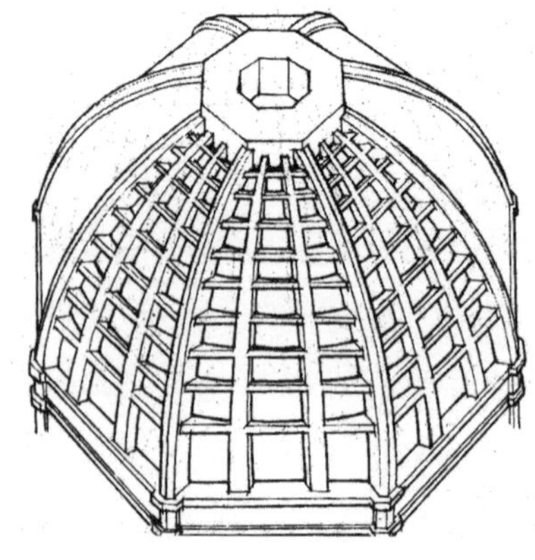

그림 9-17 피렌체대성당 돔, 9개의 Hoop line Rib

구성되었고, 각 면에 있는 리브 사이에는 2개의 보다 작은 리브(총 16개)의 골조가 형성되어 있다.

8각형 귀퉁이에 있는 경선방향 리브의 두께(춤)는 4.2m(드럼 두께도 동일함)이며 중간에 있는 작은 리브는 2.4m로서 상부로 올라갈수록 폭은 균등하나 춤은 감소하면서 내부 돔을 외부 돔에 연결시켜주고 있다. 내부 돔의 두께는 하부에서는 2.1m, 상부는 1.5m이며, 외부 돔은 하부에서는 0.75m, 상부에서는 0.375m 두께 정도로, 귀퉁이의 8개 경선리브가 돌출된 형태를 갖도록 건물 외관이 디자인되었으므로 그 사이에 있는 작은 리브의 상부면에 지붕 외피가 시공되도록 되어 있다. 이중 돔이므로 상부(외부) 돔은 내부 돔을 외기로부터 보호하는 기능도 갖고 있다고 할 수 있다.

돔의 하부가 인장력에 의해 벌어지려는 것을 방지하기 위하여 9개의 8각형 모양의 위선 리브에 철 사슬을 묻은 사암으로 배치하였으며, 조적방법의 개선으로 하부로부터 비계나 중앙 가설대 없이 돔을 시공하였다고 한다.

이 돔의 평균 직경은 약 44m 정도로 로마의 판테온과 거의 같은 규모라고 볼 수 있으나 로마의 판테온보다 약 90cm 더 큰 관계로 그 당시에는 돔 규모 면에서는 세계 최고라고 할 수 있다. 돔이라는 형태를 단순한 면구조로 보지 않고 리브를 위선과 경선방향으로 설치하여 격자보와 같은 라멘체로 치환한 구조체의 구상은 힘의 흐름을 직관보다는 수치적으로 정리할 수 있는 가능성을 나타낸 작품으로 구조의 역사에서는 대단히 중요한 건물이라 할 수 있다.

9-3-4 성 베드로 대성당(St. Peter's Basilica)

로마 바티칸에 있는 성 베드로 대성당*St. Peter's Basilica*〈그림 9-18〉은 높이 44.3m, 내부 지름은 41.4m인 반구형으로 형성된 돔〈그림 9-19〉을 갖고 있다. 1506년에 브라만테*Bramante*가 초기계획을 하였으나 1516년에 그가 죽은 후 미켈란젤로*Michelangelo*가 재설계를 하여 델라 포르타*Della Porta*와 폰타나*Fontana*가 1593년에 완성시킨 르네상스시대의 대표적인 돔구조물이다.

이 돔은 규모나 구성에서 피렌체의 돔을 본보기로 하였으나, 드럼*Drum*이 8각이 아닌 원형인 이점에 따라 내측 돔의 두께를 줄이고 위선을 따른 리브를 생략하는 등의 조치로 피렌체의 돔보다는 구조가 보다 간결하다고 할 수 있다. 그러나 건조 후 100년이 지날 무렵부터 돔 면에 균열이 급격하게 증가되어 붕괴의 염려가 고조되었다.

그림 9-18 성 베드로 광장*St. Peter's Plaza*

그림 9-19 성 베드로 성당

피렌체와 유사한 구조형태이나 돔의 하부에서는 경선방향의 아치에서 전달되는 추력을 억제할 수 있는 위선방향 리브가 없으므로 돔이 면 외로 벗어나려는 인장응력을 경선방향 아치가 모두 부담하여 저항해야 한다는 불리한 구조형태가 그 원인이었다. 결국 1743년 교황 베네딕트 14세는 로마의 수학자에게 보강방법에 대한 조사를 의뢰하였고, 붕괴를 막는 데는 돔의 드럼*Drum*에 링 방향으로 약 1,100톤 이상의 하중이 필요하다는 결론을 얻게 된다. 그 후 시행된 2년간의 보수공사 때문에 돔은 더 이상의 붕괴를 면하게 되었다.

이 사건은 건물의 역학적 성질에 대하여 지금까지 이용되었던 경험이나 직관에서 벗어나 과학적이고 객관적인 수법으로 이해하려는 최초의 시도였다는 점에서 중요성을 갖고 있다.

성 베드로 대성당의 대 돔과 유사한 구조형식으로는 1710년에 완공된 크리스토퍼 렌*Christopher Wren* 작품인 영국의 세인트폴 대성당*St. Paul's Cathedral Dome*〈*그림 9-20*〉을 들 수 있다.

그림 9-20 세인트폴 대성당 돔 내부

9-4 셸구조

기둥과 보는 단면에 비해 그 길이가 긴 것이 보통이므로 선형 부재 또는 1차원 부재라 하고 슬래브와 같은 평판은 변 길이에 비해 그 두께가 매우 얇아 면형 부재 또는 2차원 부재*Two-Dimension Member*라 한다. 이 2차원 부재가 임의의 곡률*Curvature*을 갖는 만곡형태로 구성되는 곡면판을 그 형상과 거동이 조개껍질*Shell*과 유사하다고 하여 셸구조*Shell Structure* 또는 곡면판구조라고 부른다. 넓은 의미에서는 돔 형상을 갖는 구조체도 셸구조의 일종이라고 할 수 있다.

손에 종이 한 장을 쥐고 있으면 자기 무게도 지탱하지 못하고 힘없이 휘게 되나, 종이를 접거나 약간 위로 향하게 하여 곡률을 갖도록 하면 그 종이는 자중뿐만 아니라 어느 정도의 추가 하중까지도 지지할 수 있음을 경험상으로 쉽게 알 수 있다. 재료의 증가가 없는 상태에서 이러한 지지능력의 상승은 종이에 적절한 형태를 갖도록 곡률을 주었기에 가능할 것이다. 단면에 비해 매우 얇은 두께를 갖는 셸구조의 역학적 거동도 종이와 같은 성질을 나타낼 것으로 쉽게 유추할 수 있으므로, 곡률이 갖는 형태에 따라 응력변화를 나타내는 셸구조를 형태저항구조라고도 부른다.

셸구조물에 외력이 작용하면 축방향력과 휨모멘트, 전단력 및 비틀림모멘트가 생기지만, 휨모멘트 값은 미소하여 구조물의 단면을 결정하는 데 큰 영향을 비치시 않으므로 무시하고, 면 요소 변형을 축방향력이나 면내 전단력만을 고려하는 막이론*Membrane Theory*에 근거하여 구조해석하는 것이 일반적인 방법이다.

즉, 셸구조가 갖는 곡면형의 선택과 지지방법이 적절할 경우에는 면에 분포된 하중을 면 요소 내의 인장, 압축, 전단만으로 지탱하면서 변형에 저항하려는 곡률을 갖고 있는 역학적 특성 때문에 셸구조가 큰 공간을 덮는 지붕이나 내압을 받는 용기들을 가볍고 강하게 만들어낼 수 있는 아주 이상적인 구조양식 중 하나가 되는 것이다.

그러나 막구조에서는 두께가 너무 얇아 휨응력에 충분한 응력중심거리를 얻을 수 없으므로 구조상 불리한 휨모멘트 작용은 받지 않는다고 일반적으로 가정할 수는 있지만 셸구조는 재료가 갖는 특성상 어느 정도의 두께를 가지고 있으므로 막응력의 평형으로만 생각할 수 없는 경우도 있다. 특히, 곡면 불연속성과 지지조건의 불규칙성을 가진 셸구조일 때에는 응력교란에 따라 미소할망정 휨모멘트가 발생할 수도 있으므로 이 경우에 대한 적절한 대책수립도 구조해석에서 고려할 사항이다.

20세기 이후, 곡면형태가 셸의 구조적 성격에 미친 영향이 명확히 밝혀짐에 따라 다양한 형의 셸구조를 그 형태에 따라 구형 셸, 원통형 셸, E.P셸, H.P셸, 기타 셸 등으로 구분되어 불리면서 지붕을 덮는 구조양식으로 자리 잡게 된다.

9-5 셸구조의 종류

셸구조의 종류는 구조가 갖는 형상이나 사용재료의 성질에 따라 다양한 방법으로 분류할 수 있다. 구조체의 형태가 원통과 같이 어느 한 방향으로만 휘어져 있는 셸과 돔이나 안장 모양 같이 2방향 모두가 휘어져 있는 셸로 구분하거나 곡면판 자체를 전개 가능 곡면과 전개 불가능 곡면 등으로 구분한 경우, 또는 기하학적 형태인 회전면 *Rotation Surface*과 추동면*Translation Surface*으로 구분하는 경우 등은 셸구조의 형상에 따른 분류라고 할 수 있다. 그러나 셸이 갖는 탄성적 성질로부터 등방성*Isotropic*, 이방성*Anisotropic*, 균질*Homogeneous*, 불균형*Nonhomogeneous* 셸구조로 그 형태를 구분하거나 철근콘크리트 셸과 강재계 셸(철골 셸이라고도 함)로 구분하는 경우는 재료의 성질에 따라 셸구조를 분류한 경우일 것이다. 또 다른 방법으로는 셸구조의 형상을 셸구조체가 갖는 곡률을 이용하여 분류할 수 있다.

곡률이란 곡면 기울기의 단위길이에 대한 변화를 나타내므로 휘어져 있는 곡면판인 셸구조는 어떠한 위치에서도 적절한 곡률을 갖는 구조체라고도 할 수 있다. 곡면판 중 임의의 위치에서의 최대 및 최소의 곡률을 구하고, 그 값들을 곱으로 표현한 것이 수학적으로 가우스곡률*Gaussian Curvature*이라고 하며, 이 값을 곡면의 형태를 수치화할 수 있는 지표로 활용되기도 한다. 셸 및 공간구조에 관한 국제학술회의인 IASS(International Association for Shell and Spatial Structures)기구에서는 가우스곡률(K)에 따라 셸구조를 다음과 같이 분류하고 있다.

IASS에 의한 셸구조의 분류

① $K>0$을 갖는 곡면(Surface of Positive Gaussian curvature)

② $K=0$을 갖는 곡면(Surface of Zero Gaussian curvature)

③ $K<0$을 갖는 곡면(Surface of Negative Gaussian curvature)

④ $K>0$, $K<0$을 갖는 곡면(Surface of Alternate Gaussian curvature)

IASS기구에서 분류한 ④항은 최대 및 최소곡률이 교대로 반복되는 절판이나 파형구조와 같은 구조형태를 의미한다. 구조체에 작용된 여러 형태의 하중분포의 영향으로 나타나는 면내방향의 막응력저항을 셸구조에서는 일반적으로 막이론*Menbrane Theory*을 이용하여 해석하지만, 절판이나 파형구조는 주로 보의 휨이론을 이용한 수치해석으로 구조안정성을 확보한다는 역학적 특성과 형태상 연속된 곡면판이 아닌 점 등을 고려한다면, 셸구조와는 별도의 구조양식으로 분류할 수도 있을 것 같다.

곡면판인 셸구조형태는 방향에 따라 그 곡률값이 일정한 것이 일반적이다. 그러나 셸의 형태를 기하학적인 형상에 따르지 않으면서 위치변화에 따라 곡률을 변화시킨다면 다곡면(다방면)을 갖는 셸구조를 구축할 수 있으며, 이러한 형태는 자유곡면*Free Surface* 셸의 일종이라고 할 수 있다.

따라서 본 장에서는 가우스곡률인 K값의 변화와 자유곡면형태 등을 고려하여 셸구조를 다음과 같이 분류하고, 각 경우에 대한 특성과 구조형태를 간략히 설명하도록 한다.

셸구조의 일반적 분류

① K=0인 단곡면 셸

② K>0인 복곡면 셸

③ K<0인 복곡면 셸

④ 자유곡면 셸

9-5-1 K=0인 단곡면 셸

원통면의 일부인 터널 모양이나 원추형과 같은 메가폰*Megaphone* 같이, 어느 한 방향으로만 휘어져 있고 휘어진 방향과 직각인 방향은 직선적으로 구성되어 있는 단곡면의 형태를 갖는 구조형태로써, 그 종류는 형상에 따라 다음과 같이 세분할 수 있다.

- 원통형 셸 : 장원통형 셸, 단원통형 셸
- 볼트형 셸 : 크로스볼트 셸, 클로이스터 볼트 셸
- 원추형 셸 : 원추 셸, 탑상원추형 셸

1) 원통형 셸(Cylindrical Barrel Shell)

원통형 셸은 단곡면 셸의 대표적인 셸로, 그림 9-21과 같이 반원이나 타원형 등을 양박공벽 사이에 직선적으로 이동시켜 얻어진 원통형의 곡면이며 기둥이나 벽체로 원통 셸구조체를 지지하는 방식을 기본으로 하고 있다.

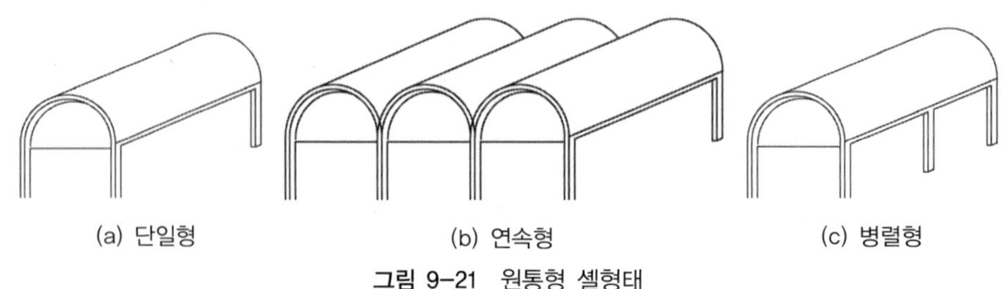

그림 9-21 원통형 셸형태

단일곡률을 갖는 원통형 셸의 하중흐름을 단순화하면 그림 9-22와 같이 아치작용, 면내의 판작용, 면 외의 슬래브작용으로 구분할 수 있다.

원통형 셸은 셸이 갖는 길이에 따라 장원통형 셸과 단원통형 셸로 세분할 수 있으며, 작용하는 외력에 저항하는 구조적 거동의 차이로 각각의 구조해석법이 달라진다.

장원통형 셸*Long Barrel Shell*은 셸의 반지름 R이 셸 길이 L의 0.6 이하인 $R<0.6L$인 경우이고, 단원통형 셸*Short Barrel Shell*은 $R>0.6L$ 경우로 가정한다. 따라서 장원통 셸은 셸 전체가 호 형태의 단면을 갖는 보*Beam*로 가정한 '수정된 보이론'으로 내력 산정이 가능하다. 단원통형 셸은 휨모멘트나 비틀림모멘트 등을 무시할 수 없는 수학적인 복잡성은 있으나 일반적인 경우에는 아치이론만으로 내력을 산정하기도 한다.

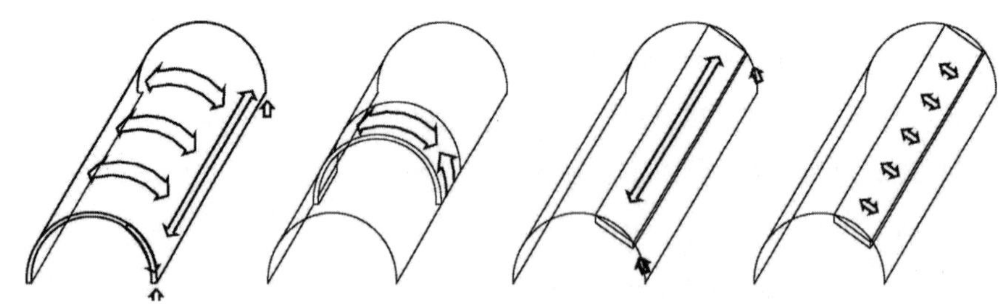

그림 9-22 원통형 셸의 힘의 흐름(아치작용, 플레이트작용, 슬래브작용)

2) 볼트형(Vault Type) 셸

원통형 셸의 변형된 형태로 높이가 같은 원통형 곡면판을 2개 이상 서로 교차시킬 경우, 교차된 부분에서 형성되는 지붕면을 곡면판으로 구축한 구조를 볼트형 셸이라고 부른다.

비록 사용재료는 다르지만 고전적 볼트구조에서 나타나는 돔의 형상과 유사하다고 할 수 있으며, 단곡면을 갖는 복수의 곡면판으로 구성되어 있으므로 가구 전체의 입체적 강성은 상대적으로 높다고 할 수 있다. 따라서 비교적 기둥 사이 간격이 넓은 대공간 구축에도 유용하게 이용할 수 있다.

볼트형 셸은 그 형태에 따라 그림 9-23과 같은 교차볼트*Cross Vault* 셸과 그림 9-24와 같은 클로이스터 볼트*Cloister Vault* 셸(각형돔셸)로 세분할 수 있다.

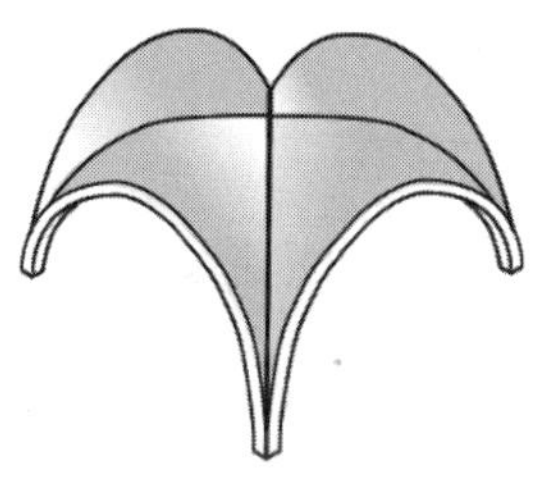

그림 9-23 교차볼트 셸

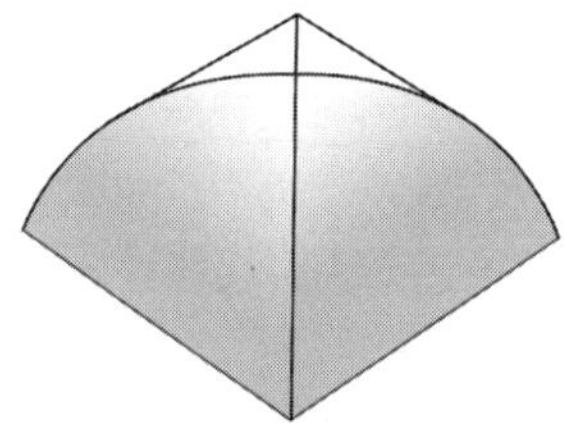

그림 9-24 클로이스터 볼트 셸

교차볼트 셸은 정삼각형이나 정방형 평면 등에서 개방적 공간을 얻기에 매우 효율적이며, 클로이스터 볼트 셸은 각형 돔 셸이라고도 불리면서 정방형이나 다각형 평면의 폐쇄적 공간 구축에 적합한 구조기능을 갖고 있다.

지붕을 형성하는 셸의 형태에 따라 그 모양이 원추형이나 구형 셸과도 유사하므로 단순히 단곡면 셸만으로 구분하기에는 무리일 수도 있으나, 이들의 셸형태는 볼트구조의 연장선에서 구축된다는 점과 구조형태상 지붕의 곡면판에 리브를 부착하여 단곡면화 할 수 있다는 점 등을 고려한다면 K=0인 경우로 분류하더라도 큰 무리는 없을 것 같다. 구조적으로는 원추형과 구형 셸의 중간적 특징을 갖는다.

3) 원추형 셸(Conical Shell)

원통의 전부나 일부를 갖는 평면이 직각방향으로는 원추면으로 확장한 형태의 곡면판을 원추형 셸이라고 한다.

원추면을 수평방향으로 확장하여 얻어지는 그림 9-25와 같은 원추형 셸*Conical Shell*은 캔틸레버형태의 차양을 만들거나 사다리꼴 평면의 지붕을 덮을 때 유용한 구조형태이며 원통을 수직방향으로 원추형태로 확장한 그림 9-26과 같은 탑상원추형 셸*Cylindrical Conical Shell*은 굴뚝과 같은 탑상구조물에서 그 예를 쉽게 찾을 수 있다.

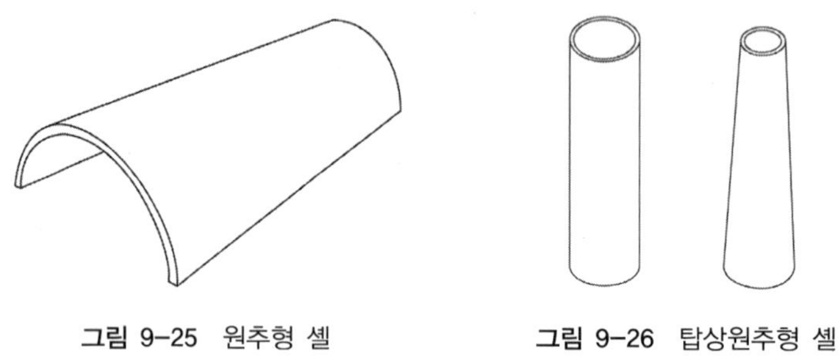

그림 9-25 원추형 셸 **그림 9-26 탑상원추형 셸**

9-5-2 K>0인 복곡면 셸

구형 모양의 얇은 곡면판이 주로 윗부분으로 불룩하게 솟아 있는 형태로서, 돔*Dome*형 셸이라고도 한다. 어느 축을 중심으로 회전시켜 얻어지는 곡면을 회전 셸, 하나의 평면곡선을 주로 그 면과 직각되는 방향으로 평형 이동시켜 얻어지는 변화된 곡면을 추동 셸이라 한다.

가우스 곡률이 K>0인 경우를 회전과 추동면의 구축방법에 따라 모두 나타낼 수 있으므로 구조형태를 형상에 따라 회전과 추동 셸로 분류할 수 있으며, 각 경우를 다시 세분하면 다음과 같이 정리된다.

- 회전(면) 셸 : 구형 셸, 원환 셸
- 추동(면) 셸 : 타원포물선형 셸

1) 구형 셸(Spherical Shell)

대표적인 회전 셸로, 그림 9-27과 같이 임의의 곡면이 *R*값의 회전에 의해 구조체의 형상이 구성되는 경우를 구형 셸이라고 한다.

구형 셸은 그림 9-28과 같이 하부에서는 벌어지려는 인장응력이 작용하므로 이 부분에서는 인장응력에 저항할 수 있는 인장 링*Tension Ring*을 설치할 필요가 있다. 셸이 평평할수록 보다 강한 인장 링이 요구되며, 막응력의 평형이 성립되기 위해서는 셸 주변에 원주방향으로는 움직이지 않고 반지름방향으로 이동이 자유로운 롤러를 설치하여 셸을 수직으로 지지시키는 경우도 발생한다. 또한 셸을 지지하는 구조형식에 따라 셸 주변 하부에서 휨모멘트가 발생할 수 있으므로, 셸 자오선의 하부 형상을 변화시키든지 셸의 두께를 변단면화하여 하중이 자연스럽게 지지부에 전달되게 함으로써 셸 주변의 불연속성을 경감시키는 조치도 고려할 필요가 있다.

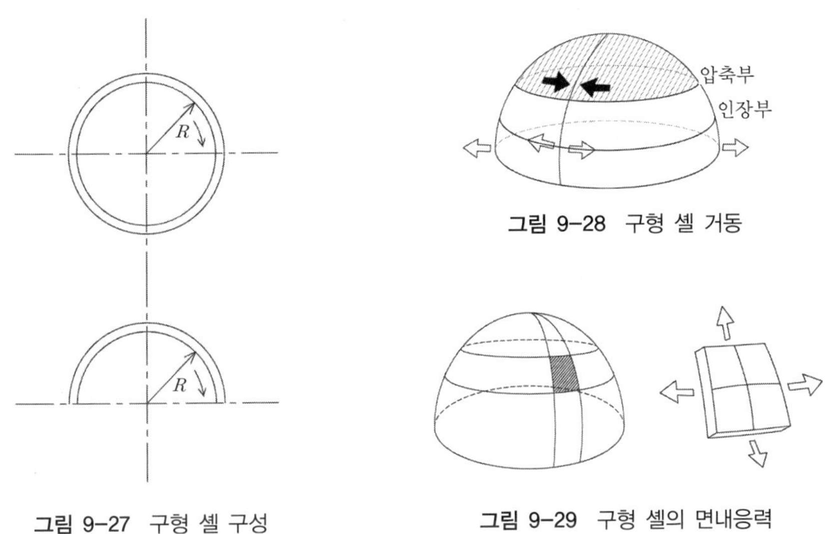

그림 9-28 구형 셸 거동

그림 9-27 구형 셸 구성

그림 9-29 구형 셸의 면내응력

대칭하중이 작용하는 그림 9-29와 같은 회선 셸의 면내응력은 셸 요소 중 경선방향과 위선*Hop Line*, Ring방향 응력만으로 평형을 이루므로 셸 단면에는 전단력이 발생하지 않는다. 따라서 인장과 압축에 저항할 수 있는 단면과 철근량만이 구조설계의 주요대상이 될 것이다.

라이즈*Rise*가 높은 돔이 고정하중만을 받는다면 경선방향 응력 중에서 인장과 압축이 없는 위치는 9-2절에서 설명한 바와 같이 축에서 약 52° 각도를 갖는 것으로 알려지고 있다. 단순한 구형 셸은 일종의 돔구조이므로 구조적 거동은 돔의 경우와 같다고 할 수 있다.

2) 원환 셸(Torus Shell)

원통형 셸이 그림 9-30과 같이 길이방향으로 휘어져 만곡된 터널 모양을 나타내는 구조형태로, 휘어진 방향이 원호와 유사하여 원환 셸이라 불린다. 휘어진 형태만으로는 장원통형 셸과 비슷하게 보이나 구조적 특징은 타원포물선형 셸에 가깝다.

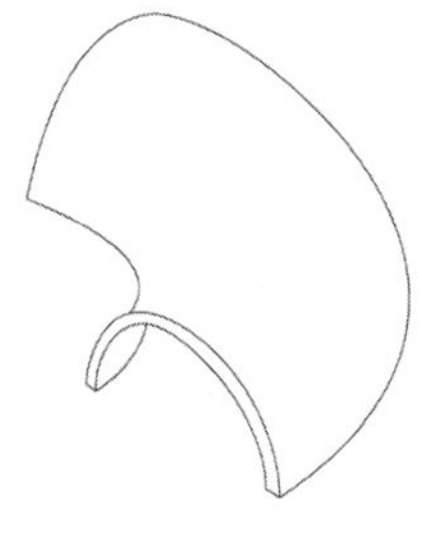

그림 9-30 원환 셸

3) 타원포물선형 셸(E.P Shell : Elliptic Paraboloid Shell)

곡면판을 기준이 되는 모선과 형태를 나타내는 도선으로 나타낼 경우, 모선과 도선이 그림 9-31과 같이 모두 윗부분으로 불룩한 포물선 형태를 나타낼 때 이 형태를 타원포물선형 셸이라고 부른다.

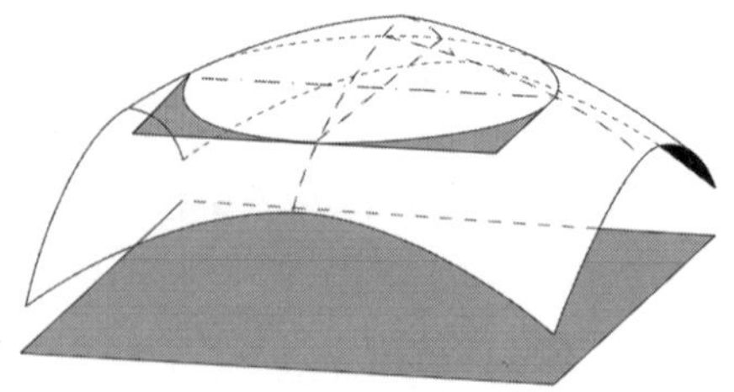

그림 9-31 타원포물선형 셸

9-5-3 K<0인 복곡면 셸

말의 안장*Saddle*이나 타악기인 북*An Hourglass-Shaped Drum*과 같은 모양으로 형성된 곡면판구조로써 K>0인 경우와 유사하게 회전과 추동면을 따라 그 형상을 구축할 수 있으며, 각 경우를 세분하면 다음과 같다.

- 회전(면) 셸 : 일엽쌍곡선면 셸
- 추동(면) 셸 : 안장형 셸, 코노이드 셸, 쌍곡포물선 셸

1) 일엽쌍곡선면(Hyperboloid of One Sheet) 셸

모래시계 모양의 고전적 북(장구)과 유사한 셸로, 쌍곡선을 그림 9-32와 같이 동일평면 내 1개의 축 주위에 회전시켜서 얻어지는 일엽쌍곡선면을 이용한 형태의 구조이다. 주로 쿨링타워*Cooling Tower* 등과 같은 탑상구조물에서 자주 이용된다.

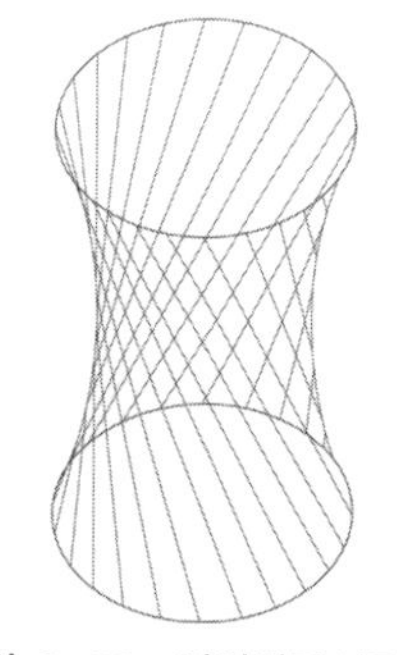

그림 9-32 일엽쌍곡선면 셸

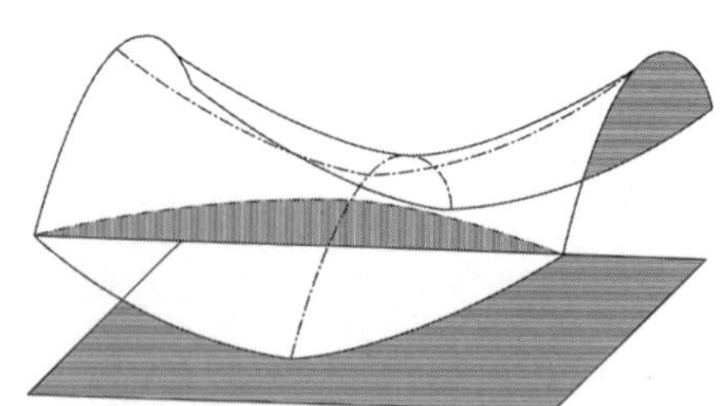

그림 9-33 안장형 셸

2) 안장형 셸(Saddle Shell)

곡면구축에 기준이 되는 모선과 도선(혹은 2개의 도선)의 곡률이 서로 반대방향으로 향하고 있다면 그림 9-33과 같은 형태를 얻을 수 있으며, 그 모양이 말의 안장과

유사하여 안장형 셸이라고 부른다.

3) 코노이드 셸(Conoid Shell)

1개는 직선이고 다른 1개는 원호, 타원, 포물선형태 등을 갖는 2개의 도선들이 구축한 구조형태이다. 건축에서의 코노이드 셸은 주로 직선인 모선을 적절하게 평형 이동시켜서 나타난 그림 9-34와 같은 추동곡면형태의 구조형태가 일반적이다. 형태상 사각(구형)평면을 덮는 지붕판에 적합한 곡면으로 북쪽 채광을 위한 지붕에서 그 형태를 자주 이용한다.

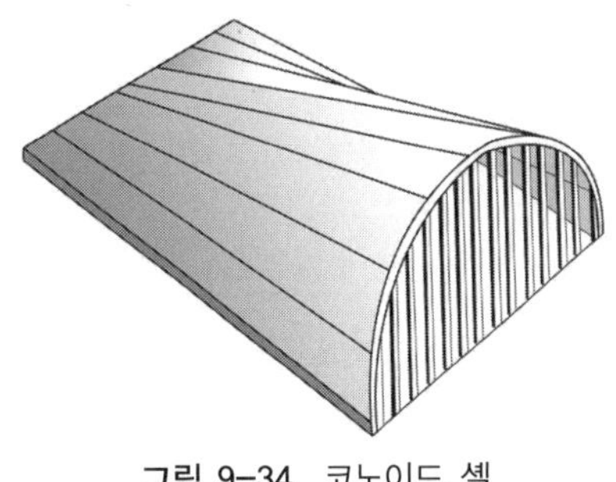

그림 9-34 코노이드 셸

4) 쌍곡포물선 셸(H.P Shell : Hyperbolic Paraboloidal Shell)

연직면 내에서 모선과 도선의 곡률방향이 서로 반대일 때 형성되는 안장형 같은 포물선이 그 위치에 따라 값들이 변화하면서 곡면판을 나타낼 때, 즉 포물선 형태인 도선을 따라 모선을 추동시켜서 구축되는 구조형태를 쌍곡포물선 셸이라고 부른다. 따라서 안장형 셸도 넓은 의미에서는 쌍곡포물선 셸이라고 할 수 있다.

특히 제2차 세계대전 이후, 설계가 비교적 쉽고 직선재 거푸집을 써서 곡면을 구성할 수 있다는 점 때문에 추동 셸의 일종인 H.P셸은 다양한 형태의 모습으로 발전되었다. H.P셸의 역학적 특성은 면내의 전단력에 따라 면에 분포하는 하중을 주변의 지지체로 쉽게 전달시킬 수 있다는 것이다. 면 내에는 면 내 전단력에 의한 경사방향의 인장력과 압축력이 발생하므로 철근콘크리트구조에서는 균열원인이 되는 인장력에 적절히 저항할 수 있는 별도의 보강조치가 필요할 것이다. 셸의 주변은 보통 강한 부재로 보강하는데, 이것은 셸 단면에 큰 모멘트가 생기지 않도록 하고 셸 면의 전단력을 안전하게 지지점에 전달시키기 위함이다.

그림 9-35 Tromso Public Library, 2005년

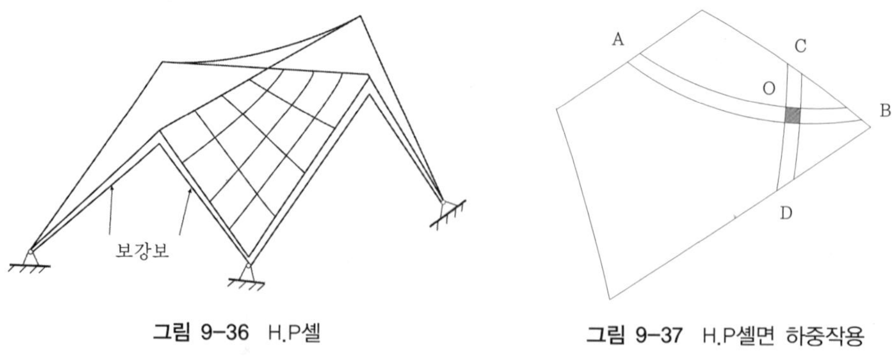

그림 9-36 H.P셸

그림 9-37 H.P셸면 하중작용

H.P셸이 구조적으로 유리한 이유를 간단히 설명하면 다음과 같다.

그림 9-36과 같은 H.P셸의 1/4 패널을 원통형 셸처럼 하나의 띠*Strip*로 생각하면, 그림 9-37과 같이 곡면의 성격 때문에 O점을 중심으로 연직하중은 2개의 방향으로 나뉘어져 각 단부의 보강보*Edge Beam*에 전달될 것이다. O점에서 $\overline{CD}$를 따라 전달되는 힘이 아치작용 때문에 압축력을 유발시킨다고 가정한다면, $\overline{AB}$에서는 역아치*Inversed Arch* 작용으로 인장력이 발생한다고 볼 수 있다. 이러한 인장과 압축력에 의한 부재력은 지지단부의 임의 점에 모이게 되면 서로 그 힘들은 상쇄되어 없어지므로 단부에는 전단력만 남게 될 것이다. 이와 같은 전단력은 보강보를 통하여 기둥이나 땅 같은 지지점에 전달될 것이다.

보강보에 휨으로 인한 변형이 발생할 수 있으므로 그 부분에서는 미리 캠버*Camber*를 두거나 프리스트레스시키는 것이 적절한 구조계획이다.

9-5-4 자유곡면형인 다곡면 셸

원호나 타원 또는 포물선 등을 회전과 추동의 반복으로 형성시키는 곡면보다는 일반적인 기하학적 형상에 따르지 않으면서 다양한 곡률변화를 갖는 곡면을 이용하여 구축한 구조물을 자유곡면형*Free Shell* 셸이라고 한다. 자유스런 곡면을 형상화하기 위한 실험방법의 차이를 기준으로 자유곡면형 셸을 “매달린 곡면을 역으로 한 셸”과 “버블 셸”로 구분할 수 있다.

1) 매달린 곡면을 역으로 한 셸(Free Form Shell From Hanging Membranes)

유동성이 있는 막 재료의 귀퉁이를 잡아서 위로 올릴 경우, 장력에 의해 매달리는 막 재료는 아래로 향하는 그림 9-38, 39와 같은 곡면이 되면서 이때는 모두가 인장력을 받게 된다. 이러한 곡면의 상하를 역으로 할 경우 이론상으로는 사용재료가 압축력을 받는 그림 9-40과 같은 셸이 된다. 이러한 원리를 이용한 이 곡면형태를 압축지지력이 큰 철근콘크리트로 구축한다면 매우 높은 유용성을 얻을 수 있으며, 형태상으로 얼마든지 자유스런 평면이라도 그 상부를 덮는 데는 큰 무리가 없는 구조형식이 될 수 있다.

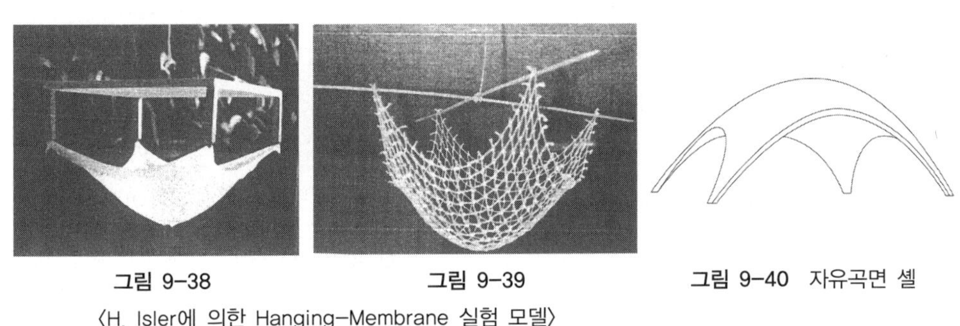

그림 9-38　　그림 9-39　　그림 9-40 자유곡면 셸

〈H. Isler에 의한 Hanging-Membrane 실험 모델〉

2) 버블 셸(Bubble Shell)

임의 형태를 갖는 틀*(그림 9-41)*을 비눗물에 침투시키면 형(틀)을 감싸는 편평한 비누막이 생기는 것을 알 수 있다. 이 막은 비눗물이 갖는 표면장력에 의하여 최소면적이 되려는 성질이 있으므로 셸이나 장력막 곡면으로서는 가장 합리적인 형상*(그림 9-42)*이 될 수도 있다. 이 원리를 이용한 곡면판을 버블(비누거품) 셸 또는 최소면적 곡면에 의한 셸이라고 부른다.

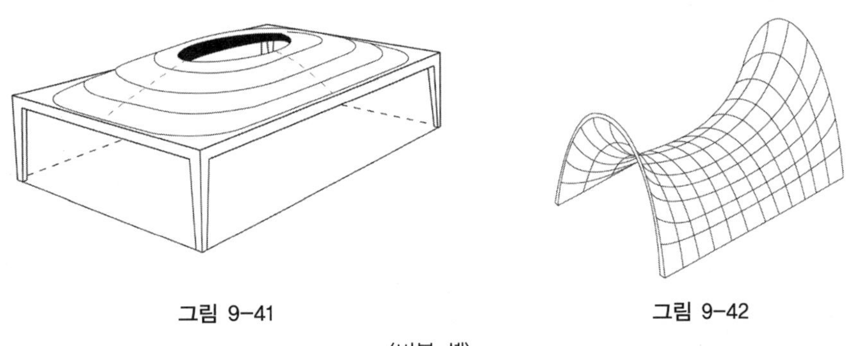

그림 9-41　　그림 9-42

〈버블 셸〉

9-6 셸구조의 발전

대공간 지붕을 만곡된 형태로 덮을 수 있는 고전적 원통형 볼트나 돔은 그 재료가 압축력에는 강하나 상대적으로 인장력에 취약한 조적이나 보강되지 않은 콘크리트이므로 구조안전성을 확보하기 위한 적절한 두께 확보(보통 스팬의 1/50 정도)가 과중한 하중으로 작용되어 구조체의 균열을 피할 수 없는 경우가 많았다.

그러나 19세기 말부터 본격적으로 사용된 포틀랜드시멘트에 의한 철근콘크리트 덕분에 압축내력뿐 아니라 인장내력, 면내전단력, 휨모멘트에 대해서도 강도를 갖는 곡면판구조를 구축할 수 있는 계기가 된 것으로 볼 때, 셸구조가 새로운 세대로 도래할 수 있는 기틀을 마련한 것은 철근콘크리트의 탄생 이후부터라고 할 수 있다.

연속된 곡면은 거푸집을 사용하여 적은 비용으로도 간단히 세울 수 있었고, 균열을 유발시키는 인장부에는 철근이 보강되어 같은 두께인 평면판*Slab*에 비해 10~20배 강한 2중 곡률을 갖는 셸을 스팬에 대한 셸의 두께를 약 1/500까지 낮추면서 건설할 수 있게 되었다.

1900~1960년 사이에는 스팬이 10~100m 정도 규모인 주택, 교회, 운동경기장, 공항, 집회시설 등에 콘크리트 셸구조가 대단히 많이 건설됨으로써 구조형식으로서의 확고한 자리를 차지하였다고 할 수 있다. 특히 건축가와 엔지니어 사이에서 열풍처럼 불기 시작한 창작의욕이 나타난 20세기 초의 시대적 배경으로 인해 혁신적인 구조물이 등장하게 되었으며, 토로하*Eduardo Torroja, 1899~1961*, 네르비*Pier Luigi Nervi, 1891~1979*, 칸델라*Felix Candela, 1910~1977*, 사리넨*Eero Saarinen, 1910~1961*, 이슬러*Heinz Isler, 1926~2009*, 아르프*Ove Arup, 1895~1988*, 에스킬란*Nicolas Esqillan, 1902~1989* 등의 유수한 건축설계 및 구조가와 셸구조 건설을 전문으로 하는 기업인 디비닥*Dywidag*(독일), 쉐퍼*Schäfer*(미국), 보시어롱*Boussiron*(프랑스) 등의 활동이 두드러진 시대를 맞게 된다. 이 시대에 세워진 흥미로운 철근콘크리트 셸구조 작품을 소개하면 다음과 같다.

20세기 초는 산업혁명 이후의 사회적 요구로 대공간구조가 필요한 시기였으며, 이때 시작된 철근콘크리트 셸구조는 구조해석이 비교적 간단하면서 거푸집 제작과 작업이 용이한 고전적 볼트형상인 원통형 셸에서 많이 찾을 수 있다. 프랑스의 구조(토목) 기술자인 프레시네*Eugene Freyssinet*에 의해 1926년에 준공된 오를리*Orly*공항의 격납고*(그림 9-43)*는 제2차 세계대전 중에 공습으로 파괴되었지만, 스팬이 90m, 길이가 300m, 높이가 56m인 거대한 원통형 셸구조로 곡면지붕을 파형(파도나 물결 모양)으로 만들

그림 9-43 오를리 공항 격납고, 1926년

그림 9-44 노스아일랜드 해군항공기 격납고

어 구조안전성을 확보한 콘크리트 셸의 초기 작품으로 볼 수 있다.

구조형태상 원통형 셸은 비행기격납고나 대형 창고의 구축에서 많이 이용되었다. 1941년 테데스코*Anton Tedesko*의 구조작품인 노스아일랜드 해군항공기 격납고 건물*〈그림 9-44〉*은 2개의 원통형 셸을 병렬식으로 연결하여 스팬 92m, 길이 74m 공간을 덮고 있는 경우이다. 스팬에 대한 건물의 높이가 많이 낮아졌지만 8개의 리브를 지붕의 아치방향으로 보강한 구조형태는 셸구조에 대한 당시의 구조적 해석의 한계를 보여준 작품으로 인식된다.

원통형 셸구조가 곡면판을 파형으로 하거나 리브를 보강하여 구조안전성을 확보한 형태를 벗어난 1951년에 준공된 칸델라*Candela*의 우주선연구소(멕시코대학의 우주신 관측시설)*〈그림 9-45〉* 작품은 안장형 H.P곡면으로 구성된 3개의 아치형 곡면지붕으로 원통형 셸을 구축한 경우이다. 스팬은 10m, 높이 8m 규모의 곡면을 절점부 두께 1.5cm로 처리한 칸델라의 H.P셸의 첫 작품으로 이후 다양한 형태의 H.P셸을 구축하는 디자인적 모티브를 제공한 철근콘크리트 셸의 기념비적 작품으로 인식되고 있다.

그림 9-45 우주선 연구소, 멕시코, 1951년

1935년 스페인의 마드리드 근교에 세워진 사루스엘라 경마장*The Zarzuela Race Track 〈그림 9-46, 47〉*은 토로하의 구조작품으로 원통형 셸을 스탠드 지붕구조로 사용하여 기둥에서 전방으로 12.8m, 후방으로 7m를 뻗는 일엽쌍곡선 모양의 날렵한 셸 곡면을 구성했다. 셸 두께는 지주 부근에서는 15cm, 선단은 6cm로서 판의 좌굴방지와 휨강

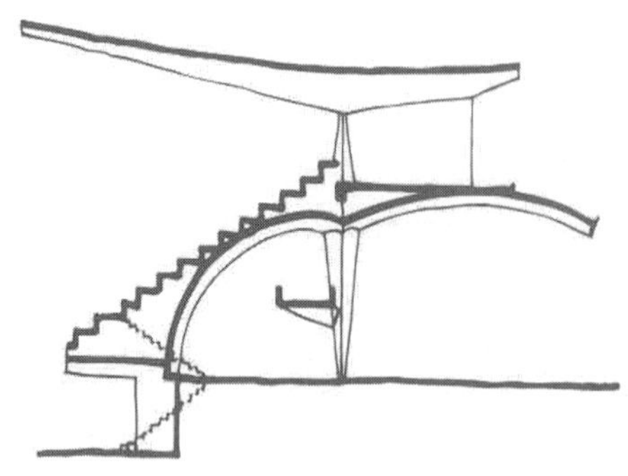

그림 9-46 The zarzuela Race Track 지붕단면

그림 9-47 사루스엘라 경마장(전경)

성을 높이기 위해 곡면을 파형으로 처리한 특징이 있는 콘크리트 셸의 초기 구조물이지만 토로하의 구조적 재능을 유감없이 표현한 작품으로 인정받고 있다.

20세기 초까지도 당시의 건축가나 기술자들은 철근콘크리트조를 기존에 사용했던 조적조 보강으로만 생각했다. 따라서 기본적으로 R.C재료의 구조적 의미를 기둥과 보와 같은 1차원 부재로만 사용할 수 있다는 인식을 갖고 있었다. 그러나 경쾌하고 가벼운 아치형의 많은 다리*〈그림 9-48〉*들을 철근콘크리트구조로 구축한 스위스 구조가인 마이야르*Robert Maillart*는 철근콘크리트의 특성을 충분히 이해하면서 철근콘크리트가 곡면판과 같은 2차원적 부재에서도 매우 유용하다고 생각했다. 다리 공사의 경험과 무량판에 대한 연구를 바탕으로 1939년에 그가 설계한 스위스박람회의 시멘트관*Cement Hall* 건물*〈그림 9-49〉*은 스팬 약 20m, 높이 11.7m인 건물을 두께 6cm로 처리한 원통형

그림 9-48 Salginatobel Bridge, 스위스, 1930년

그림 9-49 스위스 박람회 시멘트관, 1939년

셸구조물이다.

전체적인 지붕하중은 2열의 아치가 받치고 있으나 지붕의 곡면판에는 어떠한 보강 조치도 없이 판 자체만으로 외력에 저항하는 안정된 형태임을 알 수 있다. 이러한 마이야르의 노력 덕분에 그를 철근콘크리트 셸구조의 선구자로 부른다.

고전적 돔의 형태를 갖는 철근콘크리트 구형 셸은 1913년 막스 베르그*Max Berg*가 설계한 직경 67m인 폴란드의 인민홀(세기관)*〈그림 8-34〉*, 1929년 디싱걸*Franz Dischinger*이 구조설계한 직경이 약 72.2m이고 8각형인 독일의 라이프니치 대시장*〈그림 9-50〉*, 1929년 고에너*Alfred Goenner*가 구조설계한 스팬 60m인 8각형 돔인 스위스의 바제르 시장*〈그림 9-51〉* 등에서 셸의 초기 형태들을 볼 수 있다. 그러나 곡면지붕을 2차원적 부재로 인식하지 못했던 그 시대의 구형 셸들은 구조적 안전성을 확보하기 위해 대부분의 작품들이 굴곡된 곡선보의 기능을 갖는 콘크리트 리브를 곡면판에 부착하거나 구형을 8각형 등으로 형태를 변화시키고 그 경계에 리브를 설치하는 구조적 수법을 사용하였고, 그러한 구조적 거동이 그 당시에는 당연하다는 인식을 갖고 있었다고 생각된다.

그림 9-50 독일의 라이프니치 대시장

그림 9-51 스위스 바제르 시장

1933년, 토로하의 첫 번째 철근콘크리트 셸구조 작품인 스페인의 알레시라스*Algeciras* 시장 건물*〈그림 9-52〉*은 곡면판을 2차원적 부재로 가정하여 별도의 리브 보강 없이 철근콘크리트만으로 구형 셸을 구축한 경우이다. 스팬이 약 47m인 돔을 스팬의 1/535인 8.8cm 정도의 두께로 처리하였으며, 구형의 셸을 8개의 외곽 기둥으로 지지시키고, 각 기둥 사이의 곡면을 직선적으로 절단시켜 원통형 차양을 설치함으로써 내부를 조명할 수 있는 반월창을 설치할 수 있도록 하였다. 기둥 사이에는 다각형의 포스트텐션 기능을 하는 연결재 링으로 서로 연결시켜 힘의 평형이 유지되도록 하였다.

그림 9-52 알레시라스 시장, 1933년

그림 9-53 MIT대학 강당, 1955년

1955년, 사리넨이 설계한 MIT대학 강당*Kresge Auditorium*〈*그림 9-53*〉은 스팬이 약 50m이고 높이 약 15.4m(실내 평균)인 구형 셸의 1/8 구면을 3개의 정점으로 지지시킴으로써 기존에 가지고 있던 구형 셸의 폐쇄성을 개선시킨 작품이다. 즉 구형 셸 형태를 돔과 같은 모양에서 탈피시키는 계기가 된 건물이라고 볼 수 있다. 지붕면에서 동판으로 마감되어 있다.

철근콘크리트 공사의 가격 경쟁력을 높이기 위한 방법으로 건설공사비와 공기단축에 관한 시공기술 개발의 선택은 셸구조에서도 예외는 아니었다. 그 대안 중 하나가 셸의 공업화, 즉 프리패브 공법*Prefabrication*의 사용이었다. 네르비는 프리패브 콘크리트 부재의 강도를 높이기 위해 페로시멘트*Ferro Cement*를 개발하여 셸구조에 직접 적용하기도 하였다.

이탈리아의 토리노 전시장 건물〈*그림 9-54, 55*〉은 스팬 95m, 길이 76m 규모의 프리패브를 이용하여 천장구배가 낮은 볼트형 원통 셸로 구축함으로써 구조체의 경량화와 채광량 확보를 달성한 1947년도 작품이다. 옥상지붕의 프리패브 유닛*Unit*이 매우 치밀하고

그림 9-54 토리노 전시홀 내부

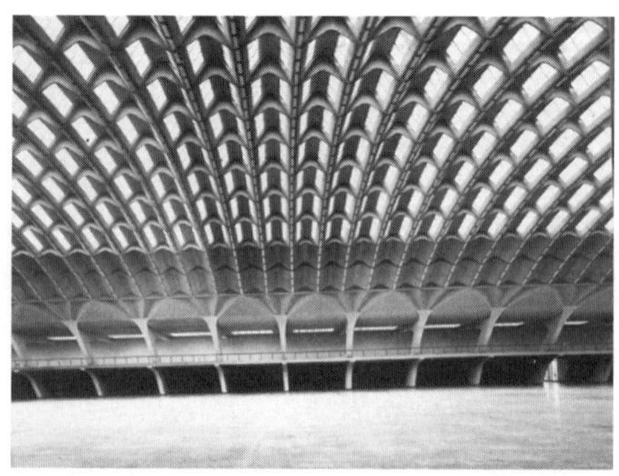

그림 9-55 토리노 전시홀의 지붕 상세

정교하게 구성되어 있는 특징을 갖고 있다.

그림 9-56 네르비의 Plazzetto Dello Sports 내부(일명 : *Small Gymnasium* 돔)

1957년, 이탈리아 로마올림픽을 위해 만들어진 *Palazzetto Dello* 경기장(일명 : Small Gymnasium)*〈그림 9-56, 57, 58〉*도 직경 60m인 원형 돔을 프리패브 공법으로 구축한 네르비의 작품이다. 지붕 돔은 1,620개의 페로시멘트에 의한 프리패브 부재(두께 2.5cm)를 설치하고 그 위에 4cm의 철근콘크리트로 일체화시킨 지붕구조로써, 각 곡면의 연장방향에 36개의 Y형 지주가 경사방향으로 설치되어 지붕 추력을 기초에 자연스럽게 전달시키고 있다.

이 작품은 네르비가 가지고 있는 미에 대한 타고난 감성과 구조적 재주 이상을 발휘하여 만들어낸 가장 훌륭한 건물이라는 평을 받았다고 한다.

그림 9-57 Small Gymnasium의 외관

그림 9-58 Small Gymnasium의 주두부

1950년 전후부터 단순한 형태를 벗어나 다양하게 변화된 새로운 조형의 곡면판 구조 작품들을 찾을 수 있다. 1954년에 미국 세인트루이스에 세워진 야마사키(구조 A. 테데스코) 작품인 공항터미널 빌딩*〈그림 9-59〉*은 지붕을 원통형 셸이 서로 겹치도록 구성하면서 조형적으로는 블록구성이 되도록 한 특이한 구조양식으로 셸구조를 절도 있게 표현했다는 평을 듣고 있다.

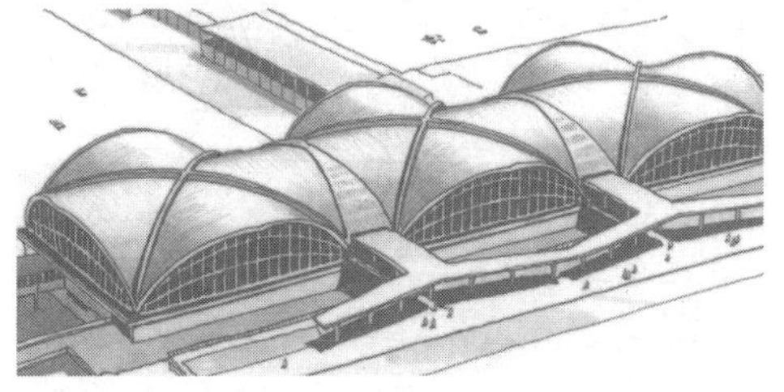

그림 9-59 미국 세인트루이스 공항 건물

프랑스의 라데팡스에 있는 CNIT(신기술센터) 건물*〈그림 9-60〉*은 3개의 원통을 120도 각도로 서로 관통시켜 3점에 지지시킨 현대의 교차볼트 형태를 갖는 셸구조이다. 스팬 216m, 높이 47m인 철근콘크리트 대돔의 곡면두께를 6cm의 파형 프리캐스트 곡면판을 1.8m 간격의 2중 셸로 구성한 에스퀼란*Nicolas Esquillan*의 1958년 구조작품이다.

그림 9-60 파리의 CNIT 돔

형태변화 중에서 안장형과 같은 포물선을 이용하여 다양한 H.P(Hyperbolic Paraboloid) 셸을 구축한 작품들은 칸델라의 설계에서 많이 찾을 수 있다.

1958년 멕시코의 소찌밀코*Xochimilco*에 칸델라가 설계한 레스토랑*Los Manantiales Restaurant 〈그림 9-61, 62〉*은 한 변이 30m인 정방형 지붕을 8매의 H.P셸을 중첩시켜 구성한 것으로, 안장

그림 9-61 Los Manantiales Restaurant(1958년)

그림 9-62 Los Manantiales Restaurant (구조형태)

형 곡면의 경쾌함과 약동감 및 구조가 갖는 화려함을 교묘히 표현한 작품이다. 셸의 두께는 4~8cm 정도이다.

칸델라의 1959년도 작품인 멕시코의 바카르디 병*Bottle* 공장*Planta Embotelladora de Bacardi*〈*그림 9-63*〉은 길이 30m인 볼트를 서로 관통시켜 얻어지는 크로스볼트를 한 방향으로 3개를 연속적으로 배치한 H.P셸의 경우이다. 발생할 가능성이 있는 휨응력에 대비하기 위해 아치의 끝부분에 부착한 보강리브가 볼트 테두리의 자유스러움을 일부 구속하지만 옥상과 보 및 기둥의 역할을 일체로 수행하면서도 크로스볼트로 인한 경계를 쉽게 인식하지 못하도록 처리한 자연스런 곡면판 구성은 대단히 치밀한 구법으로 볼 수 있다.

그림 9-63 바카르디 병 공장

그림 9-64 멕시코의 산 호세 오블레르 교회

칸델라의 1959년 작품인 멕시코의 몬트레*Monterrey*에 있는 산 호세 오블레르 교회 건물〈*그림 9-64*〉은 곡률의 변화를 급격하게 형성한 2개의 비틀린 안장형 H.P셸을 서로 연결하여 구축한 건물이다. 약 54m의 건물 길이에 약 22m 높이까지 형상화한 이 곡면판을 겨우 4cm의 콘크리트 두께로 처리하여 건축적 경탄을 받은 작품이다.

1961년 사리넨이 설계한 뉴욕 케네디 공항의 TWA터미널 빌딩〈*그림 9-65, 66*〉은 원통셸로, 곡률이 서로 다른 4개의 구성요소가 중심의 1점만으로 결합되도록 되어 있고, 거시적으로는 날개를 편 거대한 새를 조각한 것 같은 느낌을 주는 건물이다. 시공이 용이한 원통 셸의 특성을 살려서 새로운 조형 가능성을 보이는 좋은 예로 실내에서 본 지붕면의 완만한 커브는 매우 독특하다.

그림 9-65 뉴욕 케네디 공항의 TWA터미널 빌딩, 1961년

그림 9-66 TWA 건물 내부

기하학적인 구속에서 벗어나 자연현상에서 곡면형태를 찾으려는 노력은 새로운 형태를 끊임없이 추구하는 건축가들에겐 당연하다고 할 수 있다. 21세기에는 컴퓨터를 이용하여 그러한 욕구를 대부분 충족시킬 수 있으나 20세기 중반까지도 자연현상에서 나타난 곡면을 수식만으로 용이하게 표현하기 어려운 경우가 많았다. 따라서 1960년대부터 구조체가 받는 셸구조 각부의 응력상태와 시공방법 등을 연구나 실험결과에 의존하여 새로운 셸형태를 창작하는 경우가 나타나기 시작하였다. 이러한 경향 중에서 구조설계에서 시공까지 책임지면서 주로 철근콘크리트로 자유형태의 셸을 구축한 건축가로는 스위스 태생인 하인즈 이슬러*Heinz Lsler*가 가장 주목을 받았다. 본인이 직접 제작한 실험 등으로 구조안정성을 확인하는 방법으로 셸의 형태를 다변화시켜서 자유형태*Free Form*나 버블*Bubble* 셸 또는 역곡면*Inverted Membrane* 등을 형상화하였다. 그의 작품들을 소개하면 다음과 같다.

1962년, 스위스의 졸로투른*Solothurn*에 세운 비스가든 센터*Wyss Garden Centre*〈그림 9-67〉나 1963년의 비아스카*Biasca*에 건립한 슈퍼마켓*Copocenter* 건물〈그림 9-68〉들은 높이 8m,

그림 9-67 비스가든 센터, 1962년

그림 9-68 슈퍼마켓 Copocenter 건물, 1963년

스팬 23m인 타원형을 갖는 4점지지인 자유형태의 초기 셸구조물이다. 각 개구부에는 곡률을 변화시켜 차양을 만들어 보강리브로서의 구조적 역할을 수행하도록 하였다.

그림 9–69 Deitingen service station BLD (Gas station)

스위스 데이팅겐*Deitingen*에 있는 서비스 스테이션 건물*〈그림 9-69〉*은 1968년 작품으로, 이등변삼각형 평면(저면 26m, 높이 32m)을 갖는 2개의 구면형태의 철근콘크리트 셸로 지붕을 구성한 경우이다. 1969년 작품인 제노바의 Sicli SA공장 지붕*〈그림 9-70〉*은 역곡면을 이용하여 구성한 작품이고, 1977년 독일의 그뤼팅겐*Grotzingen*에 건립한 야외극장 지붕*〈그림 9-71〉*은 셸 곡면을 보다 편하게 하면서 5개의 지점에서 상부하중을 받도록 한 부정형 셸을 구사한 작품이다.

1966/7년 작품인 스위스 뮐하임*Mulheim*의 버스차고 구조물이나 1998년에 시공한 W. Bosiger AG 회사의 사무소 입구 조형물(디자인 : Michael Balz)*〈그림 9-72〉*인 Hypar (Hyperbolparaboloid), 1996년 작품인 카지스*Cazis*의 교회 건물*〈그림 9-73〉*, 1977년 작품인 시온*Sion*의 게렝*Guerin*학교의 조형물 등은 버블 셸이나 자유형태 셸을 이용하여 구축한 경우들이다.

그림 9–70 Sicli SA공장 지붕

그림 9–71 독일 Grotzingen 야외극장 지붕

그림 9-72 AG회사 조형물

그림 9-73 Cazis 교회

20세기 후반부터는 셸보다 대공간을 보다 간단히 만들 수 있는 새로운 구조법(트러스·입체구조 등)의 개발과 셸구조물의 구축에 과도한 비용을 가져오게 한 인건비 증가 및 단순한 기하학적 건물형상이 창조적인 작가에게는 매력이 떨어진다는 이유 등으로 한동안 셸구조를 이용한 작품 활동이 침체에 빠진 적이 있었다. 그러나 이 시대에서도 1968년에 세워진 세계 최고 스팬인 216m를 자랑하는 프랑스 라데팡스의 CNIT 콘크리트 이중 셸구조나 1973년에 세워진 추동형의 시드니 오페라하우스*〈그림 9-74, 75〉* 건물, 인도의 뉴델리*New Delhi*에 연꽃을 형상화하여 리브가 달린 셸로 준공(1986년)된 바하이교 사원*Bahai Temple〈그림 9-76〉*들은 셸구조의 새로운 조형미를 보여주고 있다.

그렇지만 셸구조의 신세대가 또다시 도래하기 위해서는 형태에 대한 끊임없는 구상과 실험을 통한 새로운 형상으로 자연스러운 형태의 구조뿐 아니라 기능면에서도 보다 큰 만족감을 얻게 될 때 가능할 것이다.

그림 9-74 오페라하우스 돔

그림 9-75 시드니의 오페라하우스(설계: Jorn Utzon, Ove Arup 등)

그림 9-76 바하이 사원*Bahai Temple by Fariburz, 1986,* 인도

9-7 절판구조의 응용

3차원적인 곡면의 유리함을 이용하여 곡률을 연속적으로 변화시켜 평면끼리 접합되는 부분에서 상호변형을 구속하는 형태를 이용한 것이 절판구조*Folded Plate System*〈*그림 9-77*〉이다.

종이 한 장의 끝을 손에 쥐고 있을 때, 이 종이는 두께가 얇아 휨응력에 충분한 응력 중심거리를 확보할 수 없으므로 자중도 지탱하지 못할 것임을 설명한 적 있다. 그러나 이 종이를 접으면 종이 형상이 중립면에서부터 양 연단부까지의 거리가 확보되어 구조적 효율이 증가하게 되므로 보다 많은 하중을 지지할 수 있을 것이다. 이러한 원리가 있는 절판구조는 보다 넓은 지붕을 가벼운 재료로 덮을 수 있는 구조시스템의 하나의 양식으로 자리 잡고 있다.

그림 9-77 절판구조형태

절판의 경사면에 연직방향으로 설계하중이 작용할 경우, 이 힘은 W와 N이라는 성분으로 분해할 수 있다〈*그림 9-78*〉. 형태상 각 절판은 한방향 슬래브와 같은 경우가 많으므로 면에 직각으로 작용한 W하중은 휨 유발을 일으키면서 단변(가로)방향의 지지점인 접힌 곳으로 전달될 것이다. 이 경우 접힌 부분에 집중되는 R값은 그 위치에서

반력 R을 갖는 연속보의 지점처럼 구조적 거동*〈그림 9-79〉*을 하므로 절판구조형태가 수평 슬래브와 비교하여 두께가 얇아도 구조안전성이 더욱 확보될 수 있는 것이다.

또한 면응력에 의해 저항하는 N값은 절판의 길이방향으로 보작용을 하면서 단부 골조에 전달될 것이며, 이때의 절판과 등가인 장방형 보는 그림 9-80과 같이 폭 b에 춤이 h 크기를 갖는다고 가정할 수 있을 것이다.

따라서 절판구조의 구조적 거동은 작용된 하중을 판의 보작용에 의해 가로방향의 접힌 곳으로 전달하고, 이렇게 전달된 하중을 판의 길이방향 보작용으로 골조지지부에 전달하는 보작용의 결합이라고 할 수 있다. 절판은 접는 방법에 따라 다양한 단면 형태*〈그림 9-81〉*를 만들 수 있다.

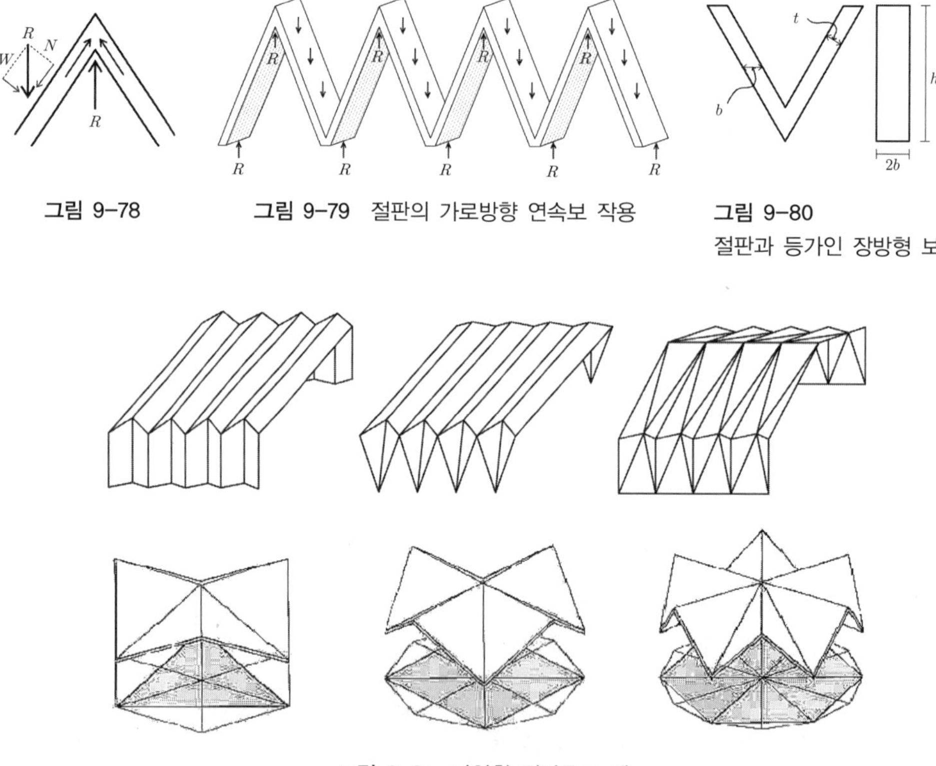

그림 9-78

그림 9-79 절판의 가로방향 연속보 작용

그림 9-80 절판과 등가인 장방형 보

그림 9-81 다양한 절판구조 예

1961년에 세워진 미국 콜로라도 주의 스프링스에 있는 미국 공군사관학교 교회*〈그림 9-82〉*, 1958년 P.L 네르비에 의해 만들어진 뉴욕의 유네스코 본부 빌딩*〈그림 9-83, 84〉*, 1965년 말레이시아의 쿠알라룸푸르에 하워드 애슐리*Howard Ashley* 등이 설계한 국립사원*Majid Neqara*의 회교사원*〈그림 9-85〉* 등에서 아름다운 절판구조의 형태를 발견할 수 있다.

그림 9-82 미국 공군사관학교 교회

그림 9-83 유네스코 건물 내부

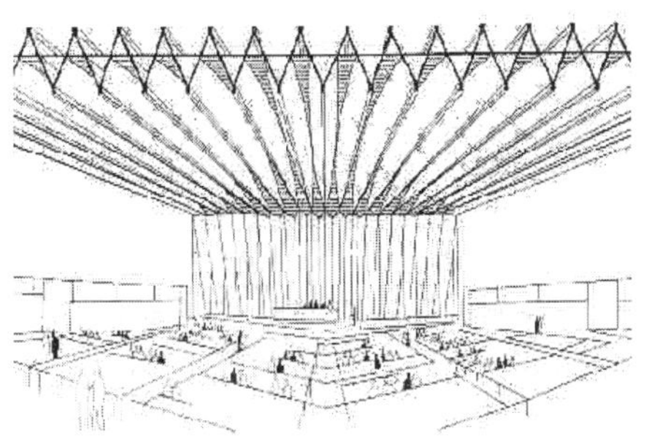

그림 9-84 유네스코 건물 단면

그림 9-85 Maijd Negara, 말레이시아, 1965년

10 입체 Space Frames 구조

10-1 발전

견고한*Solid* 재료에 의한 직선요소인 선재는 길이에 비해 단면이 작기 때문에 축방향으로만 힘을 전달하는 구조부재(압축과 인장부재)가 될 수 있으므로, 압축과 인장부재를 일정한 패턴으로 배열하고 그 절점을 핀 접합한 형태로 구성하면 대공간이라도 중간지지 없이 하중을 전달할 수 있는 트러스와 같은 벡터*Vector* 구조시스템이 될 수 있다. 특히 구성부재를 삼각형으로 배열하면 구조적 안정이 되므로, 지지조건이 적절하다면 비대칭이나 불규칙한 하중도 쉽게 지지점에 도달시킬 수 있다. 이와 같은 선재의 트러스 보를 평면 혹은 곡면의 2방향으로 확장시키면 입체트러스가 되며, 입체트러스로 구성된 공간구조를 입체구조*Space Frame Structure*라고 한다. 입체구조는 힘의 흐름이 입체적으로 분포되므로, 효율을 좋게 하기 위해서는 가능한 한 골조 전체가 규칙적인 기하학적 유닛*Unit*의 반복으로 구성될 수 있도록 골조부재의 길이와 단면을 갖추는 것이 유리하다.

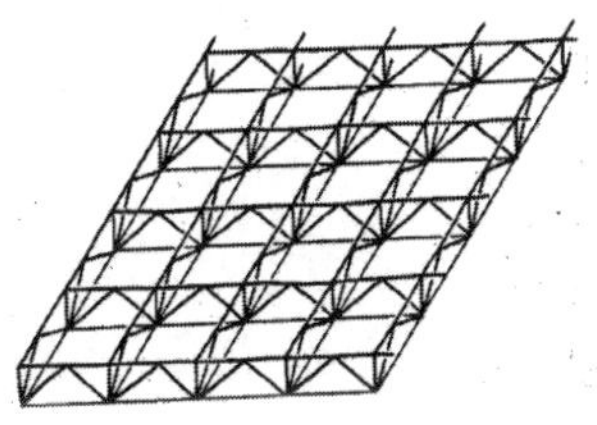
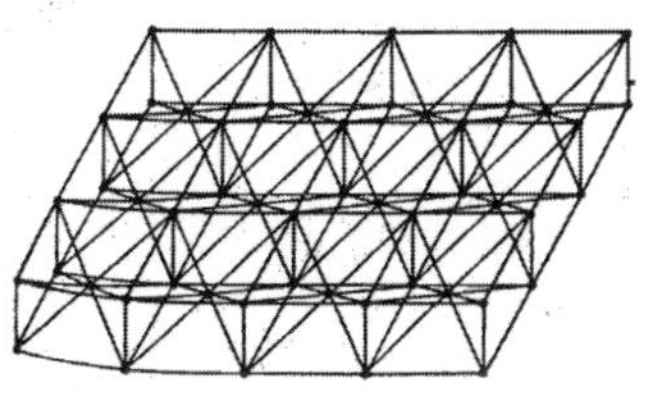

그림 10-1 평면입체구조 형태

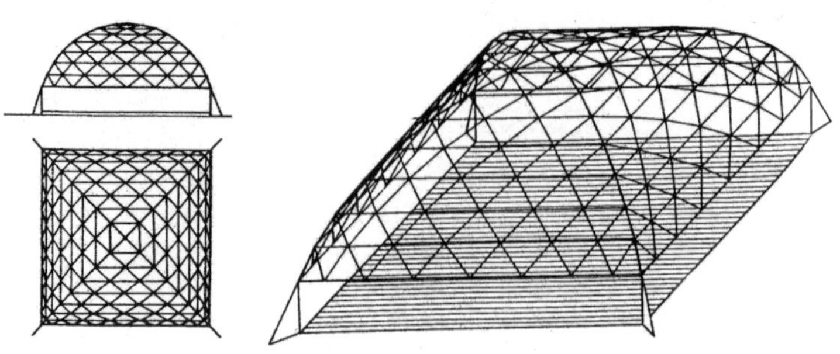

그림 10-2 곡면입체구조 형태

따라서 공장에서 대량생산이 가능할 경우에는 다른 구조형태보다 다양성과 경제성을 보다 확보할 수 있는 특징을 가지고 있다고 할 수 있다.

입체구조의 구조시스템을 지배하는 가장 기본적인 조건을 역학적 구성의 관점에서 본다면 형태*Form*, 배열*Arrangement*, 접합*Connection*으로 집약할 수 있다.

형태는 구조를 연속체로 배열함으로써 나타나는 단순한 외적 형상을 의미하는데, 주로 평면입체구조*(그림 10-1)*와 곡면입체구조*(그림 10-2)*로 구분된다.

배열은 연속곡면으로 작품을 표현하기 위한 구성패턴을 의미하며 입체구조의 가구 특성을 결정짓는다. 따라서 배열에 따른 시스템은 공간을 구축하는 디자인적 요소나 하중전달 경로에 따라 다양화될 수 있다.

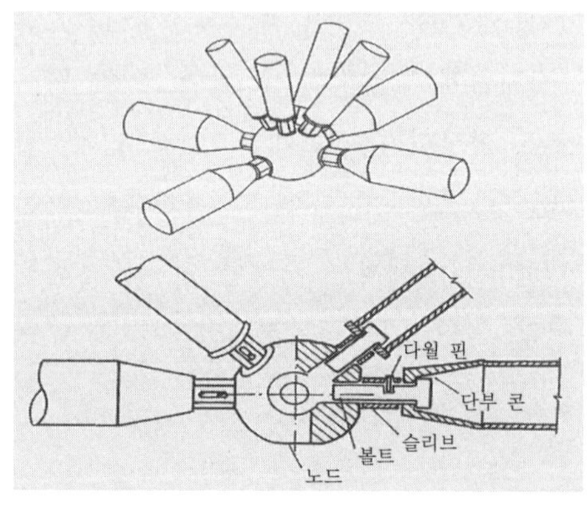

그림 10-3 메로 시스템*Mero System*

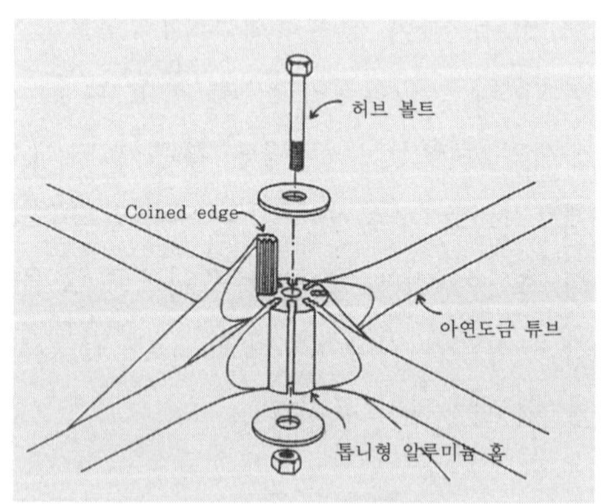

그림 10-4 Triodetic System

접합은 단순 명쾌한 메커니즘에 의해 다방향의 구성부재를 용이하게 결합해야 하고, 부재의 길이에 비해 접합체가 작으면서 부재로부터의 힘을 강하게 전달할 수 있을 뿐 아니라 부재 길이방향에 대한 오차흡수 능력이 뛰어나야 하는 조건을 갖출 필요가 있다. 부재 절점의 접합은 Mero, SpaceDeck, Triodetic, Unistrut, Oktaplatte, Unibat, Nodus, NS system으로 불리는 접합방법 등이 있으나 볼트결합식인 메로 시스템*Mero System*〈그림 10-3〉이 가장 많이 사용되었으며, 최근에는 용접기술의 발달로 접합을 용접으로 처리하는 구조물이 급격하게 증가하고 있다.

그림 10-5 메로 시스템을 이용한 접합 (부산 김해공항 국내선 입구)

건축구조물의 대공간 지붕구조 형성은 경제성이 있으면서 그 기하학적 형태가 갖는 시각적인 아름다움 때문에 평면보다는 곡면입체구조가 보다 자주 사용되며, 대공간 구조에서 철골을 사용한 돔형태를 입체구조라고 부르기도 한다.

입체구조는 구조부재의 대량생산을 강하게 지향하므로 본격적인 구조물 출현도 20세기 이후부터라고 할 수 있다. 세계 최초의 입체구조는 1863년 슈베들러*J. Schwelder*가 베를린에 만든 슈베들러 돔*Schwelder Dome*이라고 알려져 있지만, 근대적 입체구조를 완벽한 형태로 제안한 것은 1907년 벨이 만든 평면입체구조 형식과 연 및 철탑 등의 실험구조물〈그림 10-6〉이라고 알려져 있다.

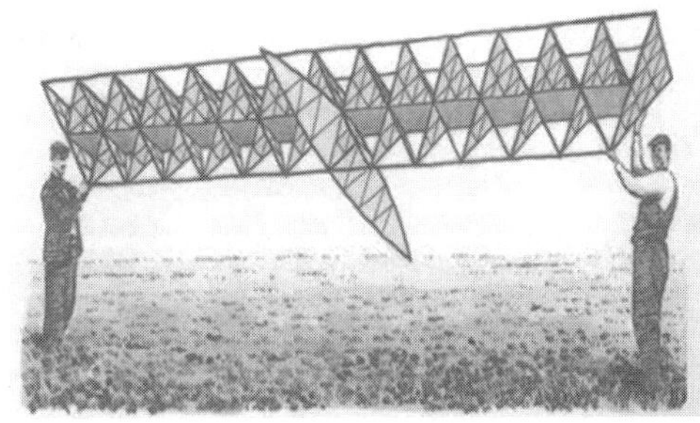

그림 10-6 A.G. 벨의 실험, 1907년

그 후, 경량의 재료로 구성되어야 하는 비행선*Airship* 내부구조〈그림 10-7〉와 격납고〈그림 10-8〉 등에서 철골에 의한 본격적인 입체구조가 사용되기 시작하였다.

1922년, 독일 이에나의 플라네타륨*Planetarium* 돔〈그림 10-9〉은 풀러*R.B. Fuller*에 의한 세계 최초의 지오데식 돔이며, 같은 형태로는 1967년 몬트리올 국제박람회의 미국관이 있다.

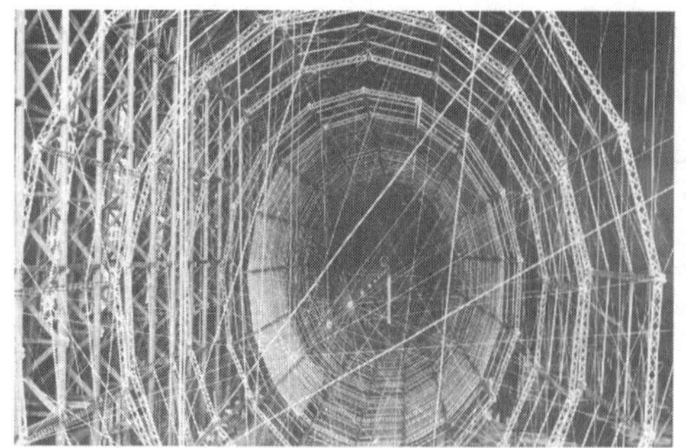

그림 10-7 비행선 내부구조*Airship Structure*

그림 10-8 콘라드 벅스만*Konard Wachsmann*에 의한 미공군 격납고 프로젝트

1959년 일본 동경의 국제무역센터 돔, 1965년 미국 휴스턴의 아스트로 돔*Astro Dome*, 1970년 일본 오사카의 국제박람회의 축제광장 지붕구조, 미국 뉴올리언스의 슈퍼 돔*〈그림 10-10〉* 등이 입체구조로 구성되어 있다.

그림 10-9 독일 이에나의 플라네타륨 돔

요즘은 건축재료 생산 공장에도 컴퓨터와 로봇 시스템이 도입되어 구조의 구성부재와 접합*Joint*의 종류를 다양하면서도 정밀하게 만들 수 있게 되었기 때문에 정밀성과 많은 구조부재를 필요로 하는 구조체라도 입체구조로 가능할 수 있는 새로운 발전단계를 맞이하였다고 할 수 있다.

그림 10-10 루이지애나 주에 있는 슈퍼 돔*Super Dome*, 1975년

10-2 골조패턴의 구성

10-2-1 평면입체구조

입체구조 중에서 주로 삼각형의 기본요소를 2방향 혹은 다방향으로 배치한 트러스 요소로 평면판을 구성하는 형태를 평면입체구조라고 한다. 이 형태는 면 외에 좌굴과 휨이 발생하여 단순한 지붕판구조에서는 부재단면이 커지는 경향을 나타내므로, 경제성만을 고려한다면 장스팬구조에서는 비효율적인 구조양식이라고도 볼 수 있다. 구조물로는 100m×300m의 지붕면적을 이중 그리드*Gird*로 구성한 1970년 일본 오사카 국제박람회의 축제의 광장 지붕*〈그림 10-13〉*과 마쓰이(松井)의 홍콩 체육관 계획안*〈그림 10-12〉* 등에서 예를 찾을 수 있다.

그림 10-11 파리 루브르 박물관의 피라미드, 1993년

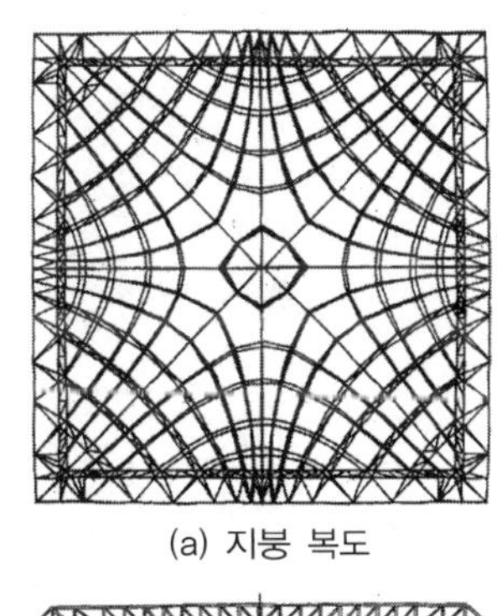

(a) 지붕 복도

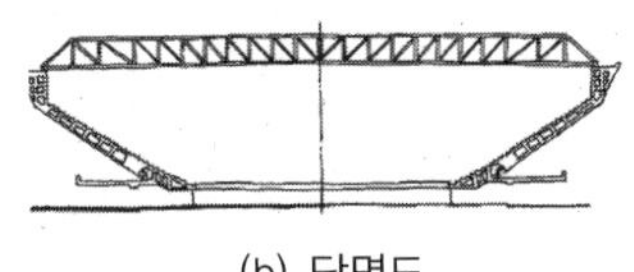

(b) 단면도

그림 10-12 마쓰이의 홍콩 체육관 계획안

중국 북경의 올림픽공원에 있는 워터 큐브*Water Cube*(베이징 국가 수영센터) 건물도 웨이어-펠란*Weaire-Phelan* 구조에 ETFE*(Ethylen Tetra Fluoro Ethylene)*를 클래딩*Cladding*한 독특한 입체구조이다.

평면입체구조가 곡면입체구조보다 장스팬의 지붕재료를 사용하는 것이 적합하지 않다고는 하지만, 그림 10-15와 같이 형태를 다양화하거나 워터 큐브 건물처럼 재료와 구성을 다변화하면서 응용한다면 그 가능성이 무궁하다고 할 수 있다.

그림 10-13 축제의 광장

그림 10-14 워터 큐브, 2008년

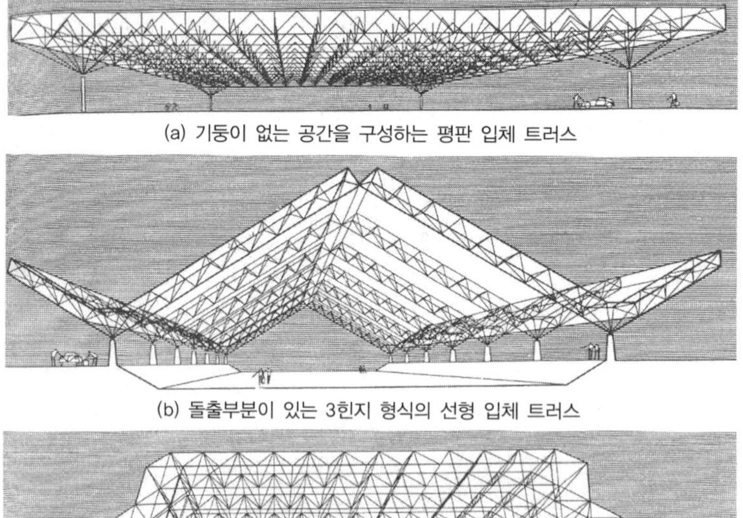

(a) 기둥이 없는 공간을 구성하는 평판 입체 트러스

(b) 돌출부분이 있는 3힌지 형식의 선형 입체 트러스

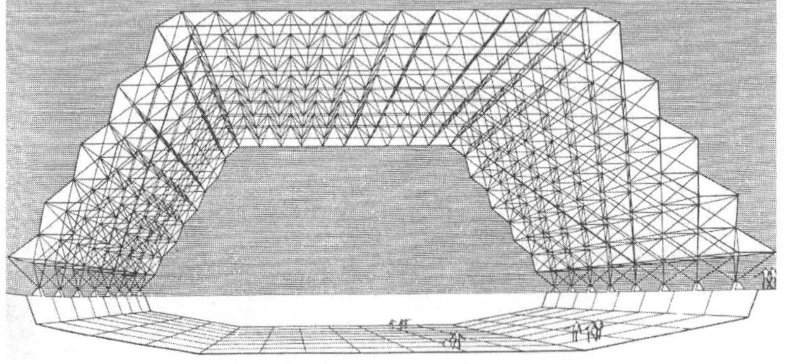

(c) 지붕과 벽이 연속하는 평판 입체 트러스

그림 10-15 입체 트러스의 응용

10-2-2 곡면입체구조

지붕구조에 사용되는 곡면입체구조 형식은 Schwelder Dome*〈그림 10-16(a)〉*, Network (Lattice) Dome*〈그림 10-16(b)〉*, Parallel Lamella Dome*〈그림 10-16(c)〉*, Grid Dome*〈그림*

10-16(d)〉, Geodesic Dome *〈그림 10-21, 22, 23〉* 등으로 구별하고, 재료로는 주로 철골재료가 이용되고 있다. 곡면입체구조가 형태상으로는 돔이지만 셸과 같으므로 골조 셸 돔 *Frame Shell Dome*이라고 부르기도 한다.

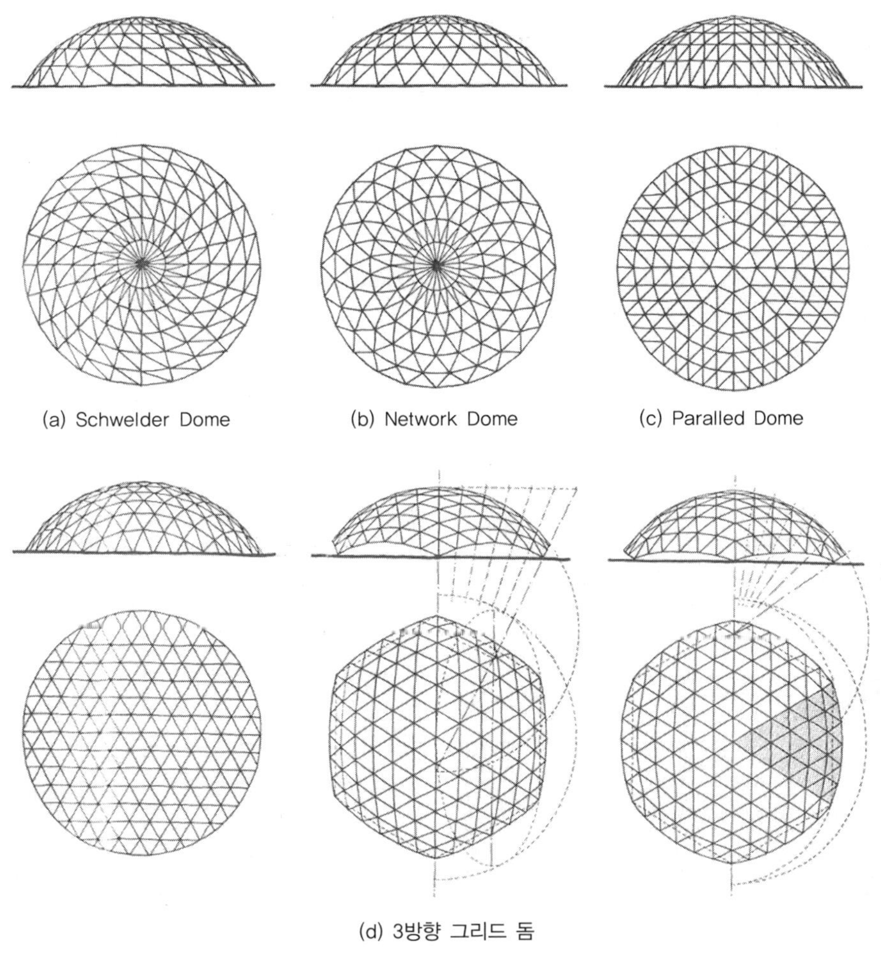

(a) Schwelder Dome (b) Network Dome (c) Paralled Dome

(d) 3방향 그리드 돔

그림 10-16 곡면입체구조의 골조패턴

1) Schwelder Dome

경선과 위선으로 구성한 그리드*Grid*에 대각선방향의 브레이스를 넣는 패턴으로 구성되어 있으며, 앞에서 언급한 바와 같이 독일인 J. Schwelder가 1863년 베를린에 돔을 세울 때 세계 최초로 사용하였다고 한다. 이 구조는 골조구성이 규칙적이어서 돔이 갖는 입체적인 형태를 이용하여 힘의 흐름을 최대한 유리하게 전달시킬 수 있으나,

골조가 공통의 동심원상에서만 그 기능이 발휘된다는 불리한 조건을 가지고 있다.

2) Network(Lattice) Dome

우선 위선*Hoop Line*을 등분할하고, 그 사이 공간에 삼각형의 격자*Lattice*형태로 구성하는 방식이다. Schwelder나 Network Dome 방식의 패턴구성은 단순하지만 분할이 정상부로 갈수록 가늘게 되어 부재 길이의 종류가 많아지고 부재에 작용하는 힘도 동일하지 않으므로 대량생산을 원칙으로 하는 근대적 입체구조 원칙과는 일치하지 않는다고 할 수 있다.

3) Parallel lamella Dome

등각도(30~60°가 일반적)의 경선으로 구획된 삼각형 부분을, 삼각형을 형성하는 2개의 경선면과 평형한 평면으로 등간격 분할하여 구성시킨 골조패턴이다. 1965년 미국 휴스턴에 세워진 직경 200m의 축구 및 야구경기장인 아스트로 돔*〈그림 10-17〉*은 부재 춤이 1.5m인 철골트러스로, 12등분(30°)된 삼각형 부분에 6등분한 패턴을 갖는 전형적인 Parallel lamella Dome으로써 루이지애나*Louisiana* 주의 뉴올리언스*New Orleans*에 있는 직경 213m의 슈퍼 돔*〈그림 10-18〉*도 같은 구조방식으로 지붕면이 구성되어 있다.

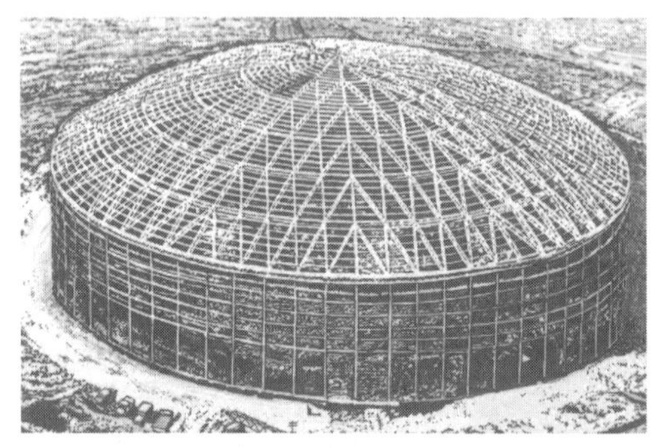

그림 10-17 아스트로 돔, 1965년

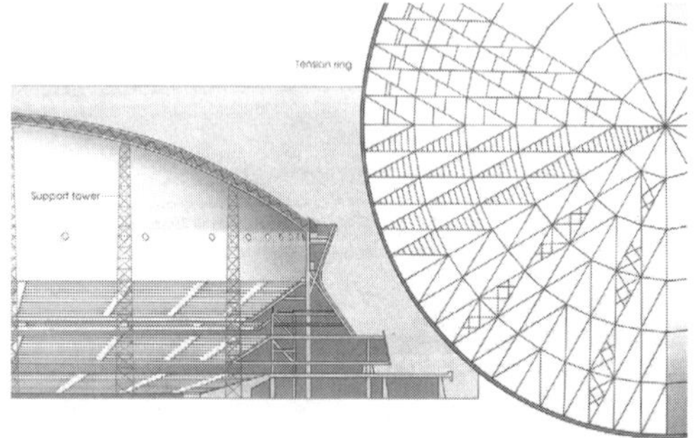

그림 10-18 슈퍼 돔의 단면 및 지붕의 스페이스 프레임

4) Grid Dome

그리드 돔은 가능한 한 같은 삼각형으로 구면을 분할하려는 기하학적 방식에 의해 돔을 연직면으로 끊어 평면도가 정삼각형 그리드로 분할되도록 하는 방식(Three-Way Grid Domes)이다. 1959년 일본 동경에 완성한 110m의 국제무역센터의 돔*〈그림 10-19〉*이나 비록 4각형의 구성요소를 갖고 있지만 1975년 독일 만하임에 세워진 목조에 의한

그림 10-19 동경국제 무역센터 내부, 1959년

그림 10-20 만하임 가든 박람회 파빌리온*Mannheim Garden Exhibition Pavillion*, 1975년

다목적 홀*〈그림 10-20〉* 등이 이 방식이다.

상기에 언급한 패턴들은 구성되는 골조의 외면에 요철이 없이 편평할 경우에만 적용할 수 있으나, 그렇지 않은 외면을 갖는 골조에서는 1954년 미국의 풀러가 특허를 얻은 지오데식(Fuller) 돔 방식이 적합성을 갖는다.

5) Geodesic Dome

지오데시 돔의 수법은 그림 10-21과 같이 먼저 구면 내에 면의 수가 가장 많아 구에 근접한 정20면체를 내접시켜 각 능(곡면)을 구의 중심에서 구면으로 투영함으로써 구면(곡면) 삼각형을 얻고, 구면 삼각형의 각 변을 등분하여 이들의 점이 정점을 지나도록 각 선을 연결시켜 작은 구면 삼각형을 얻는 방식이다. 지오데식 돔은 항상 구의 중심으로부터 투영에 의해 골조패턴이 결정되므로 편평한 돔이 아니어도 일체성을 가지면서 분할할 수 있는 특징이 있다.

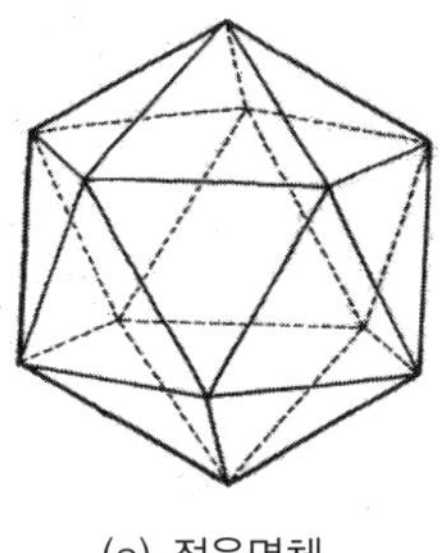

(a) 정육면체

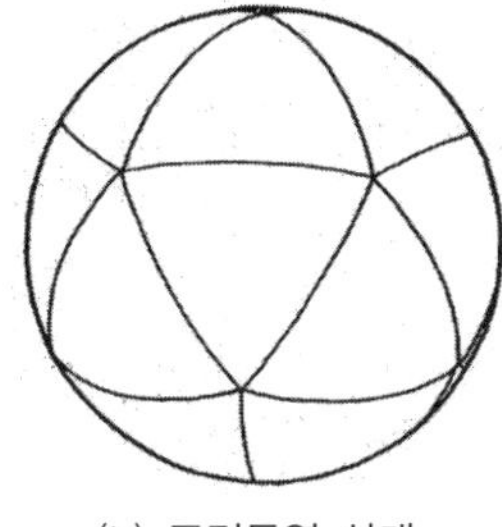

(b) 구면투영 상태

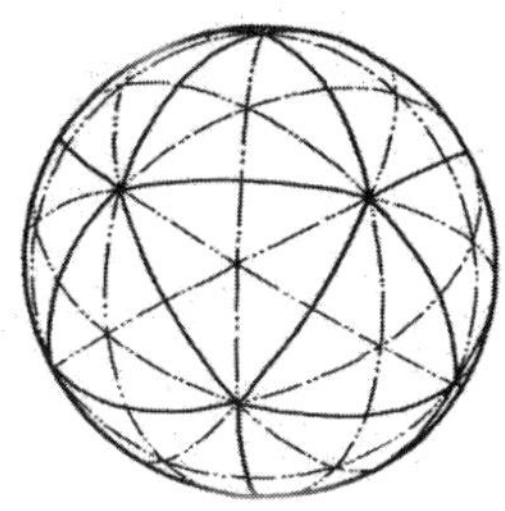

(c) 분할

그림 10-21 지오데식 돔의 전개

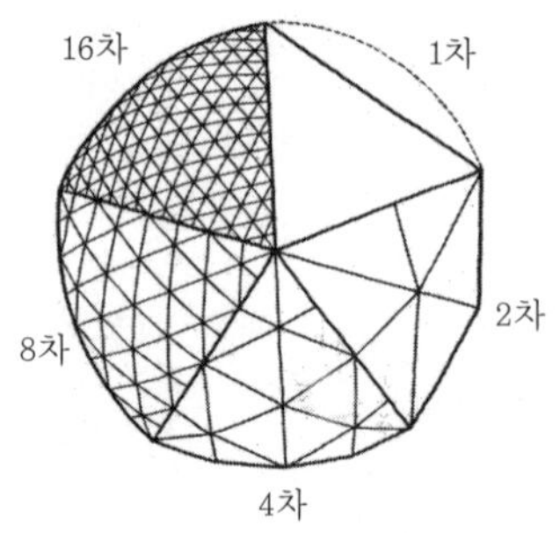

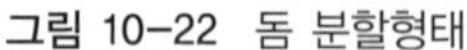

그림 10-22 돔 분할형태

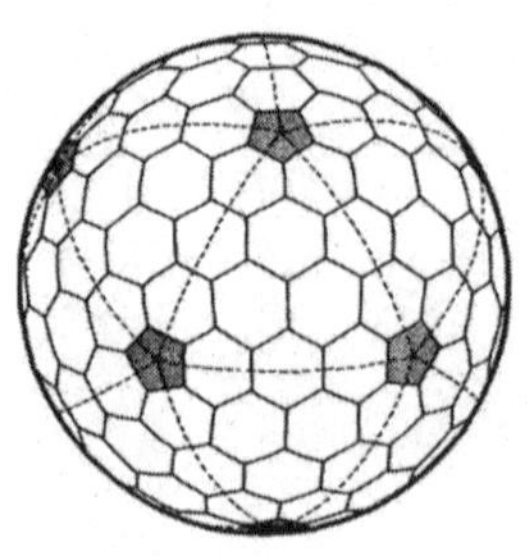
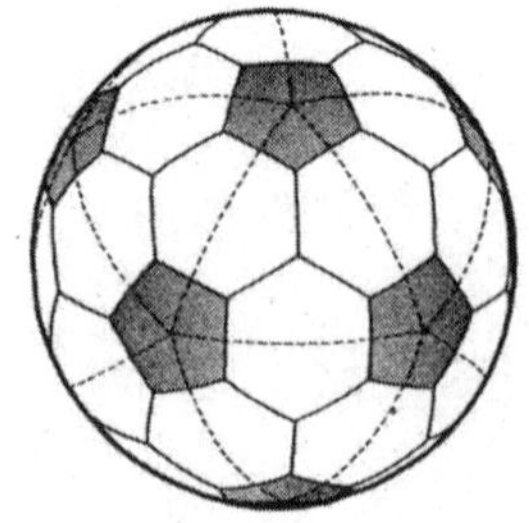

그림 10-23 6각형 분할에 의한 지오데식 돔

1967년, 벅민스터 풀러*Buckminster Fuller*는 외경 76m인 몬트리올 국제박람회의 미국관*〈그림 10-24〉*의 상부 3/4을, 외층은 89mm의 삼각형, 내층은 73mm 육각형 강관 그리드인 복층 스페이스 프레임으로 지오데식 돔*〈그림 10-25〉*을 구축하여 경쾌한 기하학적 아름다움을 나타냈다.

그림 10-24 몬트리올 Expo '67 미국관

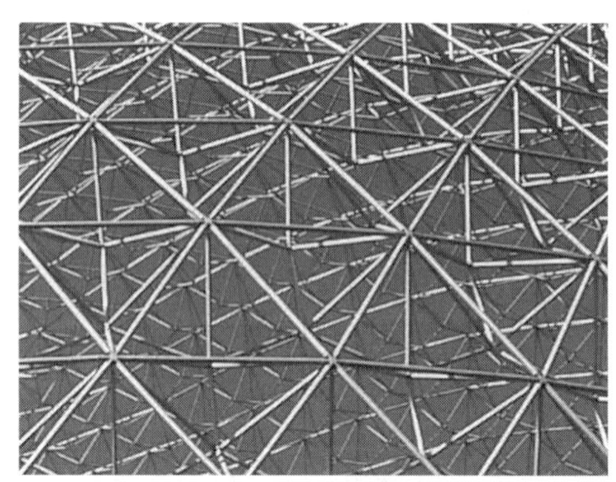

그림 10-25 미국관의 지오데식 돔 구성

2000년 영국 콘월*Cornwall* 지방에 니콜라스 그림쇼*Nicholas Grimshow*가 설계한 에덴 프로젝트*Eden Project〈그림 10-26〉* 중의 식물원 쇼케이스*Showcase* 구조에서도 6각형 분할에 의한 지오데식 돔을 찾을 수 있다. 1982년에 준공된 플로리다의 에프코트 센터*Epcot Center's Spaceship Earth* 건물*〈그림 10-27〉*, 일본의 후쿠오카 및 나고야 돔*〈그림 10-28, 29〉*, 미국의 터코마*Tacoma*, 슈페리어*Superior*, J. Lawrence Walkup sky Dome 등의 내부구조도 지오데식 돔으로 되어 있다.

1922년에 직경 16m인 돔을 정20면체를 기본으로 분할하여 건조한 독일 이에나의 플라네타륨 돔이 실제적으로는 지오데식 돔의 시초라 할 수 있으나, 30년 후인 1954년 풀러가 미국에서 특허를 얻은 이후 여러 지역에서 이러한 돔형식으로 입체구조가 활성화되었기에 지오데식 돔을 일반적으로 풀러의 돔으로 부르기도 한다.

그림 10-26 에덴 프로젝트, 2000년

그림 10-27 Spaceship Earth, Epcot Center, 1982년

그림 10-28 후쿠오카 돔, 일본, 1993년

그림 10-29 나고야 돔, 일본, 1997년

11 막 Membrances 구조

11-1 기원 Origins

자중을 포함한 외력에 저항하기 위해 휨과 비틀림 저항이 적은 천이나 고무 등을 구조재료로 사용한 구조를 막구조라 하며, 이론적으로는 셸구조물의 기본원리인 막응력과 전단력만으로 외부 하중에 대하여 안정된 형태를 유지할 수 있다.

피막이 가볍고 튼튼하며 유연성이 좋고 운반, 가설, 반복 사용이 편리한 막은 기원전 8천 년경 유목민들이 자주 사용한 텐트구조에서 그 기원을 쉽게 찾을 수 있다. 고대시대 유목민들은 중앙에 기둥*Pole*을 세우고 기둥 주두에서 여러 방면으로 로프를 연결하여 지반에 정착시킨 후, 그 위에 동물가죽 등으로 덮는 원시적 텐트구조방법을 이용하였을 것이고, 텐트라는 경량지붕의 유용성을 증가시키기 위해 이 얇은 막*Fabric*을 단순히 끌어당겨 구조적인 구성요소를 만들거나 공간배치의 효율성과 불규칙한 지형에 순응하기 위하여 Pole의 위치도 중앙에서 벗어나게 하여 구조물의 테두리로 이동시키는 방법 등으로 구조형태가 변천했을 것이라는 것을 쉽게 유추할 수 있다.

로마의 콜로세움은 경기가 열릴 때마다 최소거리 155m를 덮는 공간을 Pole 없이 경기장 외벽 꼭대기와 꼭대기 사이에 로프를 설치하여 철거 가능한 텐트를 그 위에 덮었다는 기록으로 볼 때, 구조적 해결능력은 어느 정도였는지는 몰라도 고대에서부터 막구조의 유용성은 널리 알려졌고 그 사용도 빈번했을 것으로 볼 수 있다.

근대의 막구조는 서커스의 텐트에서 쉽게 찾을 수 있으나, 무주공간을 펼치는 현대의 막구조는 막에 대한 신재료가 개발된 제2차 세계대전 이후부터 본격화되었다.

따라서 이장에서는 1950년대 이후 막구조물에 대하여 설명하도록 한다.

11-2 발달

막구조 분야에서 초기 구조시스템을 확립시키고 체계화를 형성하는 데 제일 공헌한 사람은 서독 슈투트가르트*Stuttgart* 공과대학의 IL(경량구조물) 연구소장이었던 프라이 오토*Frei Otto* 교수라고 할 수 있다. 1950년 오토는 안장형 곡면에 초기장력을 도입한 서스펜션*Suspension* 막구조를 사용하여 흥미 있는 지붕형태를 만들었다. 오토는 1952년의 베를린 공업박람회와 1964년 스위스 로잔의 국내박람회에서 서스펜션 막구조를 만들어 막구조의 아름다움을 잘 표현한 적이 있지만, 1967년 캐나다 몬트리올에서 개최된 박람회에서는 서스펜션 막구조시스템을 집대성하였다는 서독관*〈그림 11-1〉* 건물을 설계함으로써 막구조 건축의 존재를 처음으로 세계에 널리 알리는 계기가 되었다.

그림 11-1 몬트리올 박람회 서독관, 1967년

1958년 벨기에 브뤼셀 박람회의 Pan America 항공 파빌리온과 1959년 카를 코흐*Carl Koch*가 설계하고 바이드링거*Paul Weidlinger*가 기술 감독하여 1,600m^{2}를 원형 나일론 막으로 덮은 보스턴 예술센터 지붕 등의 구조물들은 현대 막구조물의 초기 작품이라 할 수 있다.

막구조가 고대의 텐트 개념을 탈피하여 현대적이고 독립된 구조시스템이 되기 위한 시도는 1950년대 이후 미국을 중심으로 비약적인 발전을 하게 된 순수 공기막구조의 조형에서 찾을 수 있다. 미국의 군용시설물에서는 예부터 공기막구조가 일부 사용되었으나 서스펜션 막구조나 골조에 단순히 막을 얹는 방법에서 벗어나 공기막구조가 일반인에게 널리 알려지게 된 동기는 1957년 월터바트가 자택 수영장 지붕을 이 구조로 형성한 것이 Life잡지에 소개된 이후부터라고 한다. 그러나 실제적으로는 기구에 공기를 팽창시켜 구름 같은 모양을 만듦으로써 심벌 타워를 형성하고, 공기막구조의 특이함과 구조가 갖는 미지의 가능성을 독특하게 연출한 1964년 뉴욕 세계박람회의 "공기의 꽃" 작품이 공기막구조를 건축구조 양식의 새로운 장르로 인식하게 된 출발점이라고 할 수 있다.

막구조에 대한 무한한 가능성을 심어주고 영구적인 건축으로서 공기막구조가 인정받게 된 계기는 1970년에 열린 일본 오사카 세계박람회일 것이다.

그림 11-2 공기의 꽃, 1964년

그림 11-3 오사카 Expo '70의 USA 파빌리온(미국관)

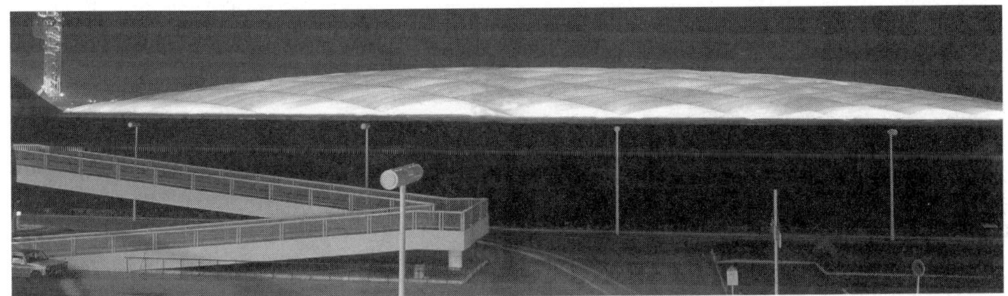

그림 11-4 USA 파빌리온의 Low-Rise형태

박람회의 파빌리온 중에서 막구조를 특징짓는 작품으로는 미국의 공기막구조의 대부로 불리는 가이거*David Geiger*가 설계한 142m×83.5m의 평면형을 갖는 미국관*〈그림 11-3〉*을 들 수 있다. 이 작품은 컴프레션 링의 내측에 케이블로 보강된 피막(염화비닐로 코팅된 유리섬유포)을 치고 실내 기압을 외기압보다 약간 높게 하여 막을 부풀게 한 2중막으로 지붕재료를 구성하였다. 이때까지는 막 스팬에 비하여 막의 높이가 상당히 높은 풍선과 같은 형태의 막구조가 일반적이었으나, 가이거가 막 높이가 6.1m인 Low-Rise 막지붕*〈그림 11-4〉*을 만듦으로써 건축의장의 다양한 형태 연출도 가능하게 한 계기를 만들었다.

또 하나의 주목 받은 작품은 외경 50m인 원형 평면에 코팅한 폴리비닐알코올 섬유로 만든 16개의 만곡 튜브(직경 4m)에 공기를 채우고 아치(길이 70m)형태로 배열한 후, 배열된 형태를 묶어서 1개의 입체적 구조시스템으로 형성시킨 후지그룹*Fuji Group*관〈*그림 11-5*〉의 2중막구조를 들 수 있다. 이 작품은 공기튜브를 원통형 기둥으로 사용할 경우, 하중에 의한 압축과 내부압력에 의한 길이방향 인장이 같아질 때까지 압축하중을 지지한다는 원리를 기초로 한 구조형태로써 막 좌굴을 형태변화로 해결하였다는 평가를 받고 있다. 공기막구조의 초기에는 박람회 건물, 창고, 가설건축 등에서만 한정되어 사용되었는데, 그 이유는 염화비닐 등으로 코팅한 합성섬유포가 방화와 내후성에 적합하지 않기 때문이다. 그러나 1972년 듀퐁사에서 항구적인 불연재인 테플론(4불소화에틸렌)을 개발한 이후부터는 구조가 갖는 지속성이 변하게 되었다. 테플론*Teflon*은 불에 타지 않고 내후성이 풍부한 합성수지로, 이것을 코팅한 유리섬유포는 불연, 고내후성이 없을 뿐 아니라 자중이 대단히 작으면서 재료가 갖는 자연 채광성 때문에, 다양한 건물의 사용 용도에 적절히 대응하면서 경제성이 높은 이점을 가짐으로써 본격적으로 대공간 지붕구조에 막구조에 의한 영구적인 건축이 가능하게 되었다.

그림 11-5 후지그룹 파빌리온

최근에는 구조물의 사용성에 맞추어 이미 언급한 테플론*PTFE ; Poly-Tetra Fluoride-Ethylene* 외에도, 파손되기는 쉬우나 막재의 오염도가 적은 PVF*Poly Vinyl Fluoride*, 내구성은 부족하나 가공성과 가격이 저렴한 PVDF*Poly Vinylidene Fluoride*, 재료강도는 낮으나 햇빛 투과율이 높고 내화학성이 있으며 잘 접히지 않으면서 매우 가벼운 투명한 필름막인 ETFE*Ethylene Tetra Fluoro Ethylene*재료 등으로 만든 막들이 적절하게 구조재 및 마감재로 사용되고 있다.

막 해석에 대한 역학적 기술 향상과 신소재의 개발에 힘입어 특히 미국과 일본을 중심으로 순수 공기막에 의한 구조물이 꾸준히 세워지고는 있으나, 자유스런 곡면형태만으로는 원하는 조형미를 쉽게 얻을 수 없기에 비공기막구조보다는 작품 수가 저조한 편이라고 할 수 있다.

공기막구조로 대공간을 반영구적으로 구축한 작품으로는 1975년 40,000m^{2}가 넘는 무지주공간(215m×180m, 6만석 스탠드)을 미국 미니애폴리스에 형성한 가이거의 메트로 돔*Metro Dome*〈그림 11-6〉과 일본 도쿄대학 산업연구소의 기술설계로 1988년에 도쿄에 지은 도쿄 돔*Tokyo Dome*〈그림 11-7〉을 들 수 있다.

막의 투광성(가장 많이 사용되었던 테플론막 경우)은 8~18%(2중막은 5%)이므로 주변에 그림자를 만들지 않고 빛의 성분도 주광에 가까운 성질을 갖고 있다. 막재 하중이 0.5~2kg/m^2(막재의 정착기구를 포함하면 2~10kg/m^2)로 경량인 특징 외에도 막구조는 내진성, 투과성, 내화성, 시공성, 유지관리, 에너지관리, 공사비 저렴, 계획의 탄력성 우수 등의 이유로 미래에도 구조재료시의 그 사용성이 꾸준히 발전할 것으로 생각된다. 그러나 막구조가 보다 발전되기 위해서는 막형태가 갖는 단조로움을 보다 미적으로 향상시킬 수 있도록 다양한 구조형태 변화에 대한 연구가 지속되어야 할 것이다.

그림 11-6 미니애폴리스의 메트로 돔

그림 11-7 도쿄 돔 전경

11-3 막구조의 원리 및 종류

막은 2방향으로 하중을 지지시키는 2차원 저항구조로, 스팬에 비해 그 두께가 매우 작아 판구조물이 보작용 외에도 2차원적 성질에 따른 비틀림 작용을 일으키는 것과 마찬가지로 막도 인장력을 받는 케이블 작용 외에 그 하중능력을 증가시키는 전단작용이 나타난다. 즉 수직으로 하중을 받는 곡면 막요소의 일부를 그림 11-8과 같이 생각하면 요소의 처짐은 2방향으로의 각각 다른 곡률을 만들고 있으므로 막을 우선 2개 케이블의 교차라고 할 수 있다.

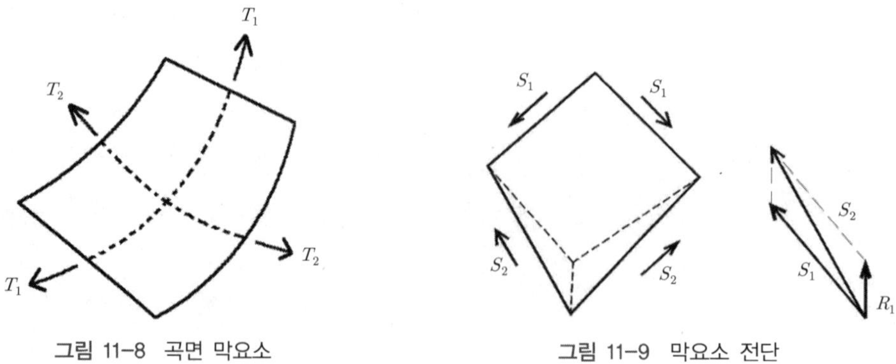

그림 11-8 곡면 막요소

그림 11-9 막요소 전단

막에 의해 지지되는 전체 작용하중은 2개의 케이블로 지지된 하중의 합계와 같으므로 막은 곡률이라고 부르는 만곡형태의 기하학적 성질에 의해 2방향의 케이블 작용에 따른 인장응력이 작용한다. 또 다른 막의 2차원 저항 성질은 막면 내에서 일어나는 접선방향의 전단작용이다. 곡면 막에서 잘라낸 장방형 요소 그림 11-9의 4변은 공간적으로 경사되므로 기하학적 비틀림이라고 부르는 경사 차이에 의해 위로 향하는 초과 수직력(R_1)이 일어난다. 이 초과 수직력이 수직하중 일부와 평형이 되면서 전단작용에 의한 하중지탱 능력을 막에 전해주고 있다. 따라서 막작용의 기본적인 구조적 거동은 인장과 전단작용으로부터 기인한다고 할 수 있다.

지금까지는 곡면 막이 갖는 기하하적 성질에 따른 막작용의 원리에 대해서만 간단히 언급하였으나, 막이 구조물에 사용되는 형태나 용도에 따라 구조가 갖는 메커니즘이 다양할 수밖에 없어 단순히 막작용만으로 막구조물의 구조적 거동을 충분히 이해할 수 없는 경우가 많으므로 설계 시에는 반드시 전문가의 조언이 필요할 것이다.

일반적으로 막을 지지하는 방법에 따라 막구조물을 표 11-1과 같이 세분하여 분리할 수 있을 것이다.

표 11-1 막구조물의 분류

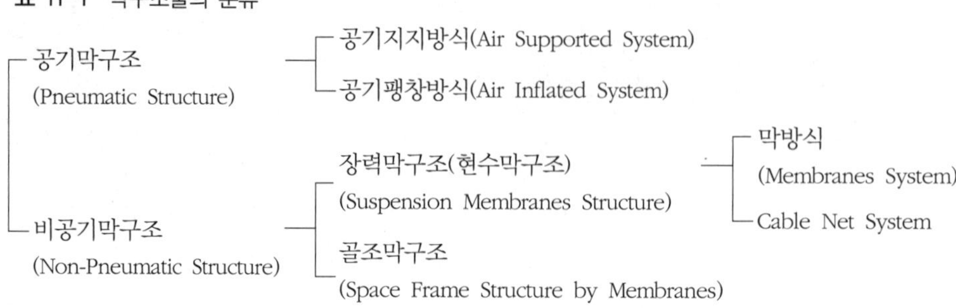

우선, 공기막구조에 대하여 역학적 성질 및 특징을 간단히 설명하면 다음과 같다. 외기압보다 조금 높은 기압(0.01~0.001 정도)으로도 자립하여 외부하중을 견딜 수 있는 원리를 구조체에 이용한 공기막구조는 다시 공기지지방식과 공기팽창방식으로 나눌 수 있다.

공간이 있는 막 주위를 고정하고 막면의 양측에 공기 차이를 줌으로써 막면에 장력이 생기게 하여 막이 부풀게 되는 그림 11-10(a)와 같은 고전적 에어 돔*Air Dome*과 그림 11-10(b)와 같이 주변을 강하게 고정한 2장의 막 사이에 공기를 불어넣어 지지시키는 형태의 막을 공기지지구조*Air Supported System*라 한다. 그림 11-10(a), (b)는 내기압 P_i가 외기압 P_o보다 큰 경우($P_i > P_o$)이나, 이러한 구조는 그림 11-10(c), (d)처럼 막면에 인장을 주는 방식으로 내기압을 외기압보다 적게($P_i < P_o$) 할 수도 있을 것이다.

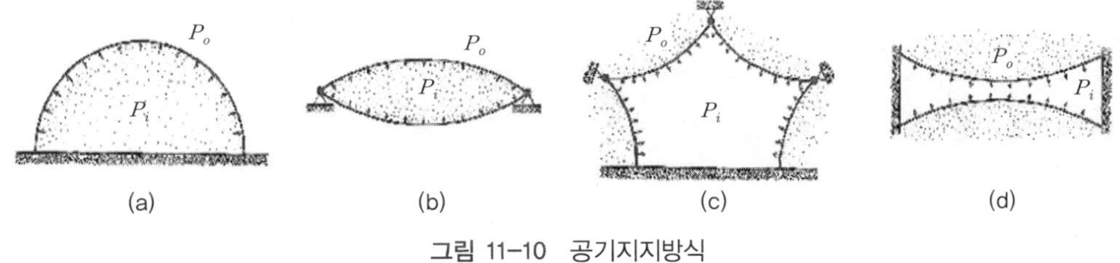

그림 11-10 공기지지방식

그림 11-11과 같은 원통형의 막구조체 속을 가압($P_i > P_o$)하여 생기는 팽창력에 의해 막이 보*Beam*나 아치*Arch* 형태가 되도록 하고, 이렇게 형성된 막구조체에 곡압력과 전단응력이 저항하도록 한 구조를 공기팽창방식*Air Inflated System*에 의한 막구조라 한다. 따라서 공기팽창방식의 막구조는 선재의 조합으로 면을 구성하는 것이 일반적이다.

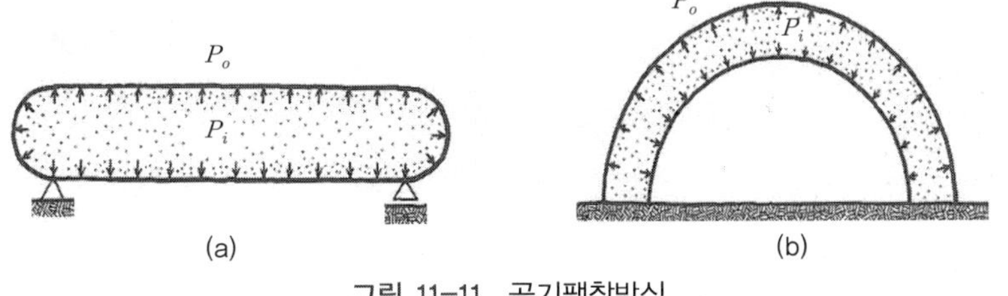

그림 11-11 공기팽창방식

공기지지방식의 공기막구조에서는 막 내외의 기압차가 0.002~0.01kg/m^2(수주로서는 20~1,000mm, 30mm 차이는 대기압의 약 0.3%로서 건물 1층과 10층 사이의 기압차임) 정도 필요하지만, 튜브형과 같은 공기팽창구조에서는 건물의 규모에 따라 변화가 있어도 일반적으로 0.1~1kg/m^2(수주로서는 10,000~100,000mm) 정도의 많은 기압차가 필요하다.

기압차에 의해 장력이 발생한 공기지지방식과 공기팽창방식의 구조체가 같은 하중을 받고 있는 상태를 나타내면 그림 11-12와 같다.

공기지지방식은 그림 11-13과 같은 메커니즘으로 막의 장력이 변형에 의해 상향의 힘을 발생시키면서 원래의 상태로 되돌아가려는 경향을 갖는다. 그러나 공기팽창구조는 그림 11-14와 같이 에어 빔*Air Beam*의 외피는 막의 경우와 마찬가지로 상향의 힘을 발생시키지만 빔 내부에서는 공기 압축력이 역으로 하향인 힘을 발생시켜 막의 장력으로 변형이 원상태로 되돌아가려는 경향을 억제시키는 구조적 메커니즘을 가지고 있다. 따라서 튜브와 같은 모양의 공기팽창구조방식은 공기지지방식에 비하여 역학적으로 능률이 낮다고 할 수 있다.

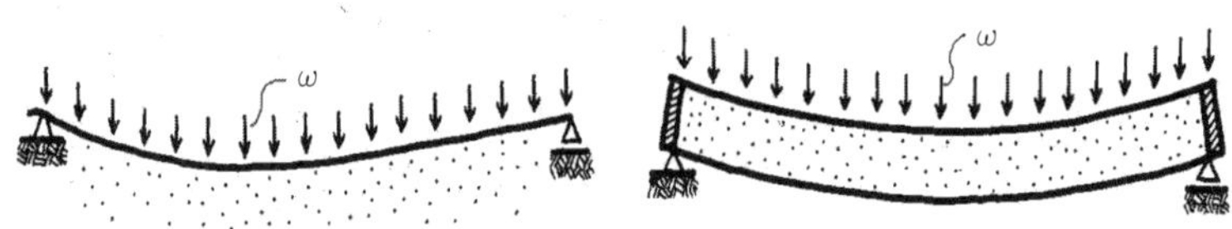

그림 11-12 하중을 받는 막

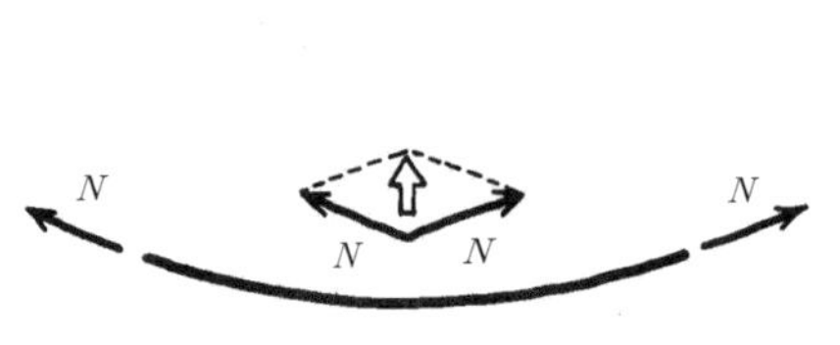

그림 11-13 공기지지방식 메커니즘

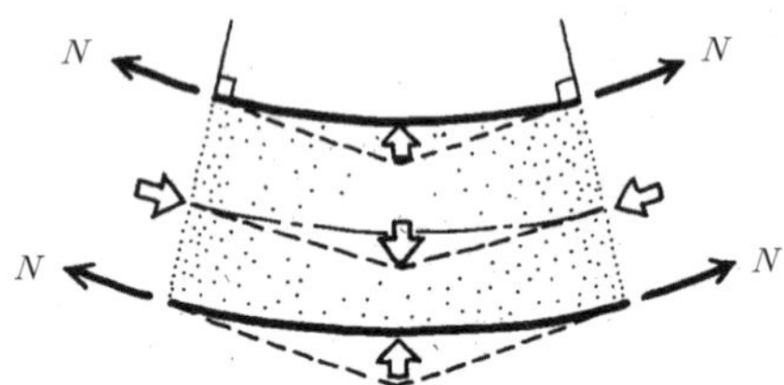

그림 11-14 공기팽창방식 메커니즘

그러나 공기팽창구조는 에어록*Air Lock*이 필요하지 않아 출입이 자유롭고 개방적 특징을 갖고 있으므로 사용 용도에 따라 적절한 구조시스템이 선택되어야 할 것이다.

공기막구조로는 미국 미니애폴리스의 메트로 돔*Metro Dome*, 일본의 도쿄 돔*Tokyo Dome*〈그림 11-7, 15, 16〉과 Sea & Island Expo '98의 Big Wave〈그림 11-17〉 등의 공기지지구조, 일본 오사카 박람회의 버섯풍선 모양인 Shade Shelter와 쓰쿠바 박람회(1985년)의 Technocosmos〈그림 11-18〉 공기팽창구조 등을 들 수 있으나 국내에서는 아직까지 순수 공기막구조로 된 구조물을 찾을 수 없다.

그림 11-15 도쿄 돔 지붕

그림 11-16 도쿄 돔 내부

그림 11-17 Big wave, Sea & Island Expo '89

그림 11-18 Technocosmos 쓰쿠바 Expo '85

장력막구조(현수막구조)는 비공기막구조로서 막면 내에 직접 초기장력을 주어 형태를 안정시키면서 외부하중에 견딜 수 있도록 하는 구조이다. 초기장력을 받을 때 장력막구조의 곡면을 그림 11-19와 같이 2개의 케이블로 구성하면 a-a′ 방향으로는 매단 케이블*Ridge Cable*, b-b′ 방향으로 누르는 밸리 케이블*Valley Cable*로 나누어 생각할 수 있다.

이때 Ridge와 Valley 방향의 장력은 반대가 되기 때문에 하중이 작용할 경우 각각의 장력은 서로 상쇄되어 하중은 곡면 내에서 흡수되므로 경계구조물에는 거의 영향을 미치지 않는 자기평형 상태가 형성된다. 막에 대한 초기장력은 구조와 형태를 결정짓는 주요한 요소로서 초기장력을 주는 방법에 따라 장력막구조는 막방식과 케이블 넷*Cable Net* 방식으로 다시 구분할 수 있다.

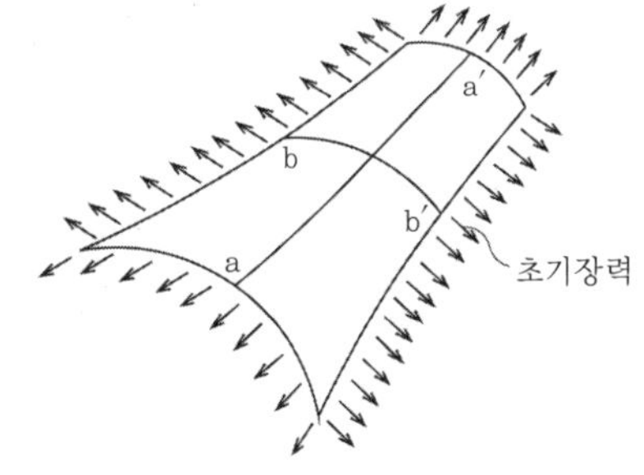

그림 11-19 현수막구조

강케이블이나 이것과 유사한 선재료를 사용하여 망형태로 구조체를 만들고 그 표면에 직포나 필름 등으로 피복한 형식의 장력막구조를 케이블 넷 방식이라 한다. 이 형식은 막면에 장력이 반드시 균일하지 않아도 되므로 곡면형태를 자유롭게 설정할 수 있다.

막방식*Membranes System*은 처음부터 직포나 필름 등의 면재를 안장형의 곡률을 갖는 곡면이 되도록 양방향으로 프리스트레스를 가함으로써 안정된 형태를 유지시키는 방법으로 케이블 넷 방식에서 사용된 강케이블 등에 의한 구조체를 만들 필요가 없다. 막방식에서는 일반적으로 막면 자체가 매우 얇아서 큰 내력을 기대할 수 없으므로 되도록이면 균일한 막면 장력을 갖추도록 국부응력과 크리프에 의한 주름*Wrinkling* 발생을 방지하기 위한 시공상의 노력이 필요하다.

장력막구조로는 1967년 몬트리올 박람회의 서독관, 1982년 사우디아라비아 제다*Jeddah*공항의 터미널, 1983년 뮌헨 올림픽공원의 스케이트장(Cable Net 구조)*〈그림 11-20, 21〉*, 1985년 일본 쓰쿠바의 국제과학기술 박람회 산토리*Suntory*관*〈그림 11-22, 23〉* 1986년 사우디아라비아 리야드*Riyadh* 국제스타디움*〈그림 11-24〉*, 목조 프레임을 이용하여 1992년에 완성시킨 이즈모 돔*Izumo Dome〈그림 11-25, 26〉*, 1999년 호주 에어즈 락*Ayers Rock*에 세운 울라라 투어리스트 리조트*Yulara Tourist Resort*의 야외 공간구조물 등에서 볼 수 있다.

그림 11-20 뮌헨 아이스링크 전경

그림 11-21(좌)
뮌헨 아이스링크 내부

그림 11-22(우)
산토리 파빌리온 내부

그림 11-23 산토리 파빌리온, 쓰쿠바

그림 11-24 사우디아라비아 리야드 스타디움 전경

그림 11-25 이즈모 돔 스타디움 전경

그림 11-26 이즈모 돔의 목재 프레임

그림 11-27 인천문학경기장 PVDF막 사용, 2002년

국내에서도 1988년부터 막재료와 케이블에 의한 장력을 이용한 비공기막구조가 지붕구조에 본격적으로 사용됐으나 막응력보다는 케이블의 초기장력 문제가 구조적으로 우선시되는 케이블 트러스구조(일종의 장력막구조)로 시작되었다는 특징이 있다. 작품으로는 서울올림픽 실내체육관, 부산 아시아드 주경기장, 인천문학경기장 등이 있으나 막보다는 케이블의 구조적 거동을 더욱 중요시하는 구조시스템이므로 국내의 막구조에 대해서는 중복을 피하기 위해 12장의 케이블구조 설명에서 언급하도록 한다.

비공기막구조 중 골조막구조는 구조물 주재(1차 구조재)를 철골 등으로 그 형태를 형성한 후 막을 2차적인 구조재로 사용한 방식으로, 자유로운 곡면을 얼마든지 펼칠 수 있는 장점이 있다. 골조막구조는 막재료가 지붕마감재의 역할에 국한되는 경우가 많으므로 막 자체의 구조적 거동은 크게 염려되지 않으나, 구조물을 형성하는 주체구조(철골 등)와 막구조를 연결시키는 접합부에서는 시공과 디자인의 정교성이 요구된다.

장력막구조인 케이블 넷 방식과 골조막구조는 구조형태상 구별이 어려운 경우가 있으므로 장력막구조를 골조막구조의 일부로 구분하는 경우도 있다. 골조막구조로서의 대표작은 1975년 만하임 다목적 홀(목조격자 Shell+막재)*〈그림 11-28〉*, 1990년 가지마에서 설계 시공한 스카이 돔*Sky Dome〈그림 11-29, 30〉*, 나고야의 애슬레틱 그라운드*Athletic Ground〈그림 11-31, 32〉* 등과 우리나라에서는 2015년 준공한 고척 스카이돔을*〈그림 11-33〉* 들 수 있다.

국내 월드컵경기장 중 철골로 구성된 지붕구조 마감재료에 테플론 막을 사용한 서울, 대구, 제주 경기장과 복합패널로 마감한 광주, 대전, 울산, 수원, 전주 경기장도 지붕의 마감상태로만 판단한다면 골조막구조로 볼 수 있다.

그림 11-28 만하임 다목적 홀, 1975년

그림 11-29 스카이돔, 아키타*Akita*, 1990년

그림 11-30 스카이돔 내부

최근의 작품으로는 지붕의 마감재를 ETFE재료 막을 사용한 2001년 영국 렌스터의 국립우주센터*National Space Centre〈그림 11-34〉*, 2005년에 지붕공사를 시행한 독일 뮌헨의 알리안츠 아레나*Allianz Arena*(보수)*〈그림 11-35〉*, 2008년 완공한 중국 북경의 워터 큐브*Water Cube* 건물과 PTFE재료 막을 사용한 베를린 스타디움(2006년 보수), 2010년 월드컵 경기를 위해 확장공사를 한 남아프리카의 요하네스버그의 FNB스타디움*〈그림 11-36〉* 등을 예로 들 수 있다.

그림 11-31 나고야의 경기장(Athletic Ground) 전경, 1996년

그림 11-32 나고야 경기장 내부구조

그림 11-33 고척 스카이돔, 2015년

그림 11-34 국립우주센터, 2001년

그림 11-35 알리안츠 아레나, 2005년

그림 11-36 FNB 스타디움, 2010년

12 케이블Cables 구조

12-1 기원Origins

구조요소 중에서 인장력만을 전달하고 휨이나 압축에는 저항하지 않는 부재를 케이블이라고 하며, 재료가 갖는 인장력만을 이용하여 구조물을 축조한 구조형태를 케이블구조*Cable Structure* 또는 서스펜션구조나 현수구조 등으로 부른다. 케이블구조는 인장력만을 이용하여 하중을 지지시키므로, 경간*Span*을 크게 해도 아치와 같이 좌굴에 의해 파괴될 염려가 없어 적절한 구조형태 변화로 대스팬의 공간구조 구축에 적합할 수 있다.

가장 원시적인 케이블 구조는 삼나무, 등나무, 대나무 등의 자연재료를 이용하여 중국, 인도, 남미 등에서 만든 조교*〈그림 12-1〉*라고 볼 수 있으며, 로마의 콜로세움에서 햇빛가리개를 치기 위해 180m의 로프를 설치한 개폐식 차양인 벨라*Vela*의 구조*〈그림 12-2〉*도 역시 인장을 이용한 케이블구조의 일종으로 볼 수 있다.

그림 12-1 잉카인에 의해 축조된 남부 페루 파마스*Velarium* 강의 조교

건축물보다는 다리 축조에 주로 사용된 케이블구조가 건축에 이용된 것은 1896년 니즈니 노브고로드*Nizhny Novgorod*에서 열린

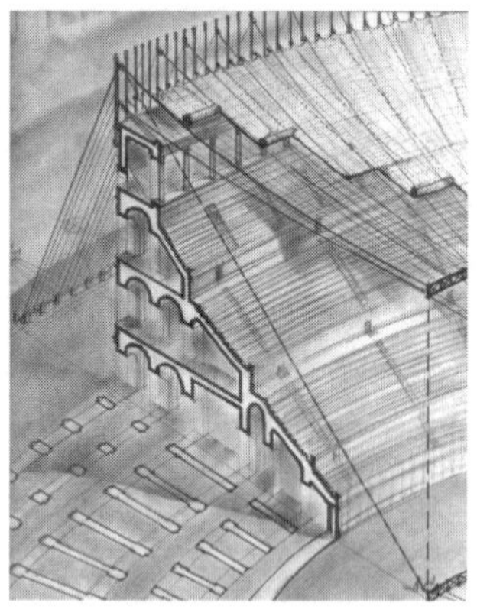

그림 12-2 콜로세움 베라리움 *Velarium* 설치 가상도

그림 12-3 러시아 전시관, 1896

러시아 박람회에 슈코프*V. G. Shookhov*가 길이 60m 지붕구조를 강케이블로 구성한 러시아 전시관*All-Russia Exhibition* 건물이 처음이라고 할 수 있다. 1933년에 개최된 시카고 박람회에서도 케이블을 구조물 외곽의 원주기둥에 매달아서 내부공간을 원형 돔의 지붕형태로 나타낸 대범한 구조가 표현되기도 하였으나 1950년까지는 비교적 산발적인 시도에 국한되었다고 할 수 있다. 그 이유로는 20세기 초에 발생한 풍하중에 의한 케이블 다리(조교)의 붕괴사고*〈그림 12-4, 5〉*가 케이블구조가 갖는 구조적 안전성에 의문을 제기했기 때문이다. 따라서 건축구조에서 케이블 사용이 본격화된 것은, 전쟁복구에 따른 시대적 요구(공기단축과 경제성)에 의하여 케이블구조가 다시 각광을 받기 시작한 2차대전 이후부터라고 할 수 있다.

그림 12-4 타코마 나로우교*Tacoma Narrow Bridge*의 뒤틀림운동, 1940년

그림 12-5 타코마 나로우교의 붕괴

노비키*Novicki*와 데이트릭*Deitrick*이 설계하고 엘스태드*Elstad*가 구조 설계하여 1953년에 완공된 미국 노스캐롤라이나의 롤리체육관*Raleigh Arena* *〈그림 12-6〉*은 세계 최초의 본격적인 매단지붕구조로 알려져 있으며, 이 작품은 대형 스팬의 지붕에 현수구조를 사용한 선구적인 구조물로도 평가받고 있다. 엘스태드가 구조 설계한 케이블구조 작품으로는 예일대학 아이스경기장(설계: Eero Saarinen)에서도 찾을 수 있다.

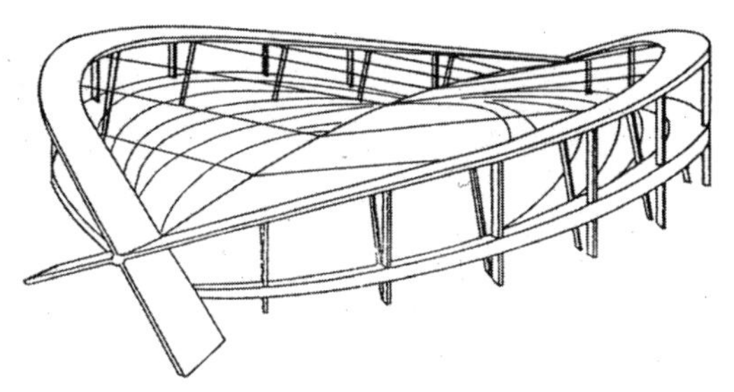
그림 12-6 롤리체육관 골조형태

1958년 브뤼셀*Brussel*에서 개최된 세계박람회에 참가한 여러 나라에서 케이블로 지붕을 매다는 형식의 구조형태를 건축물에 이용하여 케이블 지붕구조의 무한한 가능성을 보여주었다.

1961년, 사리넨*Saarinen*은 미국 워싱턴의 댈러스공항 터미널 빌딩*〈그림 12-7〉*을 스팬 49m 공간에 직경 25mm 케이블로 철근콘크리트 경사 기둥부에 연결시켜 지붕을 만든 구조형식으로 대공간을 형성함으로써 케이블구조도 얼마든지 아름다운 조형미를 갖출 수 있다는 자신감을 심어주는 계기를 만들었다.

1964년, 일본의 동경올림픽을 위한 요요기 국립실내경기장의 대소 2개의 체육관도 케이블에 의한 건축구조물로는 기념비적이라는 평가를 받고 있다. 그러나 현재까지도 장력케이블구조의 진수는 1967년 오토*Otto*가 설계한 독일 뮌헨 올림픽 스타디움 구조물*〈그림 12-8〉*이라고 할 수 있다.

국내에서는 1986년 서울올림픽을 위하여 가이거*D. Geiger*가 서울에 건조한 체조경기장,

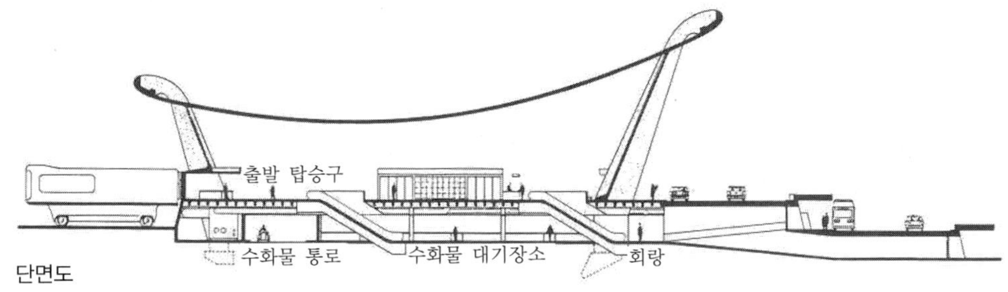

그림 12-7 댈러스 국제공항 단면도

펜싱경기장(서울 올림픽공원 내 제1, 제2 체육관)이 세계 처음으로 케이블과 트러스의의 복합구조*Tensegrity* 원리를 이용하여 만든 케이블 돔 구조형식을 갖는 구조물이다. 같은 구조형식으로 건조된 건물은 일리노이 주의 주립대학 경기장과 애틀랜타의 조지아 돔*Georgia Dome* 등이 있으며, 2002년 월드컵 경기를 위한 국내 축구경기장 건립에서도 이러한 구조시스템을 이용한 지붕구조가 다수를 차지하고 있다.

주 구조가 케이블로 구성되어 있더라도 지붕마감재가 막으로 되어 있으면 막구조로도 분류할 수 있는 것처럼 케이블구조로 불리는 많은 작품들도 막구조나 입체구조, 돔구조 등의 구조시스템으로도 그 형태를 설명할 수도 있다.

그림 12-8 뮌헨 올림픽 스타디움, 1967년

12-2 매단지붕 구조형태

케이블의 원리를 이용한 가장 간단한 형태는 우리가 흔히 볼 수 있는 빨랫줄*〈그림 12-9〉*에서 찾아볼 수 있다. 빨래를 널 때에는 지지된 줄에는 인장력만이 작용되고, 길이에 비해 단면이 작기 때문에 휨저항을 할 수 없는 이유로 인하여 사용된 줄은 하중상태에 따라서 그 모양이 쉽게 변하는 것을 알 수 있다*〈그림 12-10〉*.

그림 12-9 빨랫줄

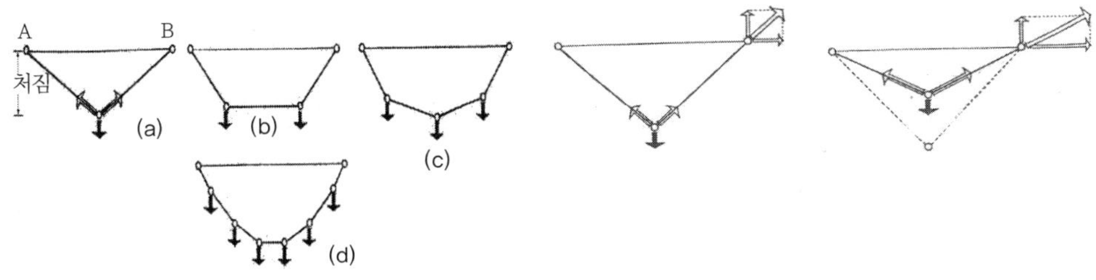

그림 12-10 하중에 따른 형태의 변화

그림 12-11 처짐에 의한 장력변화

또한 그림 12-10(a)와 같은 케이블의 지지점 A, B에는 그림 12-11과 같이 처짐*Sag*의 크기에 따라 수평과 수직반력이 달라지므로 케이블 장력은 작용하중과 처짐의 변화에 따를 수밖에 없다.

케이블에 작용된 장력이 과다할 경우에는 A, B 지지점에서 부벽*Buttress*이나 Stay 같은 구조재로 보강하거나 $\overline{AB}$ 사이에 압축 Strut을 설치하여 지지점의 수평반력을 0으로 만드는 렌즈 모양의 구조 등이 설치되기도 한다*〈그림 12-12〉*.

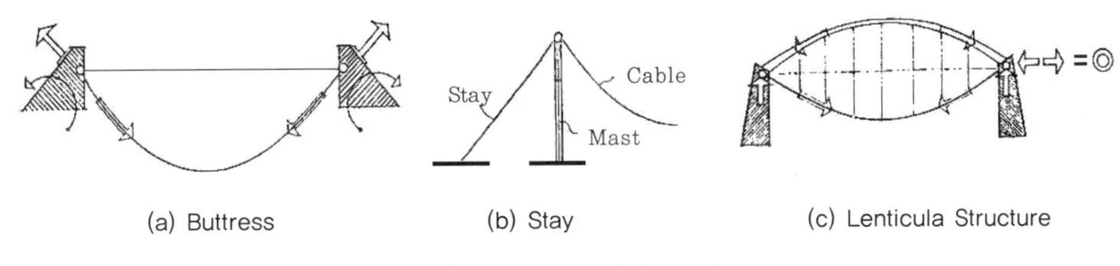

(a) Buttress (b) Stay (c) Lenticula Structure

그림 12-12 케이블의 보강

건축물의 지붕구조에서는 1방향 케이블에 의존하는 다리구조보다는 평면적으로 넓은 면적을 갖고 있으므로 2방향과 방사 모양 등이 있는 조형의 풍부함을 가지고 있다. 2방향을 갖는 케이블은 그림 12-13(a)와 같은 형태를 구성면 내에 연속적으로 펼쳐서 그림 12-13(b)와 같은 모양을 갖출 수 있다. 서로 역방향의 곡률을 가진 케이블을 연결하면 한쪽에서 케이블을 당김에 따라 다른 쪽의 케이블에도 장력이 생긴다. 이와 같은 한 쌍의 힘을 프리스트레스라 하며, 큰 장력이 생길 수 있는 케이블은 변형되기 쉽기 때

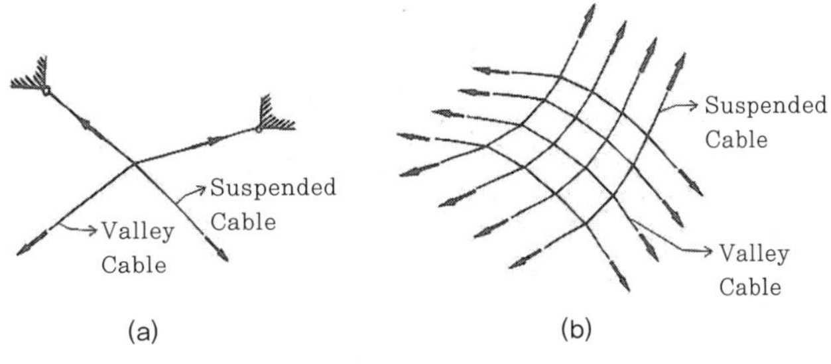

(a) (b)

그림 12-13 2방향 케이블 구성

문에 프리스트레스에 의해 매단지붕을 보강하기도 한다. 이 경우 하중을 매달아 올리는 방향의 케이블을 매다는 케이블*Suspended Cable*, 밀어 내리는 케이블을 누름 케이블이라 한다. 이러한 케이블들의 네트워크는 케이블을 지지시키는 구조체에 하중을 전달시키는 역할을 담당하며, 케이블을 지지하는 경계구조로는 그림 12-14와 같이 아치, 지지케이블, 직선재 등으로 구성되는 것이 보통이다.

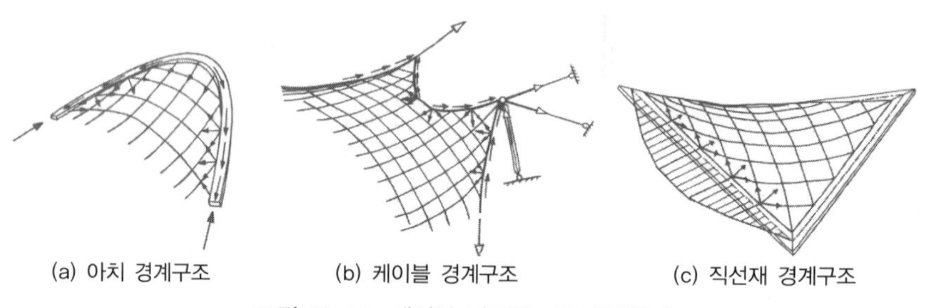
(a) 아치 경계구조　(b) 케이블 경계구조　(c) 직선재 경계구조

그림 12-14 케이블 네트워크의 배치형태

케이블구조의 종류는 하중을 지지점에 전달시키는 케이블의 형태에 따라 단순히 매달아 내리는 구조(아치교 등), 지주로부터 사장구조(사장교 등)*〈그림 12-15〉*, 1방향 현수구조, 2방향 현수구조, 방사상 현수구조 등으로 구분할 수 있으며, 건축물의 축조에서는 주로 1·2방향 현수구조나 방사형 현수구조형태가 자주 이용된다.

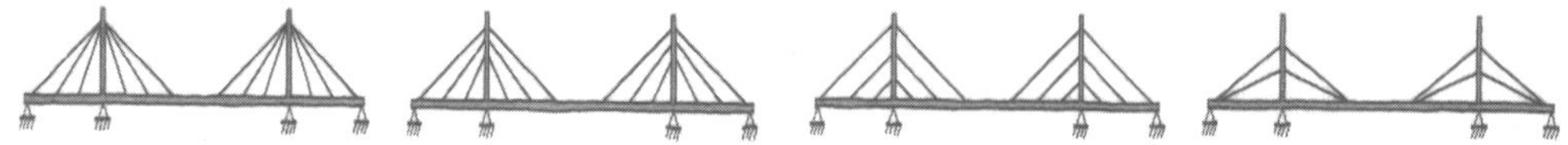

그림 12-15 사장교 케이블의 여러 배치형태

1방향 현수구조*〈그림 12-16〉*는 2개의 지주 사이에 현수선 모양의 케이블을 평형 배치한 형태로, 이 주된 케이블로 지붕을 매달 수도 있지만 그 곡면을 그대로 이용하여 역 원통셸*Shell* 지붕을 형성할 수도 있다. 그러나 케이블을 평형으로 매단 1방향 현수구조는 재료 특성상 구조재나 마감재가 가벼워서 작은 바람 등에도 쉽게 진동하거나 흔들리는 경향이 있으므로 지붕재료를 비교적 무겁게 하거나 주 케이블의 직각방향으로 보강재를 설치하여 고정시킬 필요가 있다. 또한 1방향 현수지붕구조에서는 케이블에 작용한 장력을 지탱하는 기둥에서는 휨응력이 과대하게 나타나므로 Back Stay 등을 이용하여 건물 외측으로부터 지반에 앵커시키는 보강방법도 자주 사용된다.

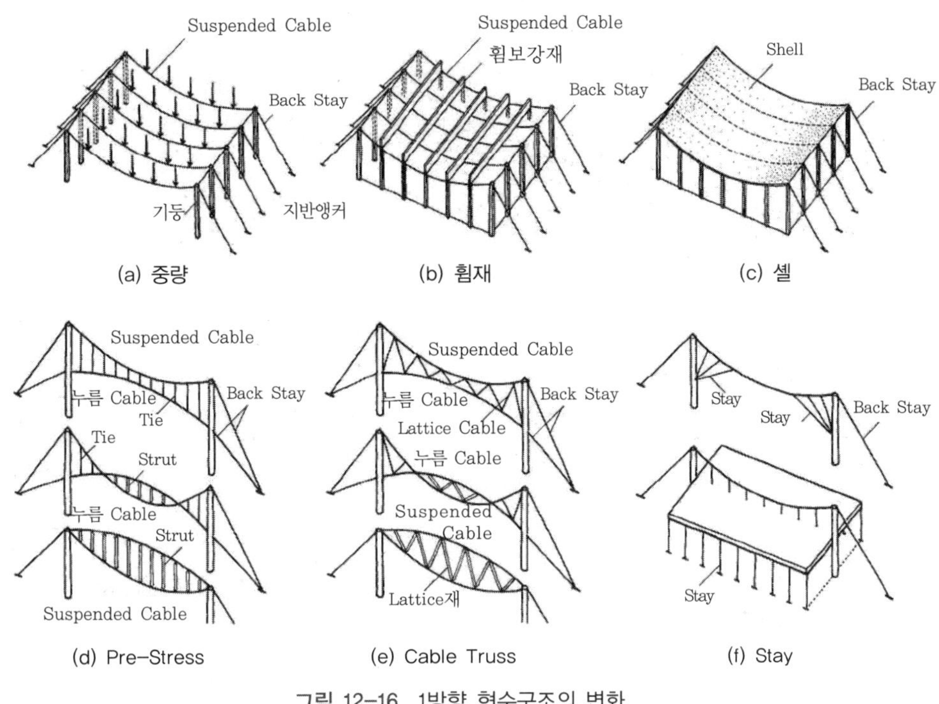

그림 12-16 1방향 현수구조의 변화

2방향 현수구조로 형성된 지붕구조*〈그림 12-17〉*는 서로 직각 또는 이에 가까운 각도로 교차하는 2방향의 케이블군*Ridge and Valley Cable*으로 구성된다. 이때 케이블이 면강

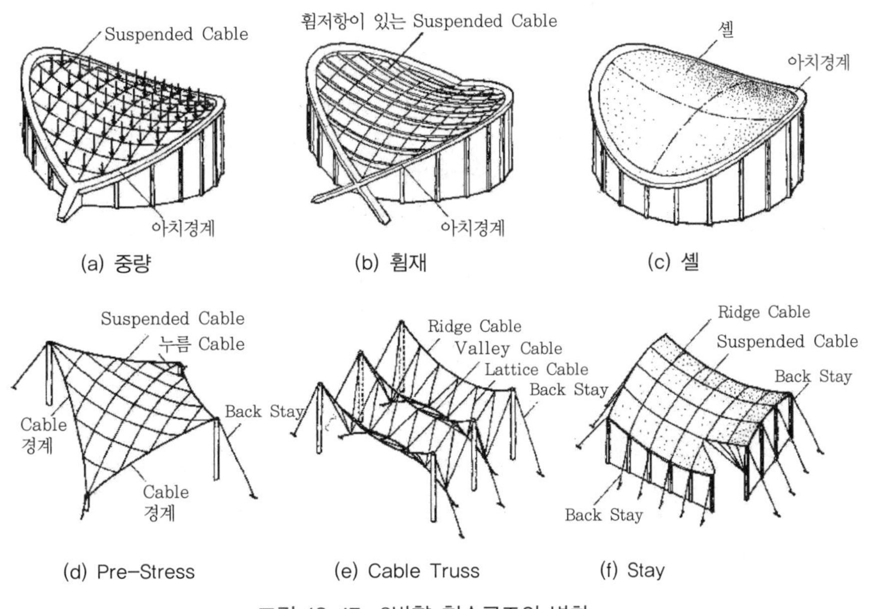

그림 12-17 2방향 현수구조의 변화

성을 유지하는 곡면형태가 되도록 초기장력을 넣어 고정시켜야 하므로 셀구조의 H.P 셀형태와 닮은 쌍곡포물선 현수곡면구조를 갖게 된다. 2방향 현수지붕구조에서는 케이블에 작용한 장력을 처리하기 위하여 지붕의 경계면을 한 쌍의 아치로 고정하거나 압축링을 설치하는 경우가 일반적이다.

방사형 현수구조*(그림 12-18)*로 지붕을 매다는 구조는 비교적 새로운 방식으로 건물 외부의 압축링과 중앙위치의 인장링 사이에 현수케이블이 배치된 것으로, 셸 돔*Shell Dome*을 거꾸로 한 것 같은 형태이다. 이 구조는 케이블의 흔들림을 방지하는 고정케이블*Valley Cable*이 없기 때문에 불안정 구조가 될 수 있으므로 지붕면의 하중을 증가시키거나 프리스트레스를 주어 지붕 전체의 강성을 높일 수 있는 보강조치가 필요하다.

케이블 지붕 구조체에 사용되는 재료가 경량이기 때문에 구조형식에 관계없이 바람 등에 의한 흔들림을 방지하는 일은 매우 중요하다. 구조안정을 위한 여러 가지 방법이 있으나 보편적으로는 중량으로 보강하는 방법, 휨을 받는 보강재를 주 케이블 직각방향에 설치하여 주 케이블의 휨저항을 줄이는 방법, 지붕 곡면을 콘크리트 등으로 타설하거나 스페이스 프레임*Space Frame* 등으로 구성하여 지붕면의 셸*Shell* 효과를 갖도록 하는 방법 등이 자주 사용된다.

특별한 경우에는 프리스트레스를 주는 케이블 사이를 단순히 연결하지 않고 트러스 모양으로 교묘하게 연결하여 케이블 돔*Cable Dome*구조로 변형하거나 Stay를 케이블과 지

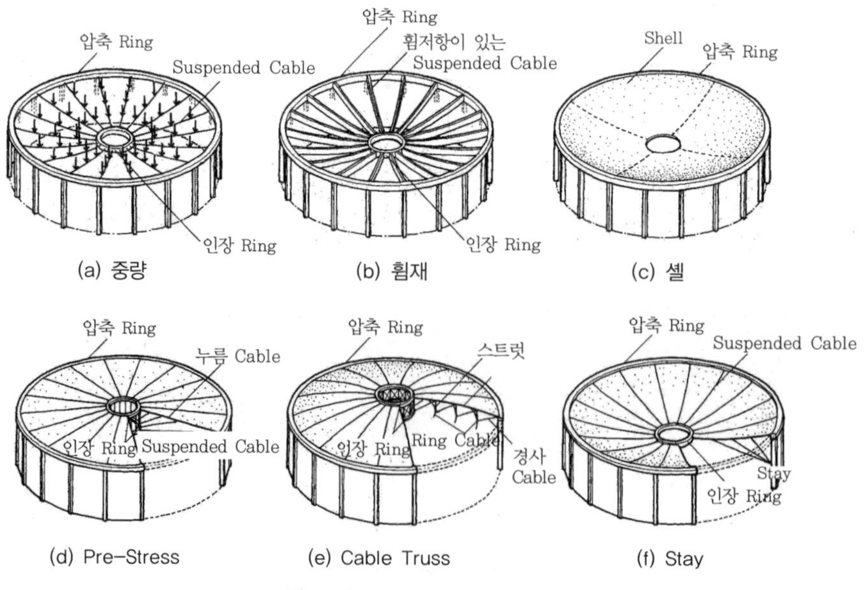

그림 12-18 방사형 현수구조 변화

반(또는 지주)에 연결시켜 변형을 줄이는 방법 등도 있으나, 공간 활용에 방해가 될 수 있는 Back Stay 방법은 건축에서는 별로 이용되지 않고 있다.

최근 지붕면에 펼쳐질 다양한 조형미를 케이블 트러스로 스트럿*Strut* 부분을 형성하면서 지붕마감을 막으로 덮는 케이블 돔 구조*Cable Suspension Structure*가 대공간 지붕구조에 자주 이용되면서 새로운 구조시스템으로 주목을 받고 있다. 이 경우는 각 케이블에 인장력이 나타나지 않으면서 원하는 구조형태를 갖기 위한 형상해석*Shape Finding Analysis*과 케이블과 막재료에 따른 응력변형해석, 시공 순서에 따라 부재력의 변화가 안전성을 확보할 수 있도록 한 시공해석 등이 구조설계에서 검토해야 할 중요 사항이다.

12-3 케이블 건축구조

12-3-1 Dorton Arena, Raleigh(롤리 체육관)〈그림 12-19〉

노비키*Novicki*/데이트릭*Deitrick*의 설계와 엘스태드*Elstad*의 구조설계로 1953년에 완성된 케이블 넷*Cable Net* 구조의 초기 작품으로 미국 노스캐롤라이나에 있다.

이 건물은 세계 최초로 본격적으로 만든 매단 지붕구조로서 2개의 경쾌한 아치 사이에 처진 케이블에 의한 안장형 지붕은 92m×97m의 공간을 받치고 있으며 철근콘크리트로 구성된 2개의 아치는 세장한 철골기둥이 아치 하부로부터 지반에 연결되어 있다.

골 금속판인 지붕의 자중은 30kg/m^2 정도로서 비교적 경량이고, 케이블의 흔들림을 방지하기 위하여 2차 케이블이 주 케이블에 수직으로 배치되었으며, 주 케이블은 구조

그림 12-19 롤리 아레나*Raleigh Arena*, 노비키, W. H. 데이트릭, 1953년

안정을 위하여 프리스트레스되어 있다.

12-3-2 댈러스 국제공항 터미널 빌딩*Dulles International Airport Terminal Building* *〈그림 12-7, 20〉*

사리넨*Eero Saarinen*의 설계로 1961년에 완공된 1방향 현수지붕구조이다. 케이블은 휨 강성을 주어 비교적 큰 하중에도 강성 확보가 가능하도록 철근콘크리트 내에 매설하였으며 지붕면은 프리스트레스 패널*PC Panel*로 형성하였다.

따라서 바람 등의 외력에 의한 구조물의 역대칭 변형은 지붕의 휨면을 따라 3m 간격으로 걸쳐진 콘크리트 리브(작은 보강보)에 의한 휨저항과 옥상면을 구성하는 프리캐스트 패널의 중량에 의해 억제되도록 구성되어 있다. 또한 이 건물은 케이블에 의해 만곡된 건물 내부의 천장 때문에 음향효과가 상승되어 장내 방송이 대단히 우수하다는 평가도 받고 있다.

그림 12-20 댈러스 국제공항

12-3-3 Burgo Paper Mill(이탈리아 만토바, 1961~1963년)*〈그림 12-21,22,23〉*

네르비*P.L Nervi*와 Covre의 작품으로 제지공장의 대공간 지붕을 1방향 현수지붕으로 매단 구조형태이다. 각 지붕 단면(폭 31m, 길이 253m)은 더 짧은 Stay로 지지된 경사진 철근콘크리트 기둥에 케이블로 지지되어 있으며, 지상에서 조립된 철근콘크리트 보와 슬래브를 와이어행거 방법에 의해 케이블로 달아 올렸다. 이 구조는 중간기둥 없이 930m^2의 공간을 철근콘크리트로 덮음으로써 보강트러스 역할과 케이블을 고정시키는 효과를 갖도록 하였다.

그림 12-21 Burgo Paper Mill 전경

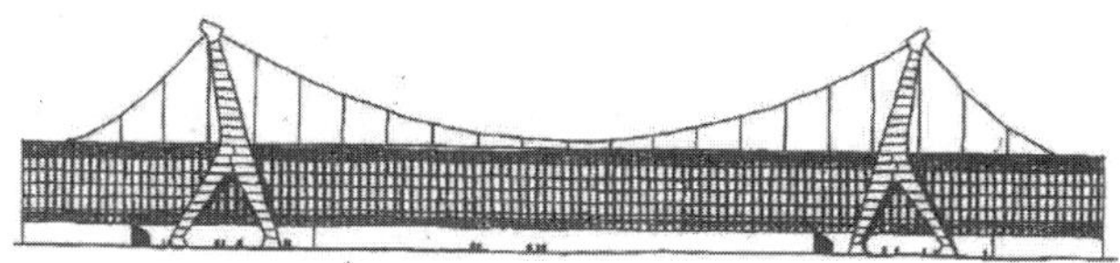

그림 12-22 Burgo Paper Mill 단면

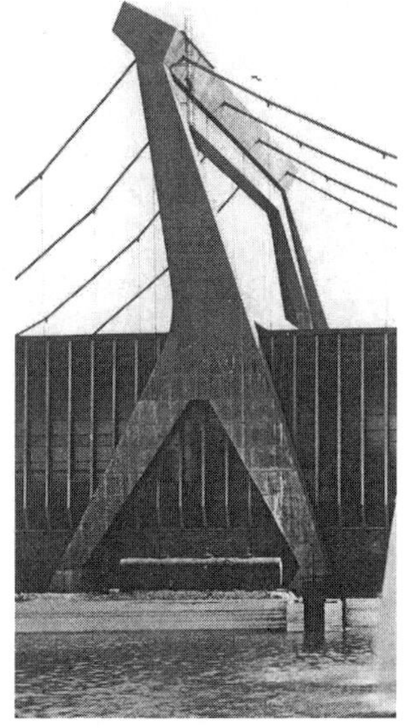

그림 12-23 Burgo Paper Mill 지지기둥 주위

12-3-4 우루과이의 몬테비데오 경기장(1957년)*〈그림 12-24〉*

자전거 바퀴의 특징인 2개조의 케이블을 압축과 인장링 사이에 연속적으로 배치하여 큰 원형공간의 지붕을 처음으로 저렴하고 안전하게 덮었던 비에라*(Leonal Viera-Cilindro)* 작품의 방사상 현수지붕구조이다.

직경 93m인 이 경기장의 지붕구조는 방사선 케이블 사이의 좁은 거리에 5~7.5cm 정도 두께의 모르타르 그라우팅으로 형성된 슬래브와 5.4m 직경인 내부 철재 인장링, 케이블의 장력에 의한 외부의 철근콘크리트 압축링으로 구성되어 있다. 그러나 이 구조는 접시형태이므로 지붕 내부로 빗물이 모이게 되어 지붕 자중보다 무거운 빗물 처리의 문제가 있다.

비에라는 지붕에 4개의 배수파이프를 설치하여 빗물 문제를 해결하였으나 미적인 관점에서 여러 가지 비난을 받았다고 한다. 이 건물은 2010년 10월경에 화재로 인하여 소실되었다.

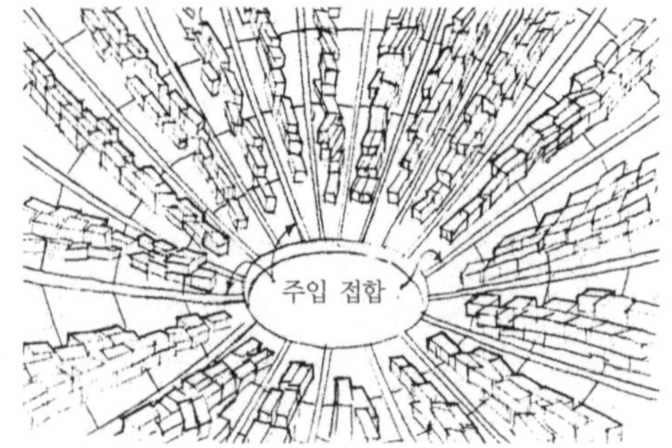

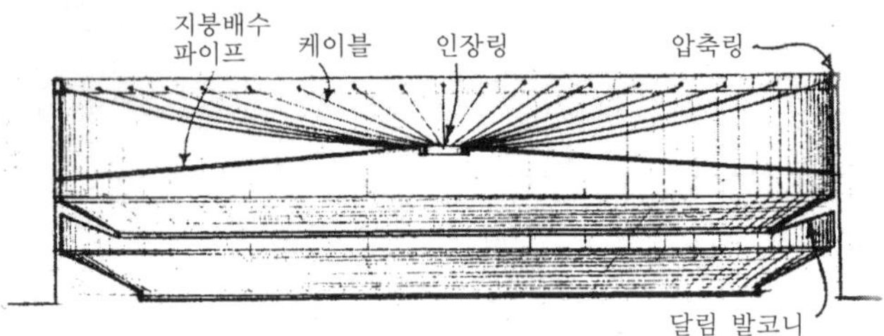

그림 12-24 우루과이의 몬테비데오 경기장 지붕구조형태

12-3-5 이탈리아 제노바의 스포츠 홀(1963년)*〈그림 12-25〉*

구조물 직경 110m의 중앙부 72m 지붕을 방사상 현수구조형태로 처리한 작품으로 건물 외부로부터 내측으로 뻗어 있는 캔틸레버군의 선단에 주 케이블이 지지되는 형상을 하고 있다.

그림 12-25 이탈리아 제노바의 스포츠 홀

차륜형 매단 지붕은 마치 자전거 바퀴처럼 생긴 스포크의 상부 면에 투명한 플라스틱판으로 지붕을 형성하였으며, 바퀴의 링에 해당하는 부분은 압축링으로 처리되어 있다.

12-3-6 미국 뉴욕의 유티카 메모리얼 강당 *Utica Memorial Auditorium〈그림 12-26〉*

지붕구조는 1959년 Lev Zetlin 작품으로, 서로 역방향의 곡률을 가진 2개의 케이블이 건물 외부의 압축링과 중앙의 인장링 사이에 6조가 수직 배치된 방사상 현수지붕구조로서, 상하 케이블은 트러스 방식으로 연결되어 있으며 2개의 방사선 케이블로 대공간을 구성한 세계 최초의 작품으로 기록되고 있다. 이 작품은 접시형 지붕구조가 가지고 있는 빗물처리에 대한 정교한 해결책으로 평가받고 있다.

1988년 한국의 올림픽을 위하여 건립한 실내경기장의 지붕구조인 데이비드 가이거 *David Geiger*의 케이블 돔도 Zetlin의 디자인이 기초가 되었다고 알려져 있다. 이와 유사한 방사선 케이블구조로는 미국 뉴욕의 매디슨 스퀘어 가든*Madison Square Garden*〈*그림 12-27*〉의 지붕에서도 볼 수 있다.

그림 12-26 미국 뉴욕 유티카에 있는 강당 상부 구조형태

그림 12-27 매디슨 스퀘어 가든, 1968년

12-3-7 하키 링크*Hockey Rink*, Yale University(1959년)〈*그림 12-28, 29*〉

사리넨*E. Saarinen* 작품(구조 Fred Severud)으로 나뭇잎 형태를 한 2방향 케이블구조이다. 케이블은 캔틸레버 보 방식으로 지지벽과 건물 중심에 위치한 아치형의 보 사이에 만곡한 형태로 위치하고 있다.

그림 12-28 Yale University 하키 링크*Hockey Rink*

그림 12-29 Yale University 하키 링크장 지붕 내부

12-3-8 일본 동경, 요요기 국립 실내경기장(1964년)*〈그림 12-30, 31〉*

쓰보이의 구조작품으로 중앙 스팬 120m의 조교(현수교) 모양의 2개의 주 케이블에 서부터 스탠드 후단까지 37개의 케이블을 매달고, 직각방향으로는 밸리 케이블*Valley Cable*로 고정시켜 바람에 대한 안정을 꾀하고 있는 케이블구조로써 동경올림픽을 대비하기 위해 건립되었다. 이 작품은 케이블에 의한 건축구조물로는 기념비적 구조물이라는 평가를 받고 있다.

그림 12-30 동경 올림픽 국립 실내경기장

그림 12-31 동경 올림픽 실내경기장 내부

12-3-9 뮌헨 올림픽 메인 스타디움*〈그림 12-32, 33〉*

1967년에 완성된 프라이 오토*F. Otto*의 대표적인 작품이다. 강철 케이블 마스트*Cable-Mast*와 케이블 사이에 색 아크릴 유리를 지붕재료로 사용하여 당시에 최고의 지붕면적을 자랑하는 스타디움을 구축하였다. 뛰어난 건축적 접근방식으로 대공간구조에 유효적절한 케이블을 사용한 이상적인 작품으로 평가받고 있다.

그림 12-32 케이블 구성형태

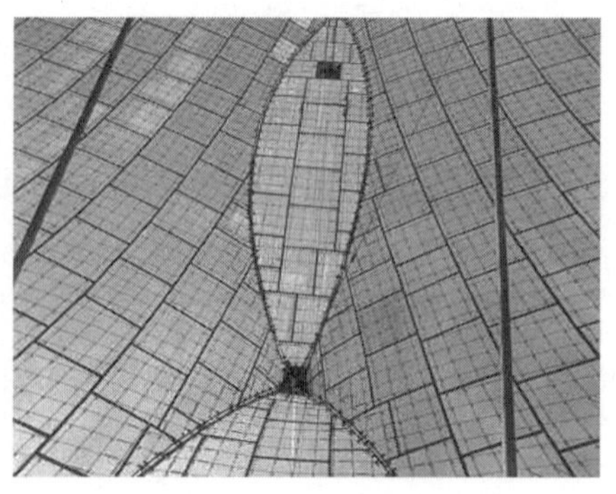

그림 12-33 케이블 내부구성

12-3-10 서울 올림픽 제1체육관(체조경기장, 1986년)*〈그림 12-34,35,36〉*

이 건물은 직경 120m의 지붕을 가이거가 세계 최초로 설계·시공한 케이블 돔 구조로서, 연속적인 방사형의 인장케이블과 일정 간격으로 배치된 수직 압축재(Pipe Mast)들을 이용하여 대공간이 형성되어 있고 지붕마감재인 외부막*Outer Fabric*은 백색의 실리콘 코팅처리 유리섬유*Fiber Glass*가 사용되어 있다. Ridge케이블과 경사*Diagonal*케이블을 방사형으로 16개의 동일한 패턴을 갖도록 지붕평면이 구성된 이 구조는 마스트 하부에 위치한 원형의 링케이블이 횡방향 지지 역할을 담당하면서 지붕하중을 구조물 외곽의 콘크리트 압축보(Girder)에 전달하는 구조적 거동으로 지붕구조체의 구조안전성이 유지되도록 되어 있다.

케이블 돔은 외력에 대하여 유연한 반응을 나타내면서 과도한 변형에도 안전성이 확보된다는 비선형 구조이지만, 2001년 1월경 폭설로 인하여 지붕구조의 막이 견디지 못하고 케이블 이탈과 웨지파손 사고가 발생하였다. 이 구조에서 케이블 이탈은 전체 구조 형상의 변형을 의미하므로 케이블 돔에 관한 구조안전성 문제에 의문을 제기하기에 충분하다고 할 수 있다.

아직 케이블 돔 구조에 관한 구조안정성이 충분히 검증되지 않은 상태에서 설계·시공의 기술축적 없이 세계 최초의 새로운 구조시스템 적용에 대한 당연한 결과일 수도 있다고 볼 수 있다. 사고 후, 2002년부터 보수보강을 위한 작업이 시작되었으며 지붕막은 재질이 좋은 테플론 코팅막(PIFE)으로 변경하도록 결정되었다. 같은 구조를 갖는 구조물로는 서울올림픽 제2체육관(펜싱경기장)과 210m 스팬을 갖는 미국의 센트럴파크 등이 있다.

그림 12-34 서울올림픽 제1체육관, 1986년

그림 12-35 실내 전경

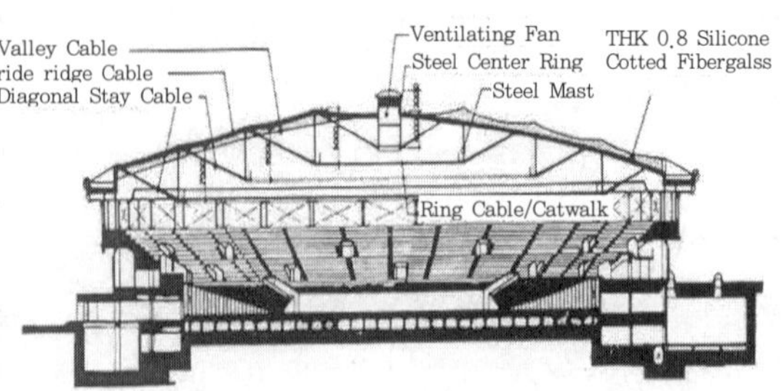

그림 12-36 지붕구조 체계도

12-3-11 부산 아시아드 주경기장(2002년)*〈그림 12-37, 38, 39〉*

아시안게임과 월드컵 경기를 위한 국제규격의 종합경기장 지붕(약 235m×240m)에 180m×152m의 타원형 개구부를 갖도록 되어 있는 케이블 트러스 막구조*Cable Truss Structure with Membrane*로써 슐라히 베르거만*Schlaich Bergermann*이 설계를 담당하여 2002년에 완공된 작품이다.

초기에는 개폐식 텐세그리티 돔*(Rtractable Triangulated Tensegrity Dome)* 형상을 갖도록 되어 있었으나 건설비 부담과 잔디 일조조건에 관한 FIFA규정 등의 이유로 타원형 개구부를 갖도록 설계변경되었으며, 지붕하중을 방사형 케이블을 지지하는 48개의 철골 압축링에 연결한 후 48개의 ㅅ자 모양의 대형 철근콘크리트 기둥에 전달하는 구조시스템으로 구조안정성을 확보하고 있다. 구조물 준공 후 지붕막에서 많은 균열의 발생으로 아직 케이블 돔 구조가 국내 기술로는 무리라는 우려도 있으나 지붕케이블을 파도 모양으로 형상화한 이 작품은 주변 경관은 물론 지역적 정서와도 잘 조화된다는 평가를 받으면서 2002년 한국건축문화대상에서 대상을 받았다.

서울, 인천, 전주, 울산, 제주 등의 국내 축구경기장도 케이블 돔 구조이거나 그 양식을 이용한 지붕구조형태이다.

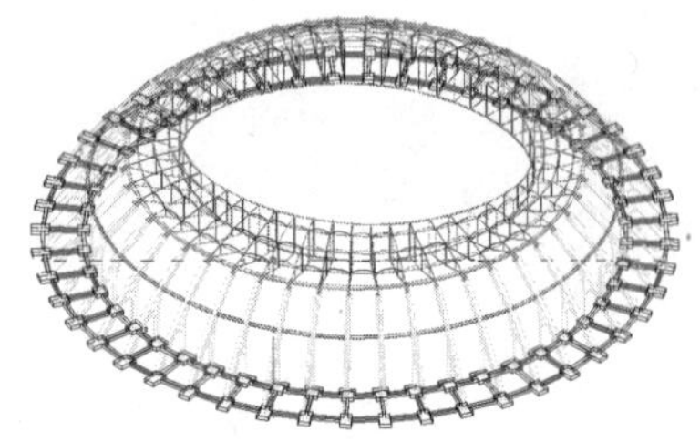

그림 12-37 케이블 돔 형태

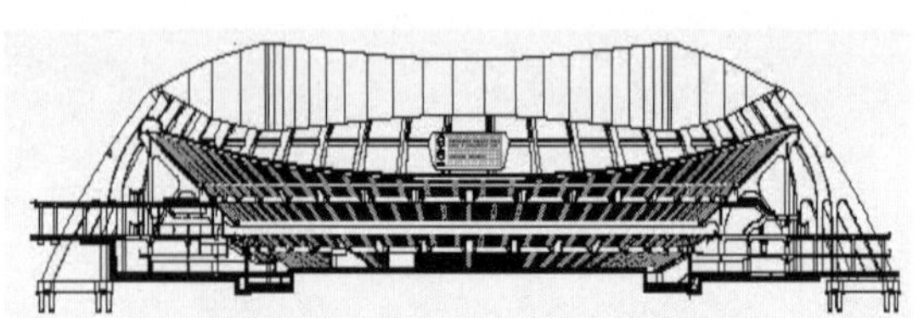

그림 12-38 지붕구조 단면도

그림 12-39 부산 아시아드 주경기장, 2002년

12-3-12 마켓 플라자*Marquette Plaza*〈*그림 12-40, 41*〉

그림 12-40 미국 마켓 플라자, 1972년

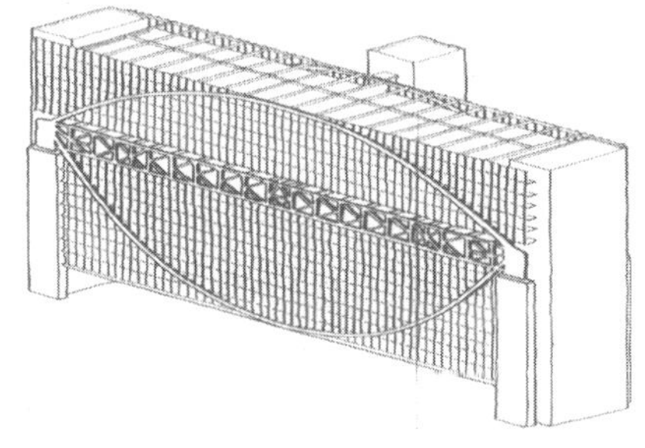

그림 12-41 미국 마켓 플라자의 골조계획

이 건물은 1973년, 미국 미니애폴리스의 연방준비은행*(The Federal Reserve Bank of Minneapolis)*용으로 건축(디자인 HOK Firm)되었으나, 1997년 연방준비은행이 다른 곳으로 이전한 후로는 몇 차례 변경을 거쳐 현재는 마켓 플라자로 불리고 있다. 건축에서의 케이블구조는 대부분 지붕을 덮는 구조양식으로만 이용되어 왔으나, 이 건물에서는 케이블이 건물 각층의 바닥을 직접 지지시키는 특별한 구조형태를 가지고 있다.

이 건물의 18개 층 중 12개 층의 케이블구조와 상부 6개 층의 아치구조가 그 중간에 형성된 90m가 넘는 거대한 철골트러스 보에 하중이 지지되도록 되어 있고, 트러스 보가 받은 하중은 양단의 Strong Column에 전달되어 구조적 안전성이 확보되도록 설계되었다. 현재는 12개 층인 케이블구조와 트러스 프레임만 완공되어 상부 아치구조는 증축 예정이었지만 증축은 이미 포기한 상태로 알려져 있다. 이 작품은 케이블구조가 갖는 재료적 취약성 때문에 지붕구조에 국한하여 사용할 수밖에 없다는 기존의 통념

그림 12-42 Royal Albert교, 영국

을 뛰어넘어 압축을 받는 아치와 인장을 받는 케이블을 적절히 조합할 경우에는 케이블구조로서도 장스팬 바닥을 지지시키는 훌륭한 구조시스템이 된다는 좋은 예를 보여주었다고 할 수 있다. 이러한 구조형태를 서스펜션-아치구조라고 부르면서 기존의 케이블구조와 별개의 구조시스템으로 분류하기도 한다. 조형적으로 서스펜션-아치의 구조적 개념을 잘 나타낸 작품으로는 1859년에 브루넬*Brunel*이 설계한 영국 타마*Tamar*강을 지나는 솔태시*Saltash* 철로교(혹은 Royal Albert교)*〈그림 12-42〉*에서도 찾을 수 있다.

12-3-13 호주의 시드니 축구장*〈그림 12-43, 44〉*

2000년 올림픽을 준비하기 위하여 1988년에 완성시킨 4만 명 수용의 축구장으로서, 캔틸레버인 철구조물 지붕을 강철 케이블로 외곽 지지기둥에 연결시켜 구조적 안정을 확보하고 있는 필립스 콕스*Philips Cox*의 작품이다.

호주의 시드니 축구경기장처럼 케이블로 지붕구조체를 지지시키는 이와 같은 방법들은 말레이시아의 거스리 파빌리온*Guthrie Pavilion*(Ken Yang, 1988년)*〈그림 12-45〉*, 프랑스 월드컵 주경기장(Michael Macary, 1997년)*〈그림 12-46〉*, 영국의 밀레니엄 돔*Millennium Dome*(리처드 로저스*Richard Rogers*, 2000년)*〈그림 12-47〉*, 한국의 상암동 월드컵경기장(2002년)*〈그림 12-48〉* 등에서도 쉽게 찾을 수 있으며, 이러한 구조형태는 이미 언급한 바와 같이 케이블만으로 구조물을 형성할 수 없기에 입체 트러스구조 형태 등과 함께 케이블에 막이나 콘크리트, 철골, 경량패널 등을 마감재로 사용하는 경우가 대부분이다.

그 예로, 새천년을 축하하기 위한 밀레니엄 행사를 위하여 2000년 1월 1일 준공식을 가진 영국 런던의 밀레니엄 돔은 내부 전시공간을 케이블망 구조를 이용하여 우산형태로 만든 직경 320m, 높이 50m의 세계 최대 규모의 돔구조이지만, 지붕의 마감재료로 고찰한다면 막구조로 볼 수 있으나 2,600개의 케이블로 구성된 지붕골조를 144개의 ϕ32mm 케이블이 방사선 형태로 12개의 기둥*Mast* 꼭대기에 지지된 구조형태는 케이블구조로도 볼 수 있다.

그림 12-43 호주의 시드니 축구장, 1988년

그림 12-44 시드니 축구장의 케이블 상세

그림 12-45 말레이시아의 거스리 파빌리온, 1998년

그림 12-46 프랑스의 월드컵 주경기장, 1997년

그림 12-47 영국의 밀레니엄 돔, 2000년

그림 12-48 서울 상암동 월드컵 주경기장, 2002년

그림 12-49 전주 월드컵경기장, 2002년

그림 12-50 제주 서귀포 월드컵경기장, 2002년

13 고층건물 Multi-Story Building

13-1 탄생과 발달의 배경

고층건물이란 건물 층수의 증가가 계획, 설계, 구조, 시공 및 사용성에 어떤 영향을 미쳐, 일정한 지역과 기간에 걸쳐 평범하게 서 있는 건물과는 다른 조건을 형성하는 건물이거나 횡하중에 저항하기 위해 특별한 구조양식을 도입할 필요가 있는 건물들을 말하므로, 고층을 몇 층 이상부터 정의하는가는 상황에 따라 변할 수 있다. 따라서 로마시대에 건축되었다는 4~10층의 목조 및 조적건물들도 그 시대에서는 대단히 높은 고층건물이라고 부를 수 있었을 것이다.

그러나 현대적 의미에서는 18~20세기에 정립된 구조공학에 대한 이론을 바탕으로 20세기에 세워진 마천루*Skyscrapers*와 같은 근대 빌딩의 모습에서 고층건물을 쉽게 연상시킬 수 있다.

우리나라에서는 건축법 제2조에 고층건물은 30층 이상이거나 120m 이상, 초고층건물은 50층 이상이거나 200m 이상의 높이를 갖는 건축물로 정의하고 있다.

그림 13-1 시카고에서의 고층건물

고층건물을 세울 수 있는 일반적 배경으로는 도시화를 유발시킨 산업사회가 부족한 대지에 필요 욕구를 충족시킬 수 있는 건축물을 지어야 하는 원초적인 동기 발생, 19세기에 새롭게 개발된 철근콘크리트 및 철골재료의 발달, 고층구조물의 응력거동을 보다 쉽게 파악할 수 있는 컴퓨터의 도입, 고층에 따른 수직이동을 가능하게 한 오티스*Otis*의 고속엘리베이터 개발, 설계된 구조물을 건조할 수 있는 시공기술과 장비의 발전 등에서 찾을 수 있다.

현대적 고층건물의 탄생과 초기의 발달은 미국에서 시작되었다고 할 수 있다. 19세기 말, 미국 동부의 철강산업 발달로 탄광 주위에 위치한 시카고와 뉴욕 시는 인구증가가 폭발적이었고, 한정된 인프라 때문에 지금까지 전통적으로 축조된 저층건물로는 도시의 기능을 만족시킬 수 없었다. 이러한 주거환경적 요구와 더불어 1817년의 시카고 대화재 이후 새로운 건축이 필요하다는 잠재적 인식과 함께 대도시의 급격한 지가 상승 및 철재료, 구조형태, 엘리베이터의 성능 개발의 영향 등이 고층건물을 짓도록 자극했던 충분한 시대적 배경을 갖고 있기에 자연스럽게 이들 지역을 중심으로 고층건물이 탄생할 수 있었다고 할 수 있다.

그림 13-2 제인 빌딩, 1849년

그림 13-3 싱거 빌딩*Singer Building*, 1908년

1849년에 존스턴*William Johnston*이 세운 7층의 제인 빌딩*Jayne Building*(*그림 13-2, 1957년 철거*)이나 1875년에 포이스트*George B. Poist*가 세운 8층 규모의 웨스턴 유니온 빌딩*Western Union Buildings* 등이 있지만, 이러한 건물들은 형태상으로는 철골구조이나 돌과 벽돌재료를 주구조체에 같이 사용한 신고전(신고딕)양식을 갖고 있었기에 강절점구조

가 갖는 구조적 이점을 충분히 인식하지 못한 초기의 고층건물 구조형태라고 볼 수 있다.

철골로 된 주 구조체만으로 10층 이상의 고층건물이 가능하면서 벽은 단지 마감으로만 사용하게 한 진정한 의미의 고층건물은 루이스 설리번 *Louis Sullivan*을 중심으로 한 소위 시카고학파의 영향이라고 할 수 있다. 이러한 영향으로 설계되어 만들어진 건물은 1885년 시카고에 윌리엄 레바논 제니 *William Lebaron Jenny*의 9층 규모의 가정보험 빌딩 *The Home Insurance Building*〈그림 5-31〉 건물과 19층으로 프라이스 *Bruce Price*가 설계하여 1895년에 지어진 뉴욕의 아메리카 슈러티 빌딩 *American Surety Building*〈그림 5-33〉 등에서 찾을 수 있다.

그림 13-4 뉴욕 울워스 빌딩, 길버트 *Gilbert*, 1913년

본격적인 고층건물의 열기는 시카코보다는 뉴욕이 더 뜨거웠으며, 1908년의 47층인 싱거 *Singer* 빌딩〈그림 13-3, 1968년 철거〉의 설립으로 본격적인 고층건물의 경쟁이 시작된다. 즉 산업화와 고층화의 열기에 힘입어 1913년에는 240m 높이 57층의 울워스 빌딩 *The Woolworth Building*〈그림 13-4〉, 1931년에는 102층의 건물높이 375m(후에 일부 증축)인 엠파이어스테이트 빌딩〈그림 5-35〉 등이 세워져서, 마치 산맥과도 같고 새롭게 하늘에 펼쳐지는 탑과도 같은 형태로 도시의 스카이라인을 바꾸면서 각 나라의 대도시마다 고층건물들이 세워지게 되었다.

고층건물에서는, 어떻게 하면 안전성과 기능성을 충분히 확보하면서도 가장 경제적이고 빠른 시일 내에 세울 수 있을까 하는 공학상의 중요성이 설계 디자인적 요소보다도 더욱 부각된다. 20세기에 개발된 고강도 철과 콘크리트의 사용 및 강도 증가를 위한 지속적인 연구, 건물 층수의 증가에 따라 적절한 수평저항능력을 갖춘 구조시스템 개발, 지반에 대한 새로운 인식과 시공기술 발전 등이 이러한 문제를 해결하는 열쇠가 될 것이다. 예로서, 1931년에 세워진 엠파이어스테이트 빌딩〈그림 5-35〉의 강재 사용은 210kg/m^{2}였으나 1969년에 세워진 존 핸콕 생명보험 빌딩 *John Hancock Insurance Company Building*〈그림 13-25〉은 거의 비슷한 높이인데도 강재 사용이 154kg/m^{2}로 구조시스템을 변경하여 약 30%의 절감을 가져왔다고 한다.

그 이유를 건축 관계자가 충분히 인식한다면 설계에서 차지하는 건축구조의 중요성은 보다 명확히 부각될 수 있을 것이다.

13-2 고층건물의 구조시스템

13-2-1 분류

바람이나 지진과 같은 수평하중 작용으로 나타난 횡변위에 대하여 바람은 건물높이의 약 1/250~1/500(국내 규준은 명확한 제한 없음) 이내, 지진은 내진등급에 따라 층간 높이의 0.01~0.02배 정도로 제한하고 있으므로, 건물높이가 높아질수록 연직하중보다는 수평하중상태에 따라 구조물의 강성과 부재단면이 결정되는 경우가 많다. 따라서 고층건물에서는 수평하중을 효과적으로 변위제어*Drift Control*할 수 있는 구조적 능력이 가장 중요하다고도 할 수 있으므로 건물높이 증가에 따라 보다 높은 경제성과 기능성을 가지면서 충분한 구조적 안전성을 확보할 수 있는 다양한 골조형식(구조시

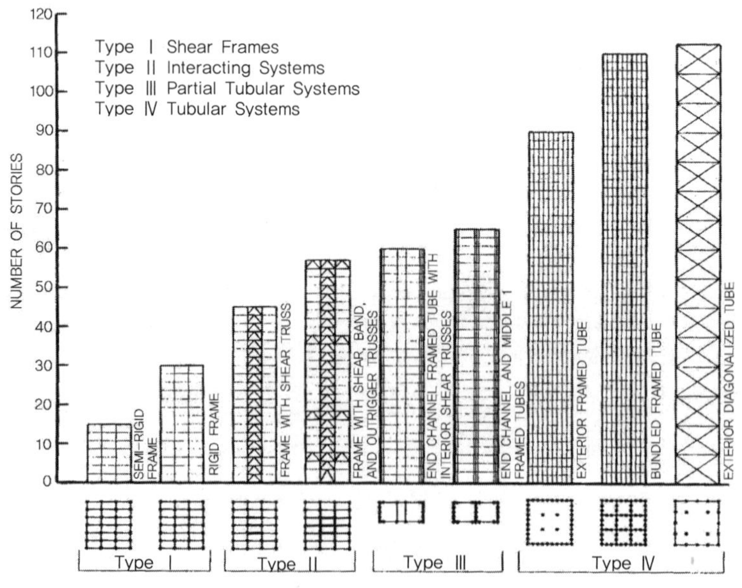

그림 13-5 고층 시스템의 비교

스템)에 관한 연구가 가장 중요할 수 있다. 고층건물의 구조시스템을 구조형태별로 분류한 최초의 기술자는 1965년 파즐라 칸*Fazlur Kahn*으로 알려져 있다. 그는 경제성을 갖는 구조형태별로 수평하중에 대한 저항시스템을 크게 4단계로 나누어 그림 13-5와 같이 분류하였다.

파즐라 칸의 분류를 좀 더 세분하면 다음과 같다.

1단계 : Shear Frame, 20~30층 범위 경제적
모멘트저항골조

2단계 : Interaction System, 40~60층 범위 경제적
모멘트저항골조+가새골조, 모멘트저항골조+전단벽골조
모멘트저항골조+벨트트러스, 아웃리거 골조

3단계 : Partial Tubular System, 60~70층 범위 경제적
모멘트저항골조+부분적 튜브구조

4단계 : Tubular System, 90~120층 범위 경제적
골조튜브, 묶음튜브, 트러스튜브

즉 1, 2단계는 주로 내부구조*Interior Structure*에 저항시스템이 설치된 경우이고 3, 4단계는 형태상 주로 외부구조*Exterior Structure*가 횡력에 저항하는 구조라고 할 수 있다.

그러나 칸이 구조시스템을 분류한 지 이미 50년이나 지났기에 그동안의 건축공학적 발전 상황을 고려한다면 1970년 이후 건설된 110층 이상의 건물들을 단순히 4단계만으로 구조시스템을 정의하기에는 무리가 있을 수도 있다.

최근에 파즐라 칸이 제시한 각 단계를 내부구조 시스템과 외부구조 시스템으로 구분한 후 다음과 같은 구조형태를 보완하여 각 구조시스템을 재분류한 논문이 주목받고 있다.

Interior Structure : Braced or Rigid Frame, Shear Wall+Frame, Core-Outrigger, Buttressed Core System

Exterior Structure : 재료에 따른 Frame Tube, Tube in Tube, Diagrid System, Bundled Tube, Space Truss, Braced Megatube, Super Frame, Super Framed Conjoined Towers

미국의 고층건물 및 도시주거위원회(CTBUH : Council on Tall Building and Urban Habitat)에서는 1984년, 설계 측면까지 고려하여 구조시스템을 골조 중심으로 4개의 대분

류와 각 분류에 따른 세부항목으로 하부그룹을 정의하였으며, 그 내용은 다음과 같다.

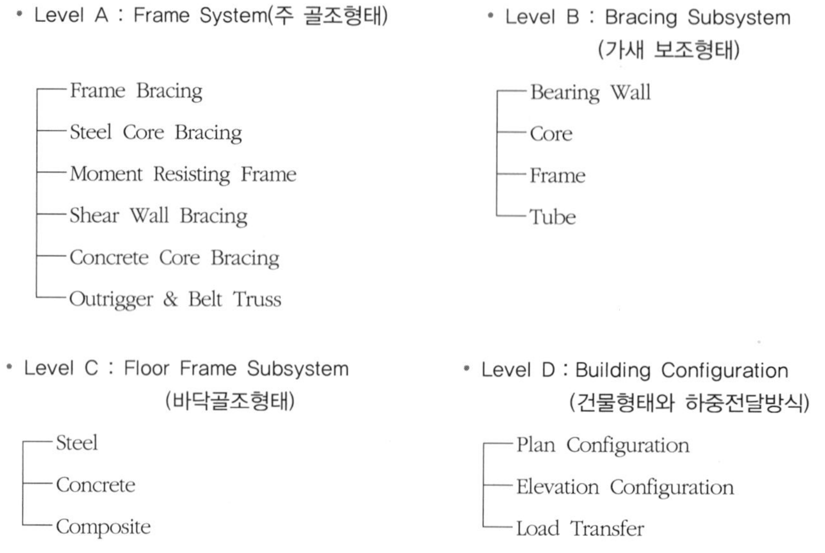

평면과 단면형태 및 사용재료, 부재구성, 배치 등에 따라 여러 방법으로 고층건물의 구조시스템을 분류할 수 있으나, 기존 연구자들의 자료분석과 수평하중저항에 따른 효율성을 고려하여 대략 다음과 같은 6개의 형태로 주 골조시스템을 분류한다면 현대적 건물들도 구조형태의 분석이 가능할 것으로 판단된다.

- 모멘트저항골조 시스템
- 가새골조 시스템
- 전단벽 시스템
- 코어 및 아웃리거 시스템
- 튜브 시스템
- 합성구조시스템

그러나 최근의 경향은 건물의 규모, 용도, 형태, 사용재료, 위치 등에 따라서 각각의 구조시스템이 갖는 특성들을 적절히 조합한 후 컴퓨터를 통하여 그들의 거동분석 결과를 바탕으로 주 구조체의 구조형식을 결정하는 경우가 많으므로, 이미 분류한 시스템만으로는 구조형태를 명확히 구분하기 어려운 경우도 있다. 따라서 기존의 학자나 단체에서 분류한 구조시스템의 구분을 구조형태의 종류로만 인식하는 것이 보다 적절할 것 같다.

13-2-2 모멘트저항골조 시스템

수평하중에 저항하는 평면 격자형태를 서로 강접된 수평 및 수직부재(보-기둥)로 구성하는 구조를 모멘트저항골조 시스템이라 한다. 이 시스템은 20세기 초반의 고층건물의 시작과 함께 발달한 고전적이고 가장 기본이 되는 라멘구조 양식이라고 할 수 있다.

일반적으로 라멘구조에서는 수평하중에 따른 변형량이 전단수평이동으로 불리는 골조의 전단변형에 의하여 약 80~90%가 발생하고, 기타 부분은 기둥축소 등의 부수적인 영향에 기인하여 나타난다. 따라서 수평하중에 저항하는 모멘트저항골조가 기본적으로 부재의 휨에만 의존하기 때문에 고층건물에서는 위로부터 아래까지 누적된 수평전단력에 비례하여 부재의 크기와 강성을 증가시켜야 하므로 적정 높이 이상의 건물에서는 당연히 비경제성을 갖는다고 할 수 있다.

그러나 모멘트저항골조 시스템은 건축 계획적 유연성으로 인해 비교적 평면의 제약이 적고 다른 구조시스템보다는 시공이 유리하다는 장점이 있다. 특히, 철근콘크리트로 골조를 구성할 경우에는 재료의 일체성에 의해 비탄성 영역에서도 구조내력을 발휘할 수 있으며, 1개 이상의 부재가 파괴되더라도 구조적 거동을 계속할 수 있는 안전성이 어느 정도 보장된다 할 수 있다. 고층건물을 모멘트저항골조 시스템으로 구성할 경우에는 만족할 만한 변위제어*Drift Control*를 얻기 위하여 5장 5-3에 설명한 바와 같이 보*Girder*보다는 기둥강성을 강하게 할 필요가 많다.

순수한 모멘트저항골조 시스템은 수평하중저항을 부재 휨에만 의존하기 때문에 20~30층 이상의 고층건물에서는 비합리적인 구조시스템이라고 할 수 있으므로 적정 높이 이상의 고층건물에서는 가새나 전단벽 골조를 함께 사용하여 2개 이상의 구조시스템이 갖는 상호작용을 효과적으로 이용하는 것이 바람직한 구조계획이 될 것이다.

더불어 다양한 구조시스템도 주 골조의 구성은 대부분 모멘트저항골조가 갖는 구조적 거동을 하고 있으므로 모든 구조시스템은 모멘트저항 구조시스템이 기본으로 구성되어 있다고 할 수 있다.

13-2-3 가새골조 시스템

가새골조 시스템은 모멘트저항골조와 함께 가장 기본적인 수평저항 시스템이라고 할 수 있다. 이 시스템은 수평하중을 주로 수직방향 캔틸레버형 트러스에 골조부재의 축강성으로 지지시키는 구조양식으로 모멘트저항골조와 함께 사용할 경우에는 40~50층까지의 규모를 갖는 건물에서는 효과적인 효율성을 갖는다고 알려져 있다.

가새골조의 기하학적 형상은 이들이 갖는 연성특성을 근거로 하여 중심가새골조*CBF*와 편심가새골조*EBF*로 구분한다. 중심가새골조는 X, Pratt, Diagonal, K, V, Knee형 가새*Bracing*로 형태를 갖추는 경우가 많다. 이 골조는 모든 부재축이 한 점에서 교차하므로 부재력은 축력으로 쉽게 변환되며, 구조형태상 강성은 크지만 연성이 낮으므로 높은 연성이 필요하지 않은 약진 지역에 유리할 수 있다.

편심가새골조는 축편심을 이용하여 골조에 휨과 전단을 유발시키는 형태의 가새를 배치함으로써 구조물의 강성은 낮으나 연성은 높게 되므로 보다 높은 구조물이나 강진 지역에 그 사용성이 더욱 유리할 수 있다. 가새가 어떤 형태를 갖든지 가새골조 시스템은 독립적인 구조시스템이라기보다는 변위제어*Drift Control*를 위하여 모멘트저항골조의 구조적 안전성을 더욱 확보시켜 주는 보조적 구조시스템이라고도 할 수 있다. 가새는 구조물의 열*Row*을 따라 주로 코어부분이나 벽면 등에 설치하는 경우가 많다.

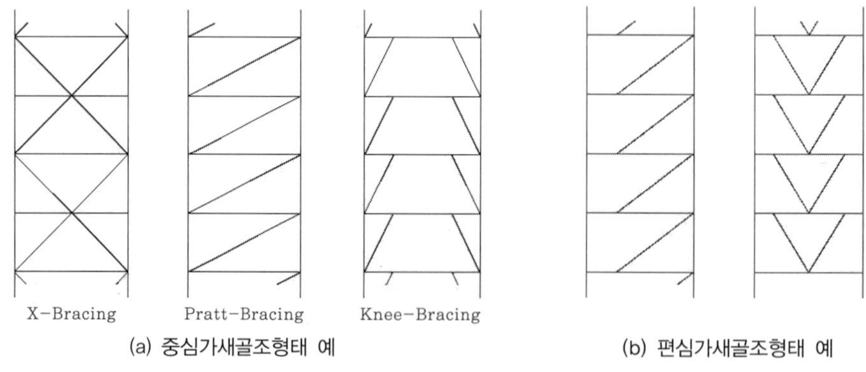

(a) 중심가새골조형태 예　　　(b) 편심가새골조형태 예

그림 13-6 가새골조 시스템 예

그러나 가새를 주로 건물의 외부에만 배치시켜 외력(특히 수평력)에 대하여 구조물 전체가 저항하도록 계획한다면 트러스튜브(혹은 가새-튜브)라고 할 수 있다. 순수 가새골조와 가새 튜브구조의 구분은 하중의 전달경로로 판단할 수는 있지만 구조물에

따라 그 차이를 명확하게 구별할 수 없는 경우도 있다.

건물의 사용과 효율성을 저해하지 않고도 벽이나 코어 등에 쉽게 배치할 수 있기 때문에 모멘트저항골조(라멘구조)에 가새골조를 이용하여 세워진 고층건물은 대단히 많다. 1994년 일본의 하마마쓰*Hamamatsu*에 세워진 213m(45층) 규모의 ACT타워의 단면 *〈그림 13-7, 8〉*을 보면 코어부분에 집중적으로 가새가 배치되었음을 알 수 있다. 상호 교차하는 평트러스 위에 상부구조물을 배치한 뉴욕의 시티콥 센터*Citicorp Center*(1977년, 휴 스터빈스*Hugh Stubbins*) 건물의 단면*〈그림 13-9〉*에서도 라멘구조에 가새로 보강된 것을 볼 수 있다.

1931년에 지은 뉴욕의 엠파이어스테이트 빌딩에도 가새가 이용되었을 정도로 가새가 이용된 라멘구조의 역사는 고층건물의 역사와 같이한다고 할 수 있다.

그림 13-7 ACT타워

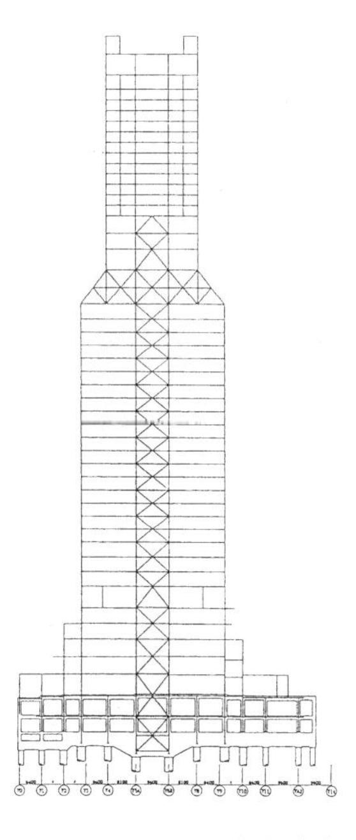

그림 13-8 ACT타워 단면

그림 13-9 시티콥센터 단면

13-2-4 전단벽 구조시스템

연직력뿐만 아니라 수평하중에 따른 전단력 등의 외력에 대하여 벽체가 지지하거나 저항할 수 있도록 구성된 구조형태를 전단벽 구조시스템이라 한다. 벽체가 기둥과 보로 구성된 가구식 구조형태보다는 수평외력에 더 큰 안전성을 확보하고 있다는 원리는 옛날부터 보편화되어 있었고, 조적식 방법에 의한 고건축물 대부분은 이 원리를 부분적으로 응용하여 축조된 것이라고 할 수 있다.

전단벽량에 따라 다를 수 있지만, 일반적으로 가구식 라멘구조보다는 전단벽 구조가 수평하중에 대하여 4~20배 이상의 내력을 가지고 있다. 우리 주위에서 많이 보는 고층아파트들의 대부분이 기둥과 보가 없는 전단벽 구조시스템으로 주 골조가 구성되어 있다.

철근콘크리트를 이용한 전단벽 구조시스템은 거푸집 사용이 간편하고 재료강도에 따라 바닥면적과 천장고를 넓힐 수 있으며, 접합이 용이하고 수평하중의 작용 시 감쇠성능이 뛰어나다는 여러 장점들이 있다. 그러나 개구부에 따른 응력 집중현상이 심각하고 골조의 수직위치가 쉽게 변경될 수 없으며 질량의 증가가 고유진동수의 감소를 가져오는 점 등은 구조설계에서 고려될 사항들이다.

기초에 고정된 캔틸레버와 같은 형태로서 단일벽체가 외력에 저항하는 것을 일반적으로 전단벽이라고 하지만, 코어와 같이 상자형태의 단면을 갖는 벽면도 전단벽이라고 할 수 있다. 고층건물에서는 전단벽만으로 골조 구성을 하기보다는 모멘트저항골조와 가새골조 등과 함께 사용하면서 수평하중에 더욱 효과적으로 저항하도록 구조계획되는 경우가 많다.

국내에서 건설되는 주거건물(아파트)의 대부분은 건물구조가 전단벽만으로 구성*〈그림 13-10〉*되거나 전단벽이 다른 구조시스템과 겸용*〈그림 13-11〉*되면서 이용되고 있다. 2002년 홍콩에 세워진 252m(73층)의 주거건물인 하이클리프 빌딩*Highcliff Building*(설계 : Dennis Lau Wing-Kwong)에서도, 전단벽으로 구성된 철근콘크리트의 코어벽이 슈퍼골조의 주요부재임을 그림 13-12의 기준층 평면도에서 쉽게 찾을 수 있다. 쌍용건설이 시공한 싱가포르의 마리나 베이 샌즈*Marina Bay Sands*(57층)*〈그림 13-13〉*도 전단벽이 수평력에 저항하도록 계획된 구조물이다.

그림 13-10 부산해운대의 the# 센텀파크

그림 13-11 타워팰리스 I, 2002년

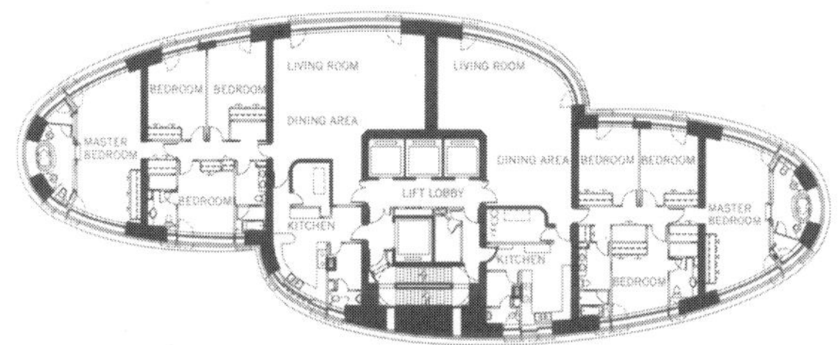

그림 13-12 홍콩 하이클리프 단면도

그림 13-13 마리나 베이 샌즈, 2011년

13-2-5 코어 및 아웃리거*Outrigger* 구조시스템

고층건물은 연직력뿐 아니라 수평력에 대해서도 구조안전성이 확보되어야 하므로 고층일수록 이러한 외력에 저항하기 위한 부재(기둥, 보, 벽 등)단면은 실용성을 벗어날 정도로 크게 요구된다. 이런 점을 고려한 해결방안으로 가새나 전단벽으로 구성된 코어를 건물의 내부에 배치함으로써 이 코어가 대부분의 수평력에 저항하도록 구조계획한 구조물은 고층건물에서 많이 찾아볼 수 있다. 이 경우 코어는 건물 내부에 있지만 지반을 지점으로 한 캔틸레버와 같은 구조적 거동을 하면서 수평력에 저항하게 된다. 그러나 건물높이가 높아질수록 수평하중도 급속도로 증가하게 되므로 이러한 외력에 적절히 대응하는 한계변형량을 만족시키기 위해서는 구조물의 강성 증가가 필요한데, 일반적으로는 코어의 두께를 증대시켜 필요 강성을 얻고 있다. 그러나 건물 전체의 벽두께를 증가시키는 방법 외에도, 건물 일부 층에 강성이 큰 벽체나 트러스 형태의 구조재를 설치한 건물의 강성을 증진시켜 횡하중제어에 유효할 수 있도록 하는 방법을 고려해 볼 수 있다. 이 경우 코어구조물에서 강성을 증대시킨 층의 기둥까지 연결한 구조부재를 아웃리거*〈그림 13-14〉*라 하며, 이 부재는 주로 트러스형태나 큰 보 또는 벽체(전단벽) 등의 보강재로 구성된다.

아웃리거는 코어의 횡변위와 전도모멘트를 감소시키고 보강재로 연결된 기둥들의 압축과 인장작용으로 수평하중에 대하여 구조체의 휨강성도 증가시키는 등의 구조적 효율성을 가지고 있으므로, 고층구조물에서는 경제성과 효율성 면에서 가장 손쉽게 구조안전성을 얻을 수 있는 방법의 하나로 인식되고 있다. 또한 이 구조시스템은 독립적 구조형태로 사용하기도 하지만 순수 모멘트저항골조, 모멘트저항골조+가새골조,

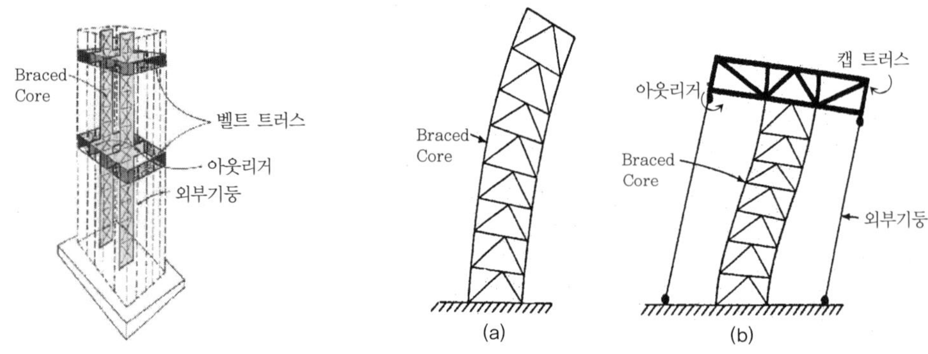

그림 13-14 벨트 트러스와 아웃리거

그림 13-15 아웃리거에 의한 코어 변위 구속

모멘트저항골조+전단벽골조 등의 다양한 구조형태에 쉽게 추가되면서 사용할 수 있는 장점이 있다.

그러나 아웃리거를 적절한 층에 설치하였을 경우 전도력에 저항하는 구조내력을 키울 수 있을 뿐 아니라 수평변위를 줄일 수 있는 효과*〈그림 13-15〉*를 얻을 수 있지만 건물 미관의 훼손과 점유공간을 차지한다는 단점도 있다. 따라서 아웃리거를 기계설비층에 설치하도록 하거나 여러 층에 걸친 단일 대각구조형태(브레이싱 이용)로의 변환 등을 검토하여 기능적 효과를 얻을 수 있는

그림 13-16 목동 하이페리온, 69층, 2006년

구조배치에 대한 연구도 필요할 것이다.

보통의 경우 아웃리거 시스템으로 보강한 층의 높이는 다른 층과 비교하여 높기 때문에 시각적으로도 쉽게 알 수 있다. 2007년 준공된 뉴욕의 타임스*Times* 본부 건물(설계 : Renzo Piano, 319m-52층)*〈그림 13-17, 18〉*의 단면도를 관찰하면 2개소에 아웃리거 시스템이 보강되었음을 알 수 있다. 국내의 고층아파트인 하이페리온 건물의 외관에서도 아웃리거 시스템의 사용 위치를 쉽게 찾을 수 있다.

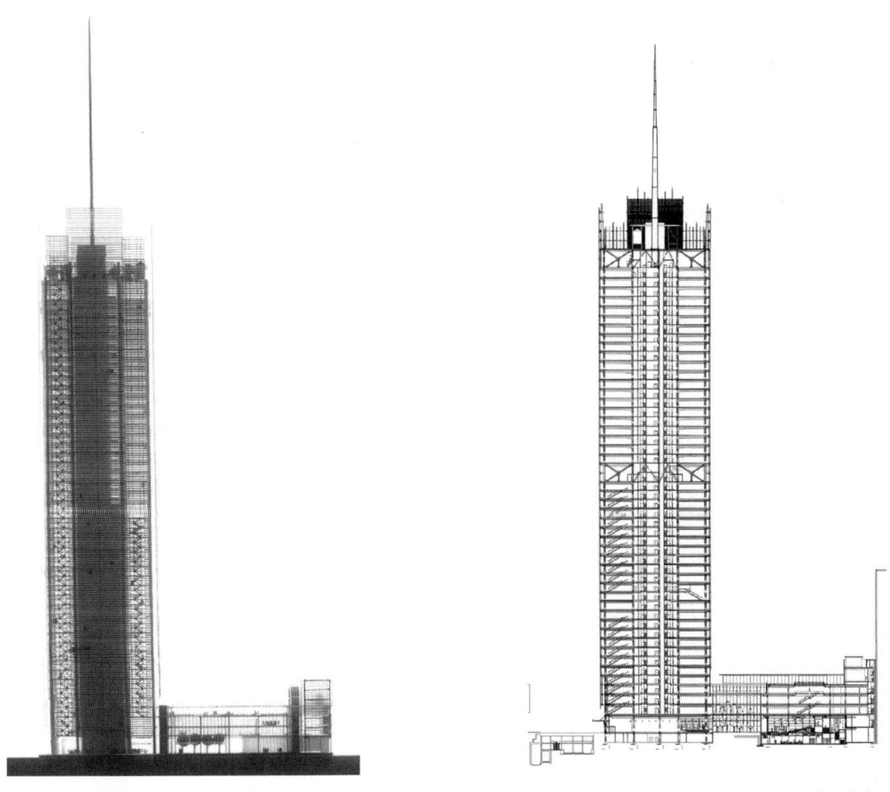

그림 13-17 뉴욕의 타임스 본부 건물　　그림 13-18 뉴욕의 타임스 본부 건물의 단면

그러나 외관상으로 구별이 어려운 경우도 많다. 1999년 준공된 중국 상해의 진마오 타워*Jin Mao Tower*(설계 : Adrian D. Smith, Skidmore, 421m-88층)*〈그림 13-19, 20〉*는 26~28층, 51~53층, 85~87층의 각 2개 층에 걸쳐 3개소에 아웃리거 시스템을 이용한 구조이나 층고의 차이가 없으므로 외관으로는 설치 여부를 쉽게 판단할 수 없다. 이러한 경우는 코어를 Mega Column으로 구성하여 주횡력에 주로 저항하도록 함으로써 아웃리거는 부수적인 구조체 강성 증가에 이용하도록 한 구조시스템이기 때문이다.

그림 13-19 진 마오 타워, 1999년

그림 13-20 진 마오 타워 단면

13-2-6 튜브 구조시스템

건물 외부에 위치한 기둥간격을 짧게 하여 수평하중이 작용할 경우 건물 전체 관성이 3차원적으로 저항하도록 계획한 구조형태를 튜브 구조시스템이라고 한다. 수평력에 대하여 기둥과 같은 단일부재가 각각 별개로 저항하지 않고 전체 구조물이 박스형태로 저항하는 구조형식이므로 수평저항 능력이 다른 구조시스템보다 탁월하다고 할 수 있다. 튜브를 구성하는 형태에 따라 골조튜브, 트러스튜브, 묶음튜브 등으로도 구분하기도 한다.

1) 골조튜브

건물의 전 외면에 춤이 큰 스팬드럴 보가 외곽기둥과 서로 강접되어 건물 전체가 튜브와 같이 외력에 저항하는 형태를 갖는 구조시스템으로서 파즐러 칸에 의해 처음 제안된 후 초고층건물의 구조형태에 자주 이용되고 있다. 이 구조는 모멘트저항골조를 논리적으로 확장시킨 구조방식으로, 순스팬의 치수를 줄이고 부재 춤을 크게 함으로써 보와 기둥강성을 대폭 증가시키는 효과가 있다. 일반적으로 스팬드럴 보 춤은

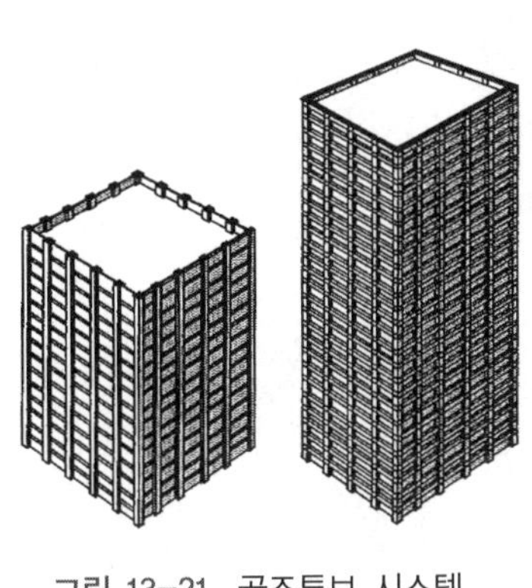
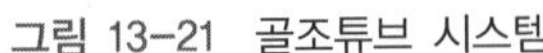
그림 13-21 골조튜브 시스템

그림 13-22(좌) Aon센터, 342m, 82층, 1973년
그림 13-23(우) KLCC건물, 452m, 1998년

60~120cm 정도, 외곽기둥 간격도 1.5~4.5m 정도가 보통이며 튜브벽 기둥은 창문의 멀리온*mullion* 부재로 사용되는 경우가 많다.

골조튜브는 박스형태이므로 건물 모서리부분과 중앙부분의 기둥들은 기둥간격이 동일해도 실제 축하중 분포는 다르게 나타날 수 있다. 이상적인 평균값을 벗어난 축하중 분포상태를 선난시언효과*Shear Lag*라고 하며 건물 모시리부분 기둥 근처에서 이 현상을 찾을 수 있다. 이러한 현상은 시스템의 유효강성을 감소시킬 수 있으므로 전단지연을 억제시킬 수 있는 골조튜브 시스템의 형태구성이 가장 중요하다고 할 수 있다.

골조튜브구조로는 2001년의 테러사건으로 붕괴된 뉴욕의 무역센터 건물, 시카고에 있는 Aon센터(Amoco Building)*〈그림 13-22〉*, 메가기둥*Mega Column*을 같이 혼용하여 사용한 말레시아의 KLCC 건물(페트로나스 트윈 타워)*〈그림 13-23〉* 등에서 찾을 수 있다.

2) 트러스튜브

기둥과 보에 트러스형태의 가새*Bracing*를 첨가한 골조구성으로 외력에 3차원적으로 저항하도록 한 구조형태를 트러스튜브 또는 브레이스튜브 구조라고 한다.

수평전단력을 휨보다는 부재의 축력으로 저항할 수 있도록 강성이 큰 박스형 골조를 형성하기 위한 방법이 튜브구조의 원리이므로 트러스튜브 역시 가새를 배치하는 방법에 따라 다양한 형태*〈그림 13-24〉*의 구조 골조를 구상할 수 있다.

트러스튜브 시스템은 골조튜브에 비하여 상대적으로 넓은 간격으로 기둥을 배치할 수 있으므로 철골건물의 특성인 넓게 트인 공간을 창문에서 얻을 수 있는 장점이 있으나 트러스 형태가 건물 외벽에 돌출될 수 있으므로 건축의장 면에서는 세심한 주의가 필요하다.

존 핸콕 센터*John Hancock Center*(1969년, 미국, 100층, 344m)*〈그림 13-25〉*, Onterie Center(1985년, 미국, 57층, 194m)*〈그림 13-26〉*의 건물들은 트러스튜브구조임을 쉽게 알 수 있다.

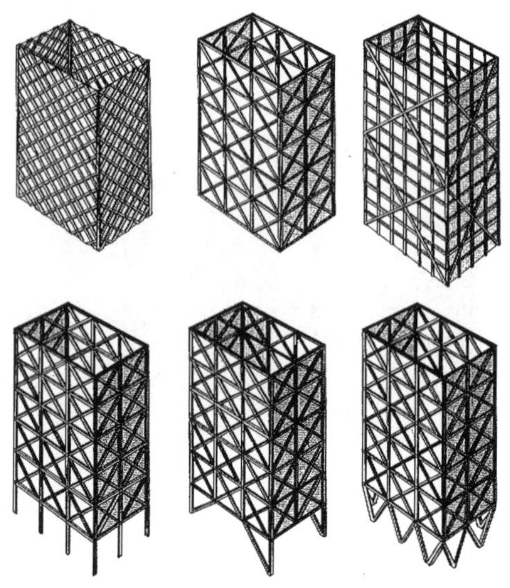

그림 13-24 트러스튜브 시스템 예

그림 13-25
존 핸콕 센터, 1969년

그림 13-26
Onterie Center, 1985년

그림 13-27
뉴욕의 허스트 타워

트러스튜브구조 형태 중에서 건물 외피에 많은 수의 대각부재를 트러스형태로 배치하여 구조물의 강성을 증대시키는 구조를 다이아그리드*Dia-Grid*구조라고 부르기도 한다. 조형미를 추구하기 위하여 수직방향의 기둥을 배제하고 경사의 가새만으로 외피를 덮기도 한다.

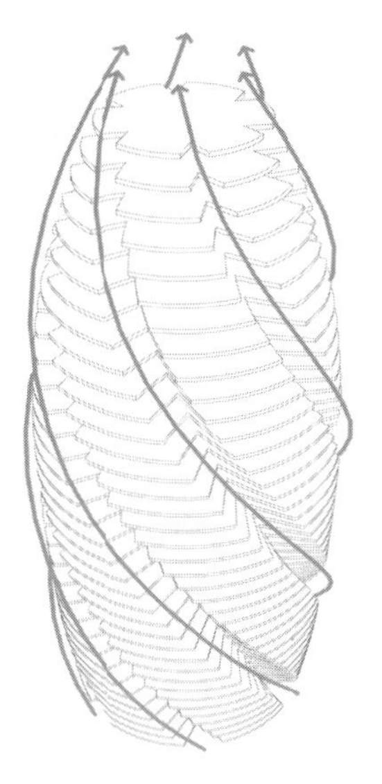

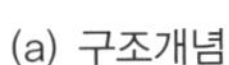

(a) 구조개념

(b) 외관

(c) 다이아그리드 구성

그림 13-28 30St. Mary Axe Street 건물, 2003년

또한 평면형태가 중앙코어 시스템으로 구성된 경우에는 외피에 있는 대각부재를 코어에 연결시켜 횡하중에 저항하도록 구조형태를 구성하기도 한다. 이러한 구조형태는 아웃리거구조보다는 횡력저항이 우수하고 격자형태의 모듈화가 가능하여 공기가 단축된다는 이점이 있다고 알려져 있다. 뉴욕의 허스트 타워*Hearst Tower* (2006년, 182m, 46층)*〈그림 13-27〉*나 노먼 포스터*Norman Foster*가 설계한 런던의 30St. Mary Axe Street 건물(2003년, 180m, 41층)*〈그림 13-28〉*에서 다이아그리드 구조가 갖는 다이내믹한 조형을 찾을 수 있다.

그림 13-29 코쿤 타워, 일본 동경, 50층, 2008년

트러스튜브구조를 외관의 형태만으로 판단하기 어려운 경우도 있다. 그 예로 그림 13-29 건물은 외관에 트러스나 다이아그리드 구조형태이나, 그 형상이 누에고치(Cocoon)를 형상화하기 위한 의장적 요소에 국한된 디자인적 형태이므로 다이아그리드구조라고 할 수 없는 경우이다.

3) 묶음튜브

골조튜브나 트러스튜브 등이 한 평면상에 2개 이상 사용된 경우의 구조형태를 묶음튜브 구조시스템*〈그림 13-30〉*이라 한다. 묶음튜브는 외부골조튜브 형태보다 튜브 벽에서 더 넓은 기둥간격이 허용되며 전단지연효과를 줄이는 데도 도움이 될 수 있다. 묶음튜브구조는 튜브 내에서의 기둥배치 때문에 평면활용상의 제약을 받을 수도 있다. 그러나 건물이 수직으로 높아질수록 적절 층마다 수평면적이 단위튜브 크기로 감소되는 모듈을 갖고 있는 고층건물은 대단히 유용한 구조방식이라 할 수 있다.

윌리스 타워*Willis(Sears) Tower*(1973년, 미국, 110층, 443m)*〈그림 5-36〉*나 카네기 홀 타워*Carnegie Hall Tower*(1989년, 미국, 62층, 230.7m)*〈그림 13-31〉* 건물들이 묶음튜브를 사용한 고층구조물이다.

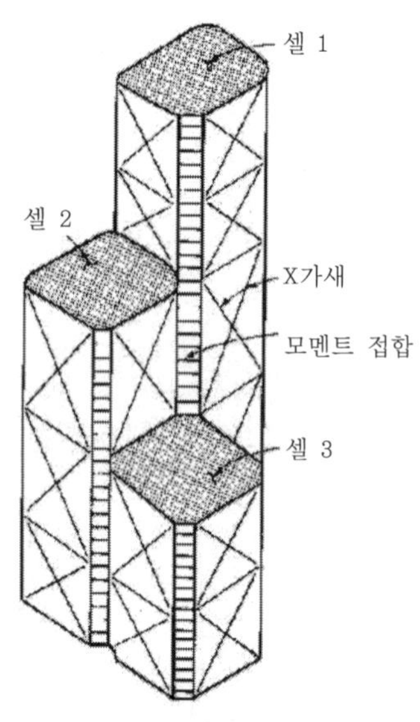

그림 13-30 묶음튜브 시스템 예

그림 13-31 카네기 홀 타워, 1989년

13-2-7 합성구조시스템

현대건축의 추세는 구조적인 필요조건을 만족시키면서 미적이고 기능적인 욕구에 부합되는 건물 구축을 위하여 재래의 관습에서 벗어나려고 한다. 구조형태 역시 건물 외관, 기능, 시공성을 고려한 효율성을 근간으로 결정해야 한다는 시대적 요구에 따라 전통적인 한 가지 형태를 벗어난 합성구조*Composite Structure*시스템이 고층건물에서도 자연스럽게 사용되었으며, 최근에 준공되었거나 신축 중인 초고층 구조물들의 대부분은 여러 구조형태가 조합되어 주 골조가 형성되는 경우를 가지고 있다. 따라서 획기적인 구조시스템의 개발이 없다면 당분간은 이미 언급한 구조시스템들이 혼재된 형태를 갖는 합성 구조시스템으로 고층건물의 구조형태가 결정될 것이다.

예를 들면, Jin Mao건물과 같이 코어를 메가기둥*Mega Column*으로 구성하여 구조체의 주횡력에 저항시키면서 Belt Truss, Belt Wall, Outrigger 등의 다양한 구조시스템을 병용하여 부수적 구조체 강성 증가를 도모하도록 한 메가스트럭처*Mega Structure*구조시스템은 약 150층까지는 구조적 효율성이 우수하다고 알려져 있다. 홍콩의 제2국제금융센터건물*(그림 13-32)*, 타이페이101 건물, 상하이타워, 중국 광저우의 CTF Finance센터, 서울 롯데월드 등이 코어*Core*를 메가기둥으로 구성한 고층 건물들이다.

그림 13-32
국제금융센터(홍콩)

그림 13-33
부르즈 할리파 건물

그림 13-34
터닝 토르소

또한, 콘크리트 코어 내부에 전단벽을 설치하여 보강한 Buttressed 코어에, 강성을 키우기 위해 추가한 벽이나 아웃리거로 보강한 구조시스템도 자주 사용되며, 부르즈 할리파 건물*(그림 13-33)*이나 현재 공사중인 제다 킹덤타워 등이 이러한 구조양식이다.

요즘 기하학적 형태의 건축물로서 건축구조미의 시선을 받고 있는 비틀린 건물 이미지를 갖는 산티아고 칼라 트라바의 터닝 토르소*Turning Torso*(2005년, 스웨덴 말뫼,

193m)*〈그림 13-34〉*나 SOM의 케이안 타워*Cayan Tower*(2013년, 두바이, 307m)*〈그림 13-35〉* 등도 건물 중심부의 Mega Column형태의 코어구조시스템을 적절하게 이용하여 외부형상을 표현한 작품들이다.

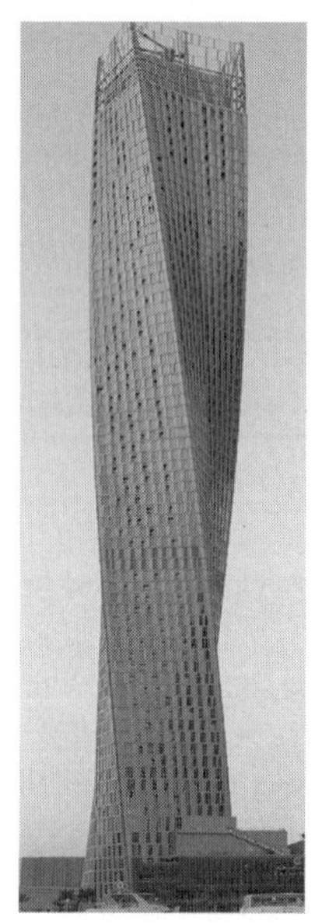

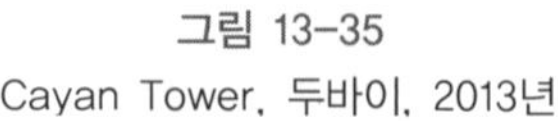

그림 13-35
Cayan Tower, 두바이, 2013년

그림 13-36
신주쿠 파크타워, 일본 동경

그림 13-37
432 Park Avenue, 뉴욕

더불어 기존의 다양한 구조시스템에 제진과 면진구조공법을 추가하여 구조안전성을 확보하려는 노력도 나타난다. 타이페이101 건물은 TMD(Tuned Mass Damper : 동조질량감쇄기)가 사용됐으며, 소규모 건물에 사용되던 AMD(Active Mass Damper : 능동형 제진장치)를 TMD와 조합한 HMD(Hybrid Mass Damper)를 사용한 235m인 신주쿠의 파크타워(1994년)*〈그림 13-36〉*, HMD를 사용한 인천국제공항 관제탑 등을 열거할 수 있다. 최근에는 복합제진 구조체인 유압식 이력댐퍼를 이용하거나 교량 등에서 사용하던 적층고무를 면진구조로 이용하여 고층건물에 적용하려는 노력이 가시화되고 있다.

건물의 층수는 높아질 수밖에 없으므로 수평저항능력이 탁월한 이상적인 미래의 구조시스템 개발은 구조공학자에게 던져진 숙제라고 할 수 있다. 보다 높은 고층건물에 사용될 미래의 구조시스템을 위하여 현재 진행되고 있는 연구 경향으로는 복합부재 사용, 고강도콘크리트 및 강재 사용, 재료의 경량화, 수평강성을 위한 가새 혹은 코어 벽체의 구성, 진동제어를 위한 감쇠 시스템 개발, 개선된 구조해석 프로그램 및 실험

장치 개발 등을 열거할 수 있다.

13-3 고층건물의 현황

고층건물의 사용재료로는 철근콘크리트, 철골, 철골철근콘크리트 등이 사용되고 있으나 고층으로 인한 압축력과 수평력에 따른 기둥·보의 저항응력 증가의 요구로 콘크리트보다는 탄성계수와 재료강도가 보다 높은 철골이 더 많이 사용된다.

최근에는 철골의 도움 없이 고강도콘크리트만으로 400m를 초과하는 고층건물을 볼 수 있어서 건축재료의 급격한 기술적 발전을 실감나게 한다.

주구조체에 철근콘크리트만을 사용하여 지어진 400m를 초과한 고층건물은

· 432 파크 에비뉴*Park Avenue*(2015년, 뉴욕, 426m, residential) *〈그림 13-37〉*

· 마리나 101*Marina 101*(2017년, 두바이, 425m, hotel/residential)

· Trump International Hotel & Tower(2009년, 시카고, 423.2m, hotel/residential)

· 알 함라 타워*Al Hamra Tower*(2011년, 쿠웨이트, 412.6m, office) 등을 열거할 수 있다. 그러나 보다 높은 구조물을 세우기 위해서는 단위면적당 재료강도가 높은 철의 사용이 필수적이라고 할 수 있다. 따라서 고층건물에서의 주구조체는 주로 철, 철+콘크리트, 합성구조(철+철근콘크리트) 등으로 이루어진 재료 선택과 다양한 구조시스템이 가미된 내외적 형태변화로 디자인되면서 설립된다.

이미 완공된 건물 중 세계에서 가장 높은 고층건물을 열거하면 다음과 같다(2020년 1월 기준).

① 부르즈 할리파*Burj Khalifa*, 828m(163층), 2010년, 두바이 *〈그림 13-33〉*

② 상하이 타워*Shanghai Tower*, 632m(128층), 2015년, 중국 상해 *〈그림 13-38〉*

③ 아브라즈 알 바이트*Abraj Al Bait*, 601m(120층), 2012년, 사우디 메카

④ 평안 국제금융센터*Ping'an Fiance Center*, 599m(115층), 2017년, 중국 심천

⑤ 롯데월드타워, 555m(123층), 2017년, 서울 *〈그림 13-39〉*

⑥ 제1세계무역센터*One World Trade Center, 1WTC*, 541m(108층), 2014년, 뉴욕 *〈그림 13-40〉*

⑦ CTF광저우*The CTF Guangzhou*, 530m(111층), 2016년, 중국 광저우

⑧ 타이페이101 빌딩*Taipei World Financial Center*, 508m(101층), 2004년,

대만 타이페이*〈그림 13-41〉*

⑨ 상하이 세계금융센터*Shanghai World Financial Centre, SWFC,* 492m(101층), 2008년, 중국 상해

⑩ 국제상업센터 ICC타워*International Commerce Center*, 484m(118층), 2010년, 홍콩*〈그림 13-42〉*

그림 13-38 상하이타워

그림 13-39 롯데 월드타워

그림 13-40 원 월드 트레이드 타워

그림 13-41 타이페이101

그림 13-42 국제상업센터

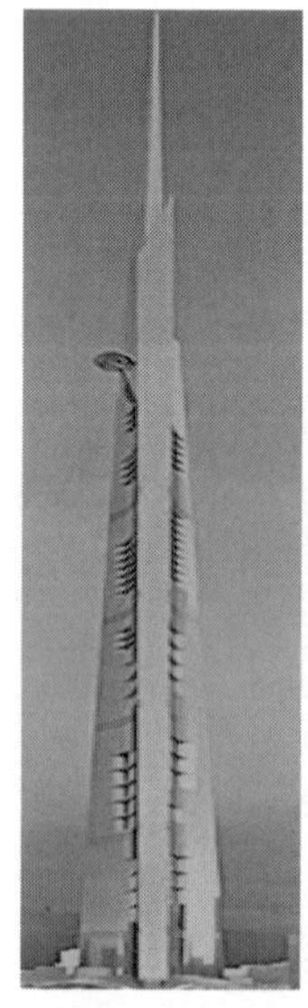

그림 13-43 제다킹덤타워

그림 13-44 위브더제니스타워

그림 13-45 해운대 엘시티타워

그림 13-46 현대차 글로벌 비즈니스센터

현재에도 초고층 건물이 계속하여 지어지고 있고 계획 중에 있다. 현재 공사 중인 초고층 건물을 몇 개 소개하면 1,000m가 넘는 규모로 사우디 제다*Jeddah*에 2021년 완공예정인 제다킹덤타워*〈그림 13-43〉*, 644m 규모인 PNB118(2024년 준공예정, 말레이시아), 골딘파이낸스117(2020년 준공예정, 중국 텐진), 센트럴파크타워(2020년 준공예정, 미국 뉴욕) 등 2~3년 이내에 400m가 넘는 초고층 건물이 약 20개 이상 준공될 예정이다. 이들 건물이 준공된다면 고층건물의 순위는 당연히 변경되므로 초고층 구조물의 높이에 대한 순위 부여는 별다른 의미가 없다.

그림 13-47 부산롯데타워

국내에서는 249m의 63빌딩(한화63시티, 1985년)과 228m인 무역센터 건물이 제일 높은 건물로 지어진 이후, 금세기 초부터 붐이 일기 시작한 초고층 건물에 의한 공동주택의 영향으로 264m인 타워펠리스Ⅱ(2003년 말, 69층), 249m인 목동 하이페리온타워(2003년, 서울), 301m인 부산의 위브더제니스타워(2011년)*〈그림 13-44〉*가 세워졌고 최근에 412m 규모의 부산 해운대 엘시티 더샵 랜드마크타워*〈그림 13-45〉*가 부산에 101층 규모로 세워졌다. 555m

인 서울에 위치한 롯데월드타워(123층, 2017년 준공)는 세계에서 가장 높은 건축물 5위로 자리하고 있다.

현재 시공 중인 초고층 건물은 569m이고 105층으로 2023년 중 준공예정인 현대차 글로벌 비즈니스 센터<그림 13-46>, 448m로 2022년 인천에서 완공예정인 청라시티타워, 510m 규모로 2023년 완공예정인 부산롯데타워<그림 13-47> 등이 있다.

13-4 고층건물의 실패

초고층건물의 건립을 피할 수 없는 현대 도시구조에서는 필요성에 의하여 인위적으로 건물을 파괴시키는 경우를 제외하더라도, 예기치 않은 사건에 의해 초고층 구조물의 붕괴나 파괴도 당연히 발생할 수 있다고 할 수 있다.

조종사의 실수나 비행기의 고장원인으로 인한 1945년의 엠파이어스테이트 빌딩과 1991년의 존 핸콕 빌딩에 비행기가 충돌한 사고 등이 있었지만, 테러범들이 탈취한 비행기가 의도적으로 고층건물에 충돌하여 약 3,000여 명의 사상자와 400m가 넘는 이 건물들을 붕괴에까지 이르게 한 2001년 9월 11일 월드 트레이드 센터 타워 건물 1, 2<그림 13-48>의 비행기 충돌사고는 금세기 최대의 초고층건물의 재앙이라고 볼 수 있다.

충돌의 가능성을 고려하여 구조안전성을 확보했을 것으로 유추된 구조물이 붕괴까지 진행된 이 상황은 고층건물을 추구할 수밖에 없는 현대의 건축인에게는 매우 충격적이며, 그동안 의심 없이 받아들였던 구조시스템의 선택에도 문제가 있음을 제기한 사건이므로 고층건물 실패의 한 예로 규정하여 건물붕괴의 원인을 추정하는 것도 미래의 건축구조 발전을 위해 유익할 것이다.

13-4-1 사고 발생

지상 110층, 지하 7층인 417m 높이를 갖는 WTC1(North Tower)의 붕괴사고는 미국 보스턴을 출발한 Boeing B767-223ER 형식인 American Airline(AA기)이 2001년 9월 11일 오전 8시 46분경 건물 북면의 94층~98층에 충돌한 후, 103분 후인 오전 10시 29분에 건물 전체 붕괴가 발생한 일이다. 거의 같은 규모를 갖는 WTC2(South Tower) 건물도 보스턴을 출발한 Boeing B767-222 형식인 United Airline(UA기)이 같은 날 오전 9

시 3분경 건물 남동쪽 방향으로 78층~84층에 충돌한 후 56분 후인 오전 9시 59분에 붕괴됐다. 충돌속도는 조사기관(FEMA/ASCE, FBI, MIT)에 따라 다르지만 WTC1에 충돌한 AA기는 약 700~800km/h, WTC2에 충돌한 UA기는 약 850~950km/h 정도로 추정하고 있으며, 항공기에 탑재된 연료는 약 10,000갈론(38,000ℓ≒30ton) 정도라고 보고되고 있다.

그림 13-48 뉴욕 세계무역센터

그림 13-49 뉴욕 세계무역센터 붕괴

13-4-2 건물 개요

건축주는 뉴욕 뉴저지 항만관리청*The Port Authority of York and New Jersey*(NY, NJ주 항만국)이며 Minoru Yamasaki & Associates, Emery Roch & Sons 회사에서 설계하였으며, 구조설계는 로버트슨*Robertson*을 비롯하여 스킬링*Skilling*, 헬레*Helle*, 크리스티안센*Christiansen*이 담당했다. WTC1, 2의 구조는 2개 건물이 거의 비슷한 417m, 415m(전파통신탑 제외) 높이를 갖는 지상 110층, 지하 7층인 규모이며, 각층은 63.14m×63.14m의 정방형 평면에 건물 내부에는 약 26.5m×41.8m인 장방형 코어*Core*부를 갖는 철골조 건물로써 WTC1은 1970년, WTC2는 1972년에 세계에서 가장 높은 건물로써 준공되었다.

13-4-3 구조계획

1) 건물 외주가구형태

이 건물의 가장 중요한 수평방향 설계하중은 설계용 압력이 220kg/cm^2 이상이 요구되는 풍하중이므로 수평저항 능력을 향상시키기 위하여 각 층별 평면 규모인 63.14m 정방형 건물 외주부에 기둥중심 간격이 101.6cm인 박스형(약 35cm 폭) 240개의 기둥과 기둥 사이에는 강판의 스팬드럴 보(춤=132cm, 두께 9.5~38.1mm)를 HTB로 접합한 튜브가구 형상으로 구조계획되었다. 박스형 기둥철판 두께는 축응력도를 일정하게 유지하기 위하여 위치에 따라 6.4~76.2mm로 설계되어 있으나 비행기가 충돌한 부근에서는 그 두께가 6.4~20mm 정도라고 보고되어 있다. 강재의 항복강도는 3.5~7.0tf/cm^2 이며, 기둥 건조는 End Plate에 고력볼트 접합시공으로 3층 3스팬을 하나의 유닛으로 하여 접합부가 같은 레벨에 위치하지 않도록 하였으며, 접합부가 동일 레벨인 경우는 용접을 병용하도록 설계되어 있다.

2) 내부 코어가구형태

WTC1은 동서방향으로, WTC2는 남북방향으로 장변을 갖는 26.5m×41.8m의 장방형 코어에 47개의 철골기둥이 하부 층은 박스형(914×356~406mm 단면, 판두께 19~102mm, 항복강도 2.5(tf/cm^2)이고 82층 이상은 약 35mm 두께의 H형강으로 구성되어 주로 연직하중에 지지되도록 설계되어 있다.

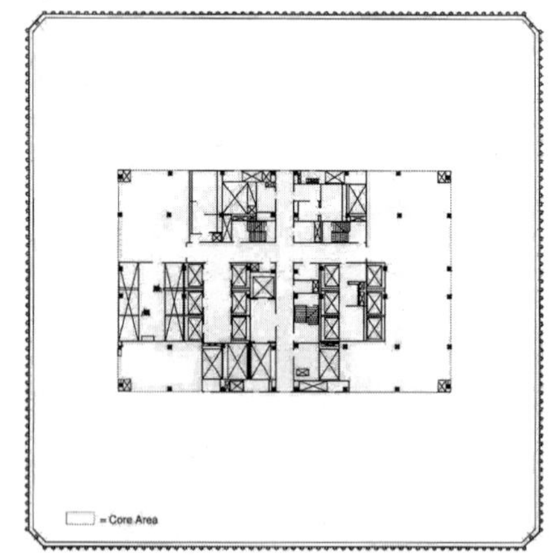

그림 13-50 평면형태

3) 바닥구조

외주기둥 1개 건너 약 203.2cm 간격으로 그림 13-50과 같이 철골로 구성된 주 트러스 보*Main Truss Beam*가 외주기둥과 코어부분에 핀*Pin*접합으로 연결되고, 그 위 데크 플레이트*Deck Plate*에 경량콘크리트를 약 10cm

타설한 바닥 슬래브가 구성되어 있다.

주 트러스 보는 산형강(L형강, Angle)이 737mm 간격으로 상·하현재를 구성하고 그 사이에 ϕ27.7mm의 환강이 1,016mm 등간격으로 사재로 사용되어 있으며, 주 트러스 보는 위치에 따라 10.7m, 18.3m 등의 스팬을 갖고 있다.

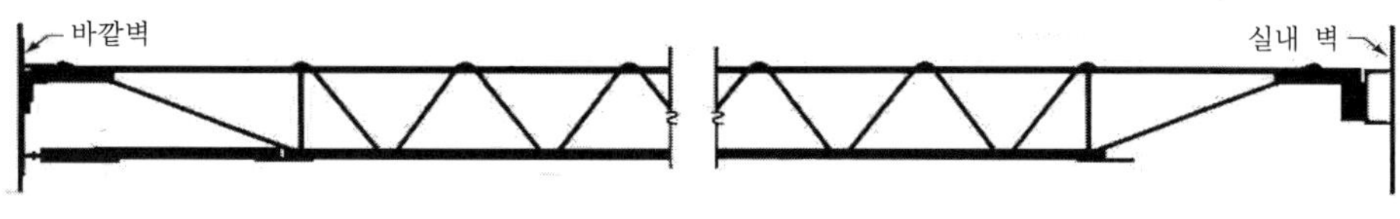

그림 13-51 바닥 슬래브 지지 트러스 보

13-4-4 건물붕괴의 원인 유추

미국연방 긴급사태관리청(FEMA)과 미국 토목학회구조분과위원회(SEI/ASCE)의 보고서 내용에 근거하여 건물의 붕괴원인을 기술하면 다음과 같다.

항공기에 탑재된 약 30ton의 연료 중 30%는 Fireball로 소비되고 30%는 다른 층에 유출되었으나 40%인 약 12ton(4,000갤론)은 충돌 층에서 연소되면서 내장품과 서류, 집기 등에 의한 화재발생을 충분히 추정할 수 있다. 항공기 충돌에 의해 충돌층 부근에서는 충돌에 의한 파편과 Fireball 영향으로 내화피복이 탈락되고, 하중 재분배에 의해 손상을 입지 않은 기둥들의 응력도가 증가함과 동시에 충돌 시에 국부적으로 파괴된 구조재료나 외장재료들의 중량이 하부층 바닥에 부가하중을 주었음을 알 수 있다. 화재가 진행되는 동안에는 바닥 슬래브를 지지하는 트러스와 기둥이 열에 의하여 팽창*(그림 13-52)*함으로써 기둥에는 면외좌굴이 발생하고, 강도저하 현상으로 바닥은 처짐에 의한 현수효과가 나타나 슬래브 단부의 접합부가 파단*(그림 13-53)*하는 현상이 동시적으로 나타났다고 볼 수 있다.

이런 현상으로 하부층의 바닥 슬래브에는 과하중이 작용됨과 동시에 바닥의 다이어프램*Diaphragm* 효과를 상실한 기둥이 좌굴*(그림 13-54)*하기 시작하였다고 할 수 있다. 한번 붕괴를 시작하면 상부층의 위치에너지가 운동에너지로 변하므로 상부층의 막대한 질량이 하부층 바닥에 충돌하면서 충격하중에 의해 바닥 슬래브 단부에서는 파단현상이, 기둥에는 좌굴현상들이 연쇄적으로 반복되어 나타나면서 건물의 전체적인 붕괴현상을 가져왔다고 볼 수 있다.

WTC1은 충돌 후 103분 후, WTC2는 충돌 후 56분 후에 건물붕괴가 나타났다. WTC2 건물붕괴가 WTC1보다 먼저 나타난 이유로는, 비행기 충돌위치가 WTC1은 건물 북면의 중앙부분으로 중앙부분 코어 기둥이 손상을 받고 축력이 다른 기둥에 비교적 균등히 재분배되었으나 WTC2는 건물 남면의 중앙보다 약간 우측으로 비행기가 충돌함으로써 동쪽방향 코어기둥(특히 남동쪽 코어기둥)의 손상이 커서 응력 재분배 과정에서 기둥 축응력도가 위치에 따라 큰 변화를 야기했을 것으로 추정되기 때문이라고 보고되어 있다. 이와 더불어 비행기의 충돌속도가 WTC2의 UA기가 WTC1의 AA기보다 1.25배 정도 높았을 것으로 예상되므로 운동에너지 증가량은 속도비의 자승에 비례하여 WTC2 경우가 WTC1보다 운동에너지가 약 1.6배 정도 많아 구조재료의 피해량이 더 크고 손상이 없었던 기둥들의 지지능력도 WTC1에 비해 WTC2가 적게 나타났을 것이라는 이론도 부가 이유로써 설득력 있게 받아들여지고 있다.

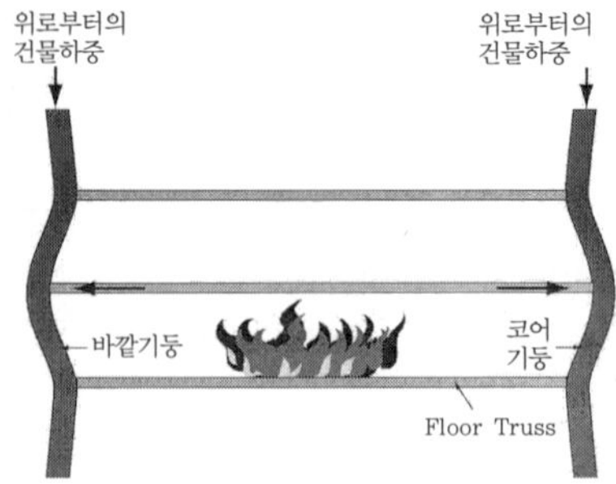

그림 13-52 열에 의한 팽창

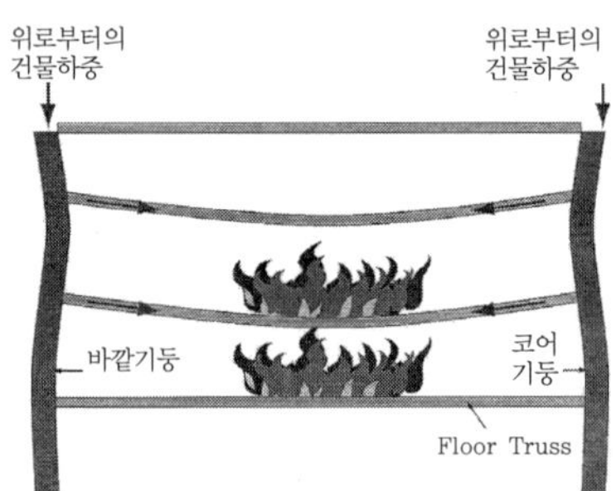

그림 13-53 단부 접합부의 파괴

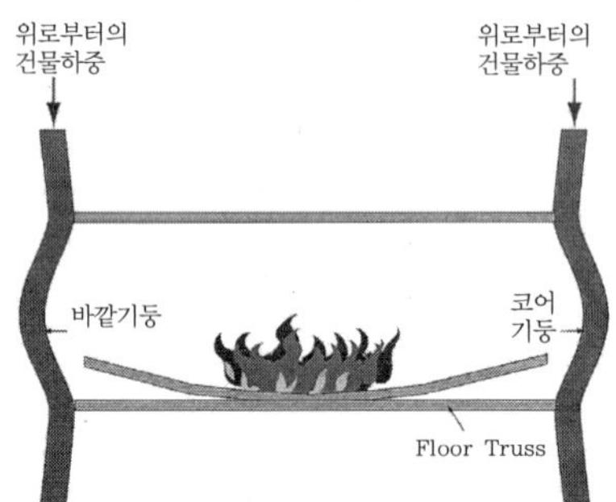

그림 13-54 기둥의 좌굴

13-4-5 고찰

구조설계를 수행할 때는 비행기 충돌과 같은 예기치 않은 사고까지 검토하여 구조물의 구조시스템과 강성을 확보하는 것이 일반적이다. WTC 구조설계에서도 이러한 문제까지 충분히 검토했으나 설계가 진행된 1960년대에는 Boing B767형 같은 중량과 속도를 갖는 비행기를 예상할 수 없었던 시대적 상황이었다고 구조설계를 담당했던 로버트슨이 회고한 적이 있다. 그러나 비행충돌에 의한 Fireball 영향으로 내화피복이 너무 쉽게 탈락한 마감재료의 구조성능 미비와 화재에 따른 재료팽창과 강도저하 현상이 급격하게 나타날 수 있는 경량철골로 장스팬(10.7m, 18.3m) 바닥 하부 지지 트러스 보 구조로 계획한 점과 바닥면적의 28%에 불과한 코어부가 연직하중을 받도록 함으로써 외적인 요인에 의하여 튜브구조가 갖는 외주기둥에 사고가 발생할 경우에는 코어부를 형성하는 기둥만으로 응력 재분배에 따른 지지능력을 갖춰야 하는 구조시스템의 문제점 등이 지적되고 있다.

따라서 어떠한 경우에도 구조물의 구조안전을 확보해야 한다는 반론이 단순히 구조설계자에 대한 비난만으로 국한되지 않을 수도 있으므로 WTC 붕괴사고는 구조의 중요성과 더불어 구조실무에 종사하는 많은 이에게 경각심을 가져다준 사건이라고 할 수 있다.

13-5 보다 높은 초고층건물

초고층건물의 범위는 시대에 따라 다르게 정의되지만, CTBUH나 한국의 초고층건축포럼(KSTBF ; Korea Super Tall Building Form) 등의 회의 결과와 우리나라 규준 등에 따라 50층 이상이면서 200m를 넘는 건물로 분류할 수 있다. 따라서 200m를 초과하는 건물 들은 초초고층 건물이라고 부를 수 있다. 이미 828m의 건물이 세워져 있고, 수년 내에 건물높이 1,000m를 상회하는 초초고층건물이 완공될 예정이며 몇몇 나라에서는 이미 높이 4,000m를 초과하는 초초고층건물을 짓기 위하여 활발한 연구와 검토가 진행 중이므로 머지않아 그러한 건물들도 우리 주위에서 쉽게 볼 수 있을 것도 같다.

초초고층건물이 일반적인 초고층건물과 다른 점은 대단히 많은 자중을 지지해야 하고 고유주기가 길어짐에 따라 풍하중이 지진하중보다 크게 나타나서 풍하중에 의해 부재단면의 결정이 이루어진다는 것이다.

우선, 자중의 증가는 유효공간의 부족을 가져올 수밖에 없으므로 고강도콘크리트나 강재 사용이 불가피할 수밖에 없고, 상부 하중을 지지하는 기초를 강도가 높은 지반까지 내려야 하므로 지하층을 깊게 구축할 필요성도 대두된다. 그리고 될 수 있는 한 자중을 줄이기 위해서는 경량골재 사용을 적극적으로 검토할 필요성도 발생할 것이다.

또한 풍하중이 구조부재 결정의 주요한 원인이 되므로 구조체의 1차 모드 진동이 주체가 되어 건물 전도에 대해서도 유리할 수 있는 메가 스트럭처*Mega Structure*를 채용하는 것이 유리할 것이며, 강풍에 의한 거주성을 확보하기 위하여 제진장치 등의 활용도 검토되어야 할 것이다.

따라서 경제성을 갖춘 초초고층건물의 본격적인 건설 시기는 보다 우수한 고강도 재료와 제진장치, 과도한 횡변형을 흡수할 수 있는 메가 스트럭처 시스템의 개발 여부에 따라 결정될 것이다. 그러나 언젠가는 그 기록이 깨질 수밖에 없는 자연법칙에서 단순히 건물의 높이만을 높이기 위한 경쟁에만 몰두할 경우 올림픽에서 얻는 메달처럼 세월이 지나면 당연히 변색될 것이므로 그 실용성에 바탕을 두고 건물의 가치를 평가하는 건축적 안목이 우리 모두에게 필요할 것이다.

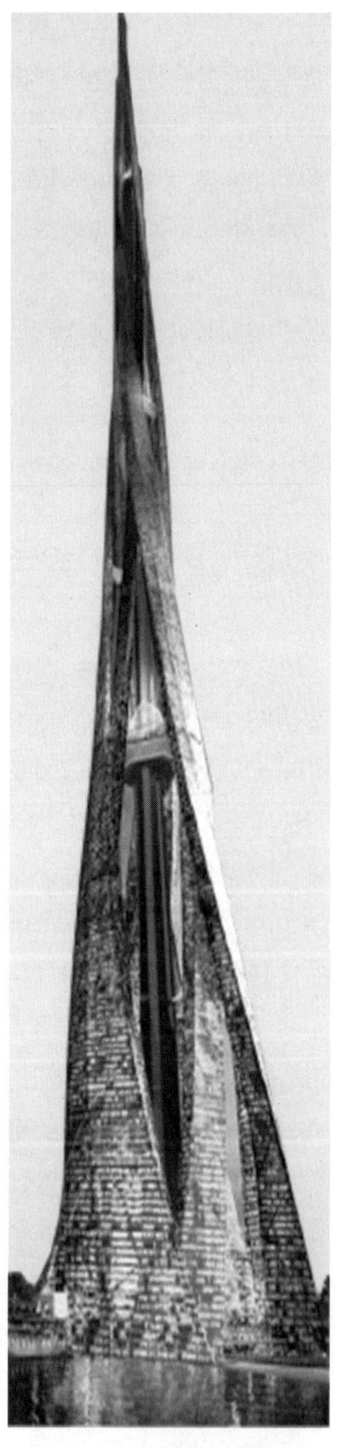

그림 13-55 두바이에 계획 중인 약 2,000m(400층) 높이 건물

14 다리Bridges

14-1 다리의 역사

도로, 철로, 수로 등이 하천, 호수, 해협 및 협곡과 같은 지형의 불연속적인 곳을 건널 수 있게 하기 위하여 건설된 구조물의 총칭을 다리 또는 교량이라고 부른다. 건축분야에서는 도시를 만드는 인프라시설의 일부로서 다리를 토목분야라고만 생각하는 경향이 있으나 다리를 형성하는 구조형태가 건축구조시스템에 응용되는 경우가 많은 것을 생각한다면 다리구조에 대한 일반적 상식일지라도 건축구조를 이해하는데는 큰 도움이 될 것이다.

그림 14-1 스톤 브리지*Stone Bridge*

그림 14-2 페루의 로프에 의한 다리

인간의 이동과 수송의 편리함을 위하여 통나무와 식물 넝쿨을 이용하여 자연발생적으로 다리형태를 구성하였을 것으로 쉽게 추정할 수 있으므로, 다리의 역사가 원시시대부터 시작되었음을 부인할 수 없을 것이다. 동양에서는 고대부터 주로 목재를 이용하여 다리를 축조한 반면, 석조와 조적구조에 의한 아치형태의 다리들은 메소포타미아 지방에서 이미 기원전 4000~5000년경에 만들어 사용하였다고 전해지고 있다. 그러나 현존하는 고대의 다리들은 로마시대 이후에 축조된 석조아치들이 대부분으로, B.C.300년경에 건조된 아피아 수도교, B.C. 63~B.C.13년에 축조된 님*Nimes*의 가르교*The Pont du Gard*, 2세기경에 만들어진 스페인의 세고비아 수도교*Aquedut*〈*그림 14-4, 5*〉 등을 열거할 수 있다.

그림 14-3 중국의 원시적 조교(현수교)형태

그림 14-4 세고비아 수도교, 스페인

그림 14-5 세고비아 수도교의 아치형태

그림 14-6 산마르틴 다리, 1212년

그림 14-7 폰테 베키오, 1367년

석조 아치 건조법은 로마제국이 멸망한 후 일시적으로 쇠퇴기를 거쳤으나, 9세기 이후부터 기술상으로 보다 진보된 석조 아치교가 많이 가설되었다. 스페인의 산마르틴교(1212년) *〈그림 14-6〉*, 이탈리아 피렌체의 베키오*Vecchio*교(1367년) *〈그림 14-7〉*, 베네치아의 리알토*Rialto*교(1588년~1592년) *〈그림 14-8〉*, 중국 북경 남서쪽에 위치한 루거우교(1192년) 등에서 아름다운 석조 아치교의 모습을 발견할 수 있다.

그림 14-8 베네치아의 리알토 다리, 1592년

16세기의 이론적 연구와 구조해석의 발달에 힘입어 라이즈를 낮추는 실용적인 조적 아치교가 브루넬 등에 의해 축조되기도 하였으나, 1770년경 존 위르킨슨(1728년~1808년)이 주철을 다리 축조에 이용할 수 있는 주물을 만든 후부터는 콘크리트와 철에 의한 다리들이 조적구조를 대신하여 18세기 이후부터 새롭게 나타나기 시작하였다.

그림 14-9 중국 광시*Guangxi*의 목조 캔틸레버 다리

1580년경 이탈리아의 팔라디오가 목재 트러스 방법을 고안한 후부터 목구조를 이용한 근대적 다리구조들이 다양한 형태로 건조되기 시작하였다. 특히 1758년 스위스의 그루벤만*Grubenmann* 형제가 만든 라인 강의 아치형 목조 트러스교는 트러스의 구조 원리를 이용할 경우에는 목재로도 장스팬의 다리를 건조할 수 있다는 기술적 실용성을 잘 나타내는 작품으로 평가를 받으면서 목조교량 구축의 기술발전에 지대한 영향을 끼쳤다고 전해지고 있다. 초기 목재 트러스교는 구조적으로 아치의 영향을 받았으나 목재가 풍부한 미국을 중심으로 다양한 방법과 이론의 성과로 점차 나무의 특성을 살린 형태로 발전하였다고 한다.

세계 최초의 철교는 1779년 영국의 세번 강에 건조한 콜브룩데일*Coalbrookdale* 주철제 아치다리(1779년)이므로, 철을 사용한 다리 역사도 이미 230년이 넘었다고 할 수 있다.

주철은 연철이나 강철과는 다르게 압축에는 비교적 강하나 인장은 신뢰할 수 없는 재료적 취약성이 있었으나 압축강도가 높으면서 중량이 가볍고 조립과 가공이 쉽다는 장점 때문에 많은 다리들이 조적과 같은 개념을 갖는 건조방법에 의해 주철 아치교로 만들어졌다. 그러나 주철에 비해 인장내력이 훨씬 높은 연철과 인장, 압축 모두에 강한 강철의 발명으로 인해 경제성과 다양한 조형미를 추구하면서도 장스팬 다리를 건립할 수 있는 다리 역사의 새로운 시대로 접어들게 된다. 미국에서도 1860년경까지는 연철을 이용한 다리가 대부분이었으나 1870년경부터는 주로 강철을 사용한 다리가 축조되기 시작하였다.

1864년경 독일의 게르버*J. G. H. Gerber*가 게르버 보를 고안한 이후 1867년부터 게르버트러스교가 축조되기 시작하였으며, 지금도 철도교로 사용되고 있는 영국의 포스교 *Forth Railway Bridge*(1890년)*〈그림 14-10〉*나 중앙 최대경간이 549m로 세계 최장 트러스 경간을 자랑하는 캐나다의 퀘벡교(1917년) 등도 게르버 형식 구조의 다리들이다. 게르버구조는 하중을 지지하는 교각이 부동침하를 받더라도 급격하게 주 구조체에

그림 14-10 포스교, 1980년

구조적 변형이 일어나지 않는 구조적 특징으로 인해 지반의 상태를 명확히 파악할 수 없는 다리구조물에는 아주 유용한 구조형식이라고 할 수 있다.

교각 사이를 연결하는 다리를 박스형태로 조립하여 구조체의 내응력을 향상시키려는 노력이 구조공학 이론을 바탕으로 연구되었으며, 그 결과 등장한 다리구조가 상자형 형교라고 할 수 있다. 그 예로는 1850년 영국 웨일즈의 메나이 협곡에 가설된 최대경간 141.7m의 브리타니아 철로교를 들 수 있다. 이러한 형교는 철과 콘크리트 등의 고강도화와 용접과 시공기술의 진보 및 해석법의 발달에 힘입어 경간의 길이는 점점 길어지게 되나 조형적 아름다움을 표출하기에는 한계가 있는 구조양식이라고 볼 수 있다.

1741년 영국 미들턴에 경간 21m의 보도교를 쇠사슬 체인으로 케이블을 구성하여 다리구조에 이용한 이후부터, 철을 이용한 현수교(조교)*Suspension Bridge*의 발전이 시작된다. 영국의 브리스톤의 클리프턴 현수교*Clifton Suspension Bridge*(1864년)*〈그림 14-11〉*는 가장 아름다운 체인교*Chain Bridge*로 알려져 있다. 장대경간을 갖는 본격적인 현수교의 발달은 주경간 486m인 뉴욕의 브루클린교(1883년)*〈그림 14-24〉*부터라고 할 수 있다. 특히 20세기부터는 고강도 강선 케이블의 재료적 발달 덕분에 보다 길면서 아름다운 현수형태의 다리가 급속도로 증가하게 되었다.

케이블구조의 새로운 구조형식인 사장교는 시공기간이 비교적 짧다는 이유로 제2차 세계대전 후 독일을 중심으로 발달하여 각국에 그 기술이 보급되었으며, 기존의 다리구조와 다른 조형상의 아름다움 때문에 최근에는 수많은 다리가 이 구조를 활용하고 있음을 우리 주위에서 쉽게 찾아볼 수 있다.

기록상으로 우리나라에서의 진보된 기술과 형식을 갖춘 다리는 삼국시대부터 비롯되었다고 한다. 최초의 다리는 평양 주대교(413년)로 알려져 있으며, 서천교 부근의 금교, 송교와 교천상에 있는 춘양교, 월정교, 육교로서는 궁남루교, 연우교, 효불효교,

그림 14-11 클리프턴 현수교

굴연천교, 신원교, 남정교, 통한교 등이 있었다고 한다.

우리나라 최초의 석조 아치교는 신라시대 불국사의 청운 및 백운교(750년경)로서 연화교, 칠보교와 함께 아직까지 완전한 형태로 남아 있다.

기타 석교로는 고려시대의 개성 선죽교, 1493년 조선시대에 완성된 수표교(장충단 공원 입구 개천 위에 위치)*〈그림 14-12〉*, 창경궁 안의 옥천교*〈그림 14-13〉* 등을 열거할 수 있으며, 목교로서는 곡성 능파각 목교, 강화 홍교, 송광사 삼청교, 벌교 홍교, 수원 화홍교 등에서 찾을 수 있다.

그림 14-12 수표교, 1493년

그림 14-13 옥천교

그림 14-14 압록강 철교(선회교)

그림 14-15 영도대교

국내 최초의 근대 교량은 1900년 서양 기술자에 의해 건설된 트러스교인 한강철교, 1911년에 가설된 압록강 철로교인 선회교*〈그림 14-14〉*, 1934년에 만들어진 부산 영도대교*〈그림 14-15〉* 등이 있다. 그러나 국내 기술자에 의한 본격적 대규모의 다리 건설은 1960년대부터라고 전해지고 있으며, 초창기에 만들어진 현수교 다리로는 1973년에 만들어진 중앙경간 404m의 남해대교를 들 수 있다. 우리 기술로 다리를 만든 역사는 짧으나 국내에서도 최근에 만들어진 다리구조형태나 양식 등이 세계적 추세에 뒤지지 않은 모습으로 건조되고 있음을 알 수 있다.

다리를 분류하는 방법은 사용용도, 재료, 건너는 방법, 구조형식, 위치, 지지방식 등에 따라 다양하지만, 구조적 관점에서 구조형식에 따라 분류하면 단순교, 연속교, 게르버교, 아치교, 라멘교, 현수교, 사장교, 복합된 형식으로 구성된 복합구조교 등으로 구분할 수 있다. 현대에 구축되는 다리 중에서 가장 많은 형태인 아치교, 현수교, 사장교에 대하여 간단히 기술하면 다음과 같다.

14-2 아치교

아치의 기원은 고대 이집트나 메소포타미아 문명으로 거슬러 올라갈 수 있지만, 이미 언급한 바와 같이 본격적으로 사용된 것은 아치기술을 완성시킨 로마시대라고 할 수 있다. 로마시대에 주요한 건축재료는 압축력에는 강하나 인장에는 매우 약한 돌과 벽돌로써, 이러한 재료를 사용한 조적 아치들은 재료의 특성상 힘의 흐름이 압축력만으로 하중을 지지할 수 있도록 축조되었다.

조적 아치교가 압축력만을 받도록 하기 위해서는 추력선이 벽면 내에 위치하도록 편심을 줄여야 하므로 당연히 라이즈는 높게 된다. 조적 아치교는 아치가 갖는 곡선적 아름다움 때문에 모든 시대를 걸쳐 인기를 누려 왔으나, 재료가 갖는 물리적 성질 때문에 축조비용이 높고 기초중량이 커지며 라이즈가 높아 사용의 제한성이 수반된다는 결점을 안고 있다. 로마시대 때 축조된 프랑스 님*Nimes* 근처의 수도교*Aqueduct*인

그림 14-16 The Pont du Gard (1)

그림 14-17 The Pont du Gard (2)

가르교*The Pont du Gard〈그림 14-16, 17〉*와 스페인의 세고비아에 있는 수도교 등은 반원형 조적 아치교로써 지금까지 그 아름다운 형태가 그대로 보존되고 있다.

그림 14-18 스위스 Verzasco 계곡의 로마시대에 축조된 아름다운 아치, 약 2000년 전

아치의 아름다움을 유지하면서 라이즈를 낮추는 연구는 철도산업의 발전과 더불어 본격화되었다. 1837년, 영국의 브루넬이 템스 강에 철로교를 2열의 벽돌조 아치교로 축조하였는데, 이 아치교의 라이즈는 39m 스팬의 20% 정도밖에 안 되는 7.3m였다고 한다. 기존에 축조된 아치들의 라이즈가 스팬의 50% 정도의 높이를 갖는 것에 비교하면 대단한 기술적 발전이라고 할 수 있다.

압축재료인 돌이나 벽돌에 의한 아치교의 문제점을 보완하기 위한 새로운 재료 개발은 1770년대의 주철의 사용에서 찾을 수 있다. 주철은 현재 사용하고 있는 강철과 다르게 인장내력에 취약하지만, 기존 재료인 벽돌에 비해서는 보다 강한 인장력을 받을 수 있으며 축조방법이 용이하다는 이점이 있다. 로버트 스티븐슨(1803~1859년) 등은 19세기 초에 주철을 이용하여 아치형태의 다리를 많이 축조하였으나 인장에 취약한 재료적 특성이 구조적으로 위험하다는 인식 때문에 연철과 강철이 본격적으로 사용되기 전의 한 시대에만 국한하여 일시적으로 주철 아치교가 만들어졌다고 한다.

철을 사용한 오늘날 아치교의 대부분은 교량상판이 철골아치에 매달린 형태를 하였으며, 라이즈의 제한이 없고 상판에는 축방향 힘이 작용하지 않는다는 장점이 있다. 그러나 추력 증대에 따른 기초안전성에 대한 검토는 구조안전에 중요한 역할을 한다

그림 14-19 베이온교, 1931년

그림 14-20 시드니 하버 브리지

는 점을 명심해야 할 것이다. 주경간이 510.5m인 뉴욕의 베이온교*Bayonne Bridge*(1931년)*〈그림 14-19〉*와 502.9m인 시드니 하버 브리지*Sydney Harbour Bridge*(1930년)*〈그림 14-20〉*, 550m인 중국 상해의 노포*Lupu*대교(2003년) 등에서 아름다운 아치교의 조형미를 찾아볼 수 있다. 국내에서도 비행기가 이착륙하는 형상으로 디자인된 주경간 540m의 방화대교(2000년, 인천국제공항 고속도로의 일부)*〈그림 14-21〉* 등에서 아치교의 아름다움을 찾을 수 있다. 세계에서 주경간이 가장 긴 철골아치교는 2009년 완공된 중국 충징시*Chong Qing*에 있는 552m의 Chaotianmen Bridge(朝天門長江大橋)*〈그림 14-22〉*이고, 두바이에서는 주경간이 100m 이상이 더 긴 667m의 철골아치교가 현재 공사 중인 것으로 알려져 있다.

그림 14-21 방화대교, 2000년

그림 14-22 Chaotianmen Bridge, 2009년

14-3 현수교Suspension Bridge

현수교란 인장저항력이 큰 로프, 식물섬유, 철, 강 등의 케이블을 교각 사이에 현수 형태로 매달고 지점 간을 연결하는 수평보(보강판, 교량상판, 보강형)를 케이블에 달아매는 형식으로 뒤집혀진 아치교와 같은 구조적 거동을 한다.

로프나 식물섬유로 만들어진 여러 형식의 매달린 다리들은 준공 초기에는 사용재료의 내구성과 인장력을 안심할 수 있지만, 시간이 지남에 따라 식물섬유들의 변질이 빠르게 진행되므로 영구적인 사용이 불가능하다고 할 수 있다. 따라서 영구적인 현수교를 위해서는 철이나 강케이블의 사용이 필수적이라고 할 수 있다.

연철은 큰 강도와 연성이 있으면서 내부식성도 풍부하므로, 근대의 현수교에서는 연철을 케이블로 이용한 체인교*Chain Bridge* 형태로의 발전이 시작되었다. 최초의 연철 체인교는 1741년 영국의 미들턴에 건설된 스팬 21m의 보도교라고 할 수 있다. 아직까지도 사용하고 있는 연철에 의한 현수구조의 교량들은 1826년 토머스 텔포트*Thomas Telford*가 메나이*Menai* 해협에 만든 중앙부 스팬이 176.8m인 메나이 다리(준공 당시 최고 스팬)*〈그림 14-23〉*나 스팬이 190m인 브루넬의 클리프턴교(영국, 브리스톨 시, 1864년)에서 찾을 수 있다.

그림 14-23 메나이교, 토머스 텔포트, 1826년

그림 14-24 브루클린교, 존 로블링, 1883년

그림 14-25 금문교, 샌프란시스코 만, 1937년

기존의 연철에 비해 강성이 훨씬 강한 철과 강케이블의 개발로 보다 큰 스팬(경간)을 안전하게 지지할 수 있게 되었다. 이미 언급한 바와 같이 재료 개발에 따른 현대적인 현수교의 본격적인 시작은 강철과 와이어를 최초로 사용한 당시 최고 스팬인 486m를 자랑하는 뉴욕의 브루클린교(1883년)*〈그림 14-24〉*부터라고 할 수 있다. 이후 중앙경간이 1,280m에 달하는 샌프란시스코의 금문교*Golden Gate Bridge*(1937년)*〈그림 14-25, 26〉*, 중앙경간이 1,298m인 뉴욕의 베라자노 내로스교*Verrazano Narrows Bridge*〈그림 14-27〉, 1,410m인 영국의 험버교*Humber Bridge*(1981년)〈그림 14-28〉, 홍콩의 청마대교*Tsing Ma Bridge*(1377m, 1997년) 등과 같은 아름다운 장스팬(장경간)의 현수교를 볼 수 있다. 세계에서 가장 긴 현수교로는 주경간이 1,991m인 일본의 아카시대교(1998년)〈그림 14-29〉를 비롯하여 1,650m의 주경간을 갖는 중국의 시호우먼교*Xihoumen Bridge*(2009년) 1,624m의 주경간을 갖는 덴마크의 그레이트 벨트교*Great Belt Bridge*(1998년) 등을 들 수 있다.

그림 14-26 금문교의 케이블 지지부

그림 14-27 베라자노 내로스교, O. H 암만, 1964년

국내에서는 1973년에 완공된 남해대교〈그림 14-31〉가 최초의 우리 기술로 만든 현수교로서 길이는 660m(중앙경간은 최대 404m)이며, 2002년에 완공된 부산의 광안대교〈그림 14-30〉도 주경간 500m인 현수교다. 국내의 기술진에 의해 설계 및 시공이 이루어지고 2012년에 준공된 이순신대교〈그림 14-32〉는 주경간이 1,545m로서, 국내에서 주경간이 제일 길 뿐 아니라 세계에서도 4번째로 긴 현수교로서 우리나라의 짧은 토목기술 역사에 비하면 대단한 기술적 성장이라고 평가할 수 있다.

그림 14-28 험버교, 1981년

그림 14-29 일본의 아카시대교, 1998년

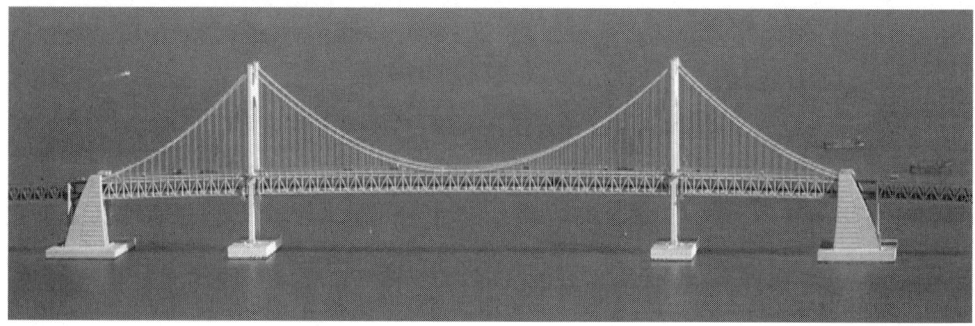

그림 14-30 부산의 광안대교, 2002년

그림 14-31 남해대교

그림 14-32 이순신대교, 2012년

현수교는 보강형(바닥보) 형식에 따라 단경간과 삼경간으로 구분되며, 지점구조에 따라서는 힌지구조와 연속구조로 구별하기도 한다. 힌지부에서는 보강형에 굴절이 생길 수 있으므로 철도교 등에서는 주로 연속식 보강형 보가 채택된다.

현수교에 사용되는 주 케이블은 휨성이 있고 인장에 강한 스트랜드 로프 또는 스파이럴 로프가 사용되지만 스팬이 클 경우에는 강철사를 꼬지 않고 한데 묶은 평형선 케이블이 채택되기도 한다.

현수교에 대한 구조해석은 보통 탄성이론이 적용되지만 장스팬의 구조에서는 처짐을 고려한 해석이나 풍압에 따른 진동해석 등은 추가로 검토할 사항들이다.

14-4 사장교Cable Stayed Bridge

케이블구조의 새로운 형식으로써 중간에 있는 교각 위에 세운 탑으로부터 비스듬하게 당긴 케이블만으로 바닥을 받치려고 하는 구조방식의 다리를 사장교라 한다.

사장교가 처음으로 문헌에 나타난 시기는 1595년으로, 베네치아의 목수 겸 발명가인 파우스토 베란치오*Fausto Veranzio*의 노트에서이지만, 최초의 시공은 1784년에 스위스의 프리부르*Fribourg*에 로셔*C. J. Loscher*가 설치한 32m의 팀버교*Timber Bridge*(교량상판이 나무임)로 알려져 있다. 이후 사장교는 다양한 탑 구성과 케이블 등으로 인하여 조형미가 풍부하며, 구조형태가 합리적이고 경제성이 높은 독특한 다리구조라는 인식 때문에 17세기부터 본격적으로 연구되고 설치되었으나, 18세기에 세워진 몇 개의 사장교 형태의 다리에서 붕괴사고가 일어난 후부터는 사장교에 대한 구조안전성에 의문이 제시되어 왔다.

그림 14-33 알라미요교*Alamillo Bridge*, 스페인 세비아, 1992년, Santiago Calatrava

그러나 제2차 세계대전 후 독일에서는 파괴된 다리를 가장 적은 비용으로 비교적 짧은 시일 내에 복구해야 하는 시대적 요구에 부응하여 사장교가 다시 주목받게 되었다. 1950년대부터 독일을 중심으로 발달된 사장교는 구조해석을 위한 컴퓨터의 기술적 발전과 경쾌한 케이블 배지의 다양성 및 케이블을 지지하는 교탑 변화에 따른 디자인적 요소의 풍부함 때문에 현대 다리구조 양식에서 중요한 몫을 차지하고 있다.

사장교는 그 형태의 모양에 따라 팬*Fan*과 하프*Harp*로 그림 14-34와 같이 디자인을 구별하여 나타낸다.

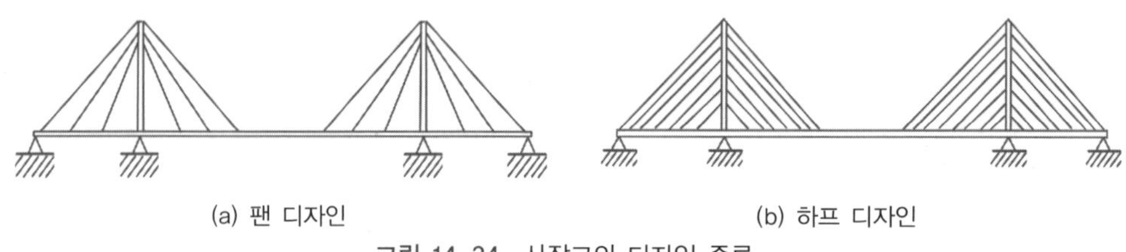

(a) 팬 디자인 (b) 하프 디자인

그림 14-34 사장교의 디자인 종류

1958년 독일 뒤셀도르프의 북교(주경간 260m)나 1970년에 세워진 요코하마의 베이브리지*Bay Bridge*(주경간 460m), 탈마지 메모리얼 브리지*The Talmadge Memorial Bridge*(1991년, 335.2m)*〈그림 14-35〉*, 브라우드교*The Broward Bridge*(1988년, 396.2m)*〈그림 14-36〉*, 일본의 타타라*Tatara*대교(1999년, 890m), 중국의 양쯔강을 가로지르는 수통*Sutong*대교(2008년, 1,088m)*〈그림 14-37〉* 등이 사장교이며, 현재 세계에서 주경간이 가장 긴 사장교는 2012년 7월초에 준공된 러시아의 블라디보스토크에 있는 루스키 섬과 대륙을 연결하는 1,104m인 Russky Bridge로 알려져 있다.

그림 14-35 탈마지 메모리얼 브리지, 1991년

우리나라에서는 1990년에 세워진 한강의 올림픽대교*〈그림 14-38〉*와 1995년에 완공된 행주대교, 2005년에 준공된 쌍둥이다리인 483m의 진도대교*〈그림 14-39〉* 등과 더불어 서해대교, 삼천포대교, 인천대교, 거가대교, 목포대교, 거금대교, 화명대교(콘크리트사장교, 270m) 등이 사장교로 되어 있다. 2011년부터 공사를 시작하여 2019년에 완공된 주경간 500m(총길이 854m)인 화양대교는 국내에서 주경간이 제일 긴 사장교라고 할 수 있다.

그림 14-36 The Broward Brdige In Jacksonville, Florida, 1988년

그림 14-37 양쯔강의 수통대교, 2008년

그림 14-38 올림픽대교, 1990년

그림 14-39 진도대교, 2005년

그림 14-40 화양대교, 2019년

그림 15-10 피사의 사탑, 1350년

그림 15-11 울름 대성당, 1377년

그림 15-12 에펠탑 1889년

나 근대 이후에는 철, 콘크리트, 유리 등의 새로운 소재와 기술개발에 힘입어 에펠탑(파리 세계박람회 기념)과 같이 인간중심의 새로운 형태인 전망탑들이 세워지게 되었다. 또한 과학의 발달로 TV 송신을 위한 안테나 전용탑의 건조는 시대적으로 피할 수 없는 상황이 되고 있다.

그림 15-13 스페인 사그라다 파밀리아 *Sagrada Familia* 성당

15-3 동양의 탑

동양에서의 탑도 서양의 경우와 유사하게 군사적 용도와 종교적 의식의 목적으로 건립되기 시작하였으며, 종교적 의미로는 대부분 불탑의 특징을 가지고 있다.

석가모니의 사리를 봉안하기 위해 건립된 스투파*Stupa*의 대표적인 초기 양식*〈그림 15-14〉*은 반구형의 봉분 위에 사각형의 평두와 반개를 만드는 형태로부터 차차 높은 기단을 만들어 탑신을 받치는 형으로 발전하면서 구조체 주위에는 아름다운 조각을 새기면서 탑으로 발전하게 되었다. 재료에 따라 목탑, 석탑, 전탑, 토탑, 옥탑, 금탑 등으로, 제작기법에 따라서는 화탑, 인탑, 각탑, 조탑 등으로 나뉘지만, 주로 중국에서는 전탑이, 한국에서는 석탑, 일본에서는 목탑이 특색 있게 발달하였다고 한다.

한국에서는 372년(소수림왕 2년) 고구려에 처음 불교가 전파된 이후부터 많은 사찰에 불탑이 지어졌고, 이러한 불탑은 불교의 번창과 함께 사찰을 벗어나서도 건립하게 되었다. 초기에는 한국 탑들의 구조와 양식이 중국의 영향을 많이 받았으나 얼마 지나지 않아 건축재료, 기술, 민족성 등의 차이에 의하여 독특한 형태를 형성하게 된다.

목탑으로는 신라의 황룡사 9층탑, 고려의 개성 7층탑, 서경의 9층탑 등이 있었지만 역사상 거듭된 병란으로 불타 없어지고 유적만이 몇 군데에서 남아 있다. 석탑 역시 다량의 화강암이 채취되는 자연조건과 석공기술의 발달로 석가탑이나 다보탑과 같이 우수한 작품들이 많이 세워졌으며, 시대에 따라 그 수법이나 문양도 매우 다양하다는 평가를 받고 있다.

그림 15-14 Stupa 초기 양식, B.C.2세기

그림 15-15 월정사 8각 9층 석탑, 고려 초

15-4 현대의 탑

현대의 탑들은 뚜렷한 실용적인 목적으로 세워지는 것이 보통이며, 철과 콘크리트를 이용하여 갈수록 수직 상승된 형태를 갖게 되었다. 최근에는 단순히 TV 안테나용으로 세워지는 경우보다는 관광을 겸한 전망대의 기능을 포함하면서, 초고층건물과 마찬가지로 그 지역의 상징성에 더 큰 비중을 주는 경향이 있다. 기존의 탑과는 다른 의미의 중요성을 가지고 출발한 공항의 관제탑도 현대에서는 관심을 가져야 할 탑 구조물이라고 볼 수 있다.

그림 15-16
인천 국제공항 관제탑

그림 15-17
서울 김포공항 관제탑

그림 15-18 올림픽 기념탑

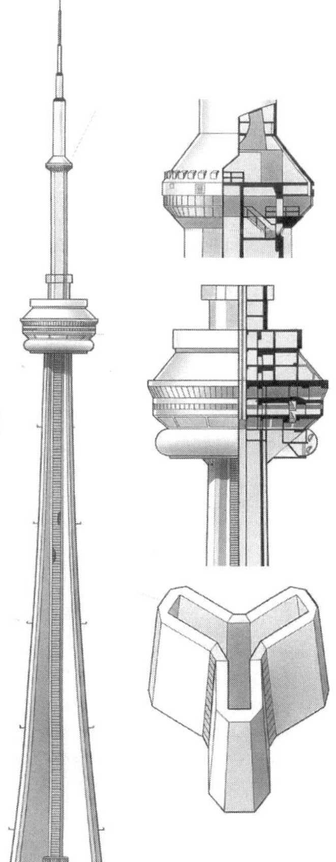

그림 15-19 CN 타워 구성

그림 15-20 미국 라스베이거스의 스트라토스피어 타워
Stratosphere Tower

그림 15-21
상하이 동방명주 타워

그림 15-22
광저우의 Canton 타워

국내에서는 상징성이 있는 일반적인 탑(예 : '93대전엑스포의 한빛기념탑은 92m)들은 약 100m 내외이고, 가장 높다는 서울의 남산타워도 236.7m(높이로 볼 때 세계에서 100위 정도)에 불과하다. 이처럼 각국에 세워진 높은 탑보다 비교적 낮은 높이를 갖추고 있는 것은 산과 언덕이 많은 우리나라의 지형적 영향이 많이 작용한 것으로도 볼 수 있다.

탑 높이가 높을수록 직압력보다는 수평하중(특히 풍하중)에 대한 구조안전상 문제가 보다 중요시되므로 높이가 높은 탑의 구조적 안정을 위해서는 수평변위를 억제하기 위한 구조적 조치가 선행되어야 할 것이다.

일반인에게 공개되어 전망을 겸할 수 있는 TV 타워를 가장 높은 순으로 약 300m 이상인 경우만 정리하면 대략 다음과 같다(2019년 11월 기준).

· 634m 일본 동경의 스카이트리*〈그림 15-4〉*
· 604m 중국 광저우의 TV.전망타워 *Canton Tower〈그림 15-22〉*
· 553.3m 캐나다 토론토의 CN 타워*〈그림 15-19〉*

- 540m 러시아 모스크바의 오스탄키노*Ostankino* 타워
- 468m 중국 상해의 동방명주탑*Oriental Pearl* TV타워*〈그림 15-21〉*
- 435m 이란 테헤란의 밀라드 타워*Milad*(혹은 Borj-e Milad) *Tower*
- 421m 말레이시아 쿠알라룸푸르의 메나라*Menara* KL 타워
- 415.2m 중국 텐진의 TV타워
- 410.5m 중국 베이징의 센트럴*Central* TV타워
- 388m 중국 청도해난 라디오 & TV타워*Radio and TV Tower*
- 385m 우크라이나 키예프 TV타워*TV Tower*
- 375m 우즈베키스탄 타슈켄트 타워*Tashkent Tower*
- 372m 쿠웨이트의 쿠웨이트시티 자유의 탑*Liberation Tower*
- 368.5m 라트비아의 리가 라디오 & TV타워*Riga Radio and TV Tower*
- 350m 미국 라스베이거스의 스트라토스피어 타워*Stratosphere Tower〈그림 15-20〉*
- 350m 스리랑카 콜롬보 루터스타워*Lotus Tower*
- 339m 중국 청도의 웨스트 펄 타워*West Pearl Tower*
- 338m 중국 마카오의 마카오 타워*Macau Tower*
- 336m 중국 하르빈 드라곤타워*Dragon Tower*
- 333m 일본 도쿄 TV타워*Tokyo TV Tower*
- 330m 중국 후아인 TV타워*Huaian TV Tower*
- 328m 뉴질랜드 오클랜드 스카이타워*Sky Tower*
- 326.5m 리투아니아 빌뉴스 TV타워*Vilnius Radio and TV Tower*
- 326m 중국 린이 라디오 & TV타워*Linyi Radio and TV Tower*
- 324m 프랑스 파리 에펠 타워*Paris Eiffel Tower〈그림 15-12〉*
- 312.3m 에스토니아 탈린 TV타워*Tallin TV Tower*
- 310m 아제르바이잔 바쿠 아제리TV타워*Azeri TV Tower*
- 305.5m 중국 랴오닝 TV 타워*Liaoning TV Tower*
- 305m 호주 시드니 타워*Sydney Tower*
- 303m 중국 Jiangou TV Tower

참 · 고 · 문 · 헌

- 건설과 철 이야기, Posco
- 건축물 내진설계기준, 국토교통부, KDS, 2019
- 건축구조기준 설계하중, 국토교통부, KDS, 2019
- 건축 구조계획, 문운당, 김현산 저, 1994년
- 건축구조기준 및 해설, 대한건축학회, 2009년, 2016년
- 건축구조기준, 대한건축학회, 2009년, 2016년
- 건축구조역학, 기문당, 김낙원 외 5명, 1997년
- 건축구조학, 기문당, 이수곤 외 5명, 1991년
- 건축물 하중기준 및 해설, 대한건축학회, 2000년
- 건축물은 어떻게 해서 무너지는가, 기문당, Mario Salvadori 저, 손기상 역, 1995년
- 건축은 어떻게 해서 서 있는가, 기문당, Mario Salvadori 저, 손기상 역, 1997년
- 건축의 구조, 기문당, M. Salvadori/R. Heller 저, 김용부 역, 1989년
- 고층건물의 구조시스템, 인하대학교 출판부, Council on Tall Building and Urban Habitat 저, 최영규 역, 1999년
- 구조역학, 도서출판 샤론, 이수곤 저, 1986년
- 구조의 세계, 기문당, 에드워드 고든 저, 주경재 역, 1994년
- 구조의 철학, 기문당, Eduardo Torroja 저, 김용부 역, 1999년
- 근대건축론, 문운당, 정인국 저, 1982년
- 다리의 모든 것, 전파과학, 일본토목학회 관서지부, 1993년
- 빌딩風의 지식, 도서출판 일광, 1995년
- 서양과학의 흐름, 강원대학교 출판부, 1997년
- 세계를 빛낸 과학자, 가교출판, 박덕은 저, 1997년
- 건설기술 쌍용, 쌍용건설, 2010년
- 서양건축사연구, 도서출판 국제, 남순우 역, 1996년
- 초고층건축물 디자인과 설계기술, 한국초고층건축포럼, 신성우, 2007년
- 시대를 담는 그릇, 이상건축, 김봉렬 저, 1999년
- 우리 건축을 찾아서 1 · 2, 발언출판, 1997년
- 유럽현대건축 가이드북, 세진사, Miriam F. Stimpson, 1995년 번역판

- 초고층 건축물 부산 · 경남지역 설명회, 대한건축학회 부산 · 경남지회, 2002년 5월
- 建築構造設計ハンドブック , ohms, 2008年
- 建築学構造ツリーズ 建築空間構造, ohmsa, 皆川洋一 編著, 2002年
- 建築構造デザイソ, 学藝出版社, 宮元津次 著, 1999年
- 橋梁景觀の演出, 鹿島出版, 松柯博 著, 1992年
- 橋の歷史, 森北出版社, 山本宏 著, 1992年
- 『広さ』『長さ』『高さ』の樗造デザイソ, 建築技術, 坪井善昭 外 編著, 2007年
- 力學構造のしくみ, 彰國社, 川口衛 著, 1990年
- 力學と構造フォルム, 建築技術, 望月洵 著, 1998年
- 松井源吾 作品集, 刊行委員會, 1990年
- 地震動のスペクトル解析入門, 鹿島出版會, 大崎順彦 著, 1976年
- Airport Building, Academy Editions, Marcus Binney, 1999년
- Architectural Monographs No.46, Santiago Calatrova, Academy Edition
- Architectural Technology, The MIT press, Robert Mark, 1995년
- Architektur, Prestel사(독일), 1999년
- Bridges(The Art, Science & Evolution), Crown publishers, Charles S. Whitney, 1983년
- Building A New Millennium, Philip Jodidio, TA Schen, 2000년
- Column shortening in Tall structure, PCA Mark Fintel · S.K.Ghosh · Hal lyengar, 1987년
- Contemporary Architecture in CHINA, Better Link Press, 2011년
- Design Fundamentals of Post-Tensioned Concrete Floor. Pei. Bijan O. Aalami.
- Document Extra 04, Christian Deportzamparc, GA
- Dong-A Encyclopidia
- Eco-Tech Sustainable Architecture and High Technology, Thamas & Hudson. Catherine Slessor, 1997년
- Heinz Isler, RIBA Publications, John Chilton, 2000년
- Istanbul(Gate to the Orient), Orient Ltd, Turhan Can, 1996년
- Light, wind, and structure, NLA Series, Robert Mark 저, 1990년
- Membrane structures in Japan, SPS publishing company, Kazuo lshii, 1995년
- Pier Luigi Nervi, Process No.23
- Prestigious Building in Changhai : pudong : China International press, 上海市浦東區 管理委員會, 1997년
- Small Scale Pequeña Escala, Dominique Perrault, GG

- SOM(Selected and current work), Sigma Urion, 1995년
- Sport & Recreation, 건축도서출판공사, 1993년
- Structural Design for Architecture, Architectural Press, Angus J.Macdonald, 1997년
- Structure Systems, Van Nostand Reinhold company, Heinrich Engel, 1981년
- Supersheds(The Architecture of long-span, large-volume building), Butter worth Architecture, Chris Wilkinson, 1996년
- Tall Buildings, The Museum of Modern Arts, Tina di Carlo 외 3인, 2004년
- The Acropolis, Krene Editions, G.Papathanassopoulos Archaeologist, 1980년
- The Architect's Office, Anatxu Zabalbeascoa, GG
- The art of structural Engineering, Edition Axel Menges. The work of Jörg schlaich and his Team, 1997년
- The Builders, National Geographic Society, 1992년
- The Function of Ornament, Actar, Farshid Moussavi and Michael Kubo, 2006년
- The Master Architect Series 1(Cesar Pelli), Images Publishing
- The Master Architect Series 10(Kisho Kurokawa), Images Publishing
- The Master Architect Series 5(Cox Architect), Images Publishing
- The Master Architect Series 8(Murphy/Jhan), Images Publishing
- Western Architecture, Thomas & Hudson, Lan Sutton, 2010년
- World Best Infra-structure, 삼성물산(주), 1997년
- 100 of the world's Tallest Building, Gingko press, Ivan Zaknic외 2인, 1998년
- 101 of the world's Tallest Building, Images publishing, Edited by Georges Binder, 2006년
- Advances in structural systems for Tall Building, Mir M. Ali and Kyoung Sun Moon, buildings, 2018
- The Skyscraper Center(CTBUH), 2019

건축의 구조 디자인

2013년 6월 29일 1판 1쇄 발행
2019년 2월 15일 1판 3쇄 발행
2022년 3월 10일 2판 3쇄 발행

저 자 | 송 호 산
발행인 | 강 해 작
발행처 | 기 문 당
주소 | 서울시 성동구 무학봉 28길 4-1
전화 | 02) 2295-6171(代)~5
팩스 | 02) 2296-8188
출판등록 | 1976. 10. 7(1-44)
홈페이지 | http://www.kimoondang.com
ISBN | 978-89-6225-833-2 93540